Die deutschen Spitzenmanager – Wie sie wurden, was sie sind

Herkunft, Wertvorstellungen, Erfolgsregeln

von
Professor
Dr. Eugen Buß
Universität Hohenheim

R. Oldenbourg Verlag München Wien

Bibliografische Information der Deutschen Nationalbibliothek

Die Deutsche Nationalbibliothek verzeichnet diese Publikation in der Deutschen Nationalbibliografie; detaillierte bibliografische Daten sind im Internet über <http://dnb.d-nb.de> abrufbar.

Rosenheimer Straße 145, D-81671 München
Telefon: (089) 45051-0
oldenbourg.de

Lektorat: Wirtschafts- und Sozialwissenschaften, wiso@oldenbourg.de
Herstellung: Anna Grosser
Coverentwurf: Kochan & Partner, München
Gedruckt auf säure- und chlorfreiem Papier
Druck: Grafik + Druck, München
Bindung: Thomas Buchbinderei GmbH, Augsburg

ISBN 978-3-486-58256-7

Inhalt

Dank

Anstoß zu der Studie, über die hier berichtet wird, war das Interesse der gemeinnützigen Identity Foundation, mehr über das Selbstbild der deutschen Wirtschaftselite zu erfahren. Die Identity Foundation hat die Untersuchung nicht nur weitgehend finanziert, sie hat vor allem durch ihr ideelles Engagement das Projekt beflügelt und im konstruktiven Dialog begleitet. Nach den ebenfalls gemeinsam durchgeführten Erhebungen über die Gründerelite der New Economy und über die Generaldirektoren der europäischen Kommission ist sie das dritte Hauptergebnis einer langjährigen und für mich stets sehr fruchtbaren Kooperation. Dafür schulde ich Paul und Margret Kohtes großen Dank. Ihre Inspiration in allen Fragen, die mit dem Selbstverständnis der deutschen Spitzenmanager zusammenhängen, hat der Studie einen besonderen Schub verliehen.

Die Darstellung basiert auf den Befunden einer zwischen 2000 und 2004 vorgenommenen empirischen Erhebung. Insgesamt wurden 61 zweistündige leitfadengestützte Gespräche mit Vorstandsvorsitzenden, Aufsichtsratsvorsitzenden oder Vorstandsmitgliedern der größten deutschen Unternehmen geführt. Die wissenschaftliche Federführung oblag dem Lehrstuhl für Soziologie und empirische Sozialforschung an der Universität Hohenheim in Stuttgart. Sowohl die Forschungsmitarbeiter des Lehrstuhls wie auch des Psephos-Instituts für Wahlforschung und Sozialwissenschaft in Hamburg haben die Feldarbeit und die Auswertung der Daten verantwortlich durchgeführt.

Ohne engagierte Mitarbeiterinnen und Mitarbeiter hätte dieses Buch nicht geschrieben werden können. Mit besonderem Nachdruck haben sich Ulrike Fink-Heuberger und Andreas Bunz für die Studie eingesetzt, sie maßgeblich begleitet und mit gedanklichen Impulsen bereichert. Dank gilt ebenso Michael Neuner, der mit weichenstellenden Beiträge den konzeptionellen Charakter der Untersuchung geprägt hat. Andreas Bunz und Michael Neuner haben auch Manuskriptbeiträge beigesteuert. Dankbar bin ich schließlich meinen Mitarbeitern Martin Koppensteiner, Swaran Sandhu, Emilie Mansfeld, Eva Klinkisch, Ruza Seidl und Michael Klein, deren Unterstützung, Anregungen und profunde Kenntnisse die Durchführung der Erhebung, die Grundauszählung sowie die Text- und Zitaterstellung sehr befruchtet haben.

Stuttgart, im Dezember 2006 Eugen Buß

Vorwort

Was ist eigentlich los im deutschen Management? Kaum ein Tag vergeht, ohne daß die Medien nicht kritisch über die Zunft der Führungskräfte berichten. Sind die deutschen Manager denn seit dem Beginn der Bundesrepublik immer schlechter geworden? War früher etwa alles besser, als es noch „richtige“ Unternehmerpersönlichkeiten gab? Wer ernsthaft Antworten auf diese Fragen sucht, wird diese nicht in den Clippings der morgendlichen Presseschau finden, sondern nur in der Identitätsstruktur der Betroffenen selbst. Das ist zwar ein wenig mühsamer, allerdings auch sehr viel spannender. Der Lehrstuhl für Soziologie an der Universität Hohenheim hat sich dankenswerterweise diese Mühe gemacht. Die wichtigsten Resultate sind in diesem Buch aufbereitet.

Bei einer Betrachtung der Ergebnisse aus der Vogelschauperspektive könnte man fast meinen, daß jede Zeit den Typ Manager hervorbringt, der gerade nötig ist. Und Medienschelte trifft eben nicht selten Manager, die 'ihrer Zeit' hinterher laufen. Darüber hinaus ist es wohl ein Grundproblem dieser Berufsgruppe: Mensch und Manager scheinen immer wieder in der Gefahr, auseinander zu driften. Ganz in diesem Sinn resümiert ein Vorstandsvorsitzender in der Studie: „Ich muß aus eigener Beobachtung sagen, daß moralische Grundsätze in den Managementkreisen einen geringeren Stellenwert als früher haben, wenn man Moral als Maxime des Handelns betrachtet. Allerdings ist das Bild widersprüchlich. Einerseits glaube ich, daß das ethische Niveau hinuntergegangen ist, andererseits kann man sagen, daß Moral Gott sei Dank noch eine Rolle spielt. Offenkundig liegt in der Bildung einer ganzheitlichen, die Widersprüche ausbalancierenden Persönlichkeit der Schlüssel für eine „stimmige“ und damit erfolgreiche Führungskultur. Die Studie zeigt, daß es in der Praxis beide gibt: die Manager, die ihre Persönlichkeit allzu gerne der Managementrolle unterordnen – und jene, die eine Balance zwischen Mensch und Position finden.

Düsseldorf, Dezember 2006

Paul. J. Kohtes

1 Einleitung: Quellen der Identität

Gefragt nach den Quellen seines Glücks gibt ein deutscher Spitzenmanager stellvertretend für viele andere zu Protokoll: „Wonach sehnt man sich, wenn man alles erreicht hat? Ich sehne mich danach, mehr Glücksgefühle zu haben. Glücksgefühle sind eigentlich immer sehr kurzatmig, und ich könnte ruhig noch mehr Endorphinausschüttungen gebrauchen. Glück habe ich, wenn sich alles wunderbar zusammenfügt: das Wetter ist schön, plötzlich hat man einen guten Auftrag erhalten, der Gewinn stimmt, die Mitarbeiter sind happy, zu Hause haben die Kinder Erfolg gehabt. Wenn das zusammenkommt, – dann – ist man glücklich. Das ist das eine. Das andere ist: Ich sehne mich immer nach der Liebe meiner Familie, meiner Frau. Ich sehne mich danach, ein möglichst erfülltes Leben zu haben und nicht krank zu werden. Ich sehne mich nach Gesundheit".

Es scheint, als seien die Sehnsüchte der wirtschaftlichen Führungselite nicht weit entfernt von den kreatürlichen Glücksvorstellungen der Mehrheit aller Deutschen. Und doch sind die Spitzenmanager eine herausgehobene Gruppe von besonderer Machtfülle. Die wirtschaftliche Führungselite in Deutschland nimmt eine unangefochtene Schlüsselposition ein. Von ihren Entscheidungen hängt die Entwicklung des ganzen Landes ab. Nicht, als läge die Verantwortung für die wirtschaftliche Zukunft allein bei ihnen, sie teilen sie mit anderen Institutionen. Doch letztlich kommt ihrer Entscheidungsmacht eine strategische Bedeutung zu. Ihre Beschlüsse formieren sich zu Weichenstellungen über die Prosperität der Gesellschaft, über Wachstum und technologischen Fortschritt, über Chancen des Sozialstaates und der Globalisierung.

Wer sind die deutschen Spitzenmanager?

Ob die Antwort lautet, sie seien Träger wirtschaftlicher Schlüsselpositionen, ob man Kompetenzen wie überragendes Organisationsgeschick, systematisches Denken, innovative Fähigkeiten, etc. hervorhebt, ob man moralische Tugenden und Werte herausstellt, oder ob man auf ihren Einfluss abstellt, etwa im Sinne, daß sie primär als Chiffren wirtschaftlicher Macht wahrgenommen werden: die Frage dient dazu, die Identität einer der zentralen Führungsgruppen in Deutschland zu kennzeichnen.

Angesichts der stagnierenden wirtschaftlichen Entwicklung in den letzten Jahren ist die Frage nach dem Selbstverständnis der Spitzenmanager nicht gegenstandslos. „Wer ist die deutsche Wirtschaftselite?" ist heute so aktuell wie nie zuvor. Wer aus der Perspektive der sich abzeichnenden Transnationalisierung oder der unterschiedlichen

Wachstumsgeschwindigkeiten der Volkswirtschaften auf Deutschland schaut, wird unweigerlich mit den Fragen nach der hiesigen wirtschaftlichen Machtelite konfrontiert. Was unterscheidet die deutschen Spitzenmanager von anderen Eliten? Worin stimmen ihre Vorstellungen überein und worin nicht?

Ob man es will oder nicht, Spitzenmanager werden auch als Repräsentanten gesehen. Aber was repräsentieren sie? Welche Tugenden und welche Werte kennzeichnen sie? Deutsche, amerikanische, japanische und englische Spitzenmanager haben vieles gemeinsam. Es eint sie der Kitt betriebswirtschaftlicher Zielsetzung. Unter dem Einfluss von Demokratie, zunehmender Bildung und wachsender Transnationalisierung haben sich ihre Anschauungen mehr und mehr angeglichen, oder wie einer der Spitzenmanager metaphorisch meint: „ Unter dem Einfluss eines überkulturellen Konvergenztrichters schleifen sich die Unterschiede immer mehr ab“. Trotzdem ist klar, daß Unterschiede bestehen. Sie mögen sich aus Verschiedenheiten der nationalen Kulturen ergeben, aus Verschiedenheiten der gesellschaftlichen Akzeptanz oder aus anderen Gegebenheiten, aber woraus sie auch resultieren, Unterschiede sind da und ehe man versucht, sie zu erklären, müssen sie bezeichnet werden.

Die Frage nach der deutschen Wirtschaftselite gewinnt ihre Daueraktualität nicht allein aus der Gegenüberstellung mit anderen Eliten; sie hat auch eine historische Dimension. Fast 60 Jahre nach der Gründung der Bundesrepublik haben die heutigen Spitzenmanager von früheren Führungsgruppen abweichende Leitbilder verinnerlicht. Aber worin bestehen sie? Was für Gemeinsamkeiten gibt es? Und was ist im historischen Vergleich anders?

Sozialwissenschaftliche Erkenntnisse über die Quellen der Identität der wirtschaftlichen Führungselite in Deutschland, über ihr Selbstverständnis, ihre Werthorizonte und normativen Leitbilder bilden demnach ein Desiderat, das die vorliegende Studie ausfüllen möchte. Sie beleuchtet die Selbstbilder der deutschen Topmanager. Aus welchen Elternhäusern kommen sie, welche Leitideen wurden ihnen mit auf dem Weg gegeben? Welchen Prägungen und Schlüsselerlebnissen waren sie unterworfen? Und welche Führungseigenschaften kennzeichnen ihr heutiges Selbstverständnis?

Die Ausgangsfrage: „Wer ist die deutsche Wirtschaftselite?“ schließt also viele Fragen ein. Wem fühlen und fühlten sich die Spitzenunternehmer verpflichtet, wen sehen sie als Vorbild, welche beruflichen und menschlichen Eigenschaften halten sie für vorbildlich und welche für verächtlich? Sodann interessieren Autoritätsmuster, ihre Vorstellungen von Führung, die Quellen des persönlichen Karriereerfolgs oder der Einfluß internationaler und nationaler Netzwerke. Auch die Frage nach Symbolen eines gemeinsamen Verhaltenskodex ist interessant.

Der Geist der Spitzenmanager wird erkennbar, wenn wir wissen, wie sie sich selber sehen. Damit ist das Thema dieser Studie umrissen. Versucht wird, die Gedankenwelt der deutschen Spitzenmanager und ihren Niederschlag im unternehmerischen

Handeln kennenzulernen. Es geht nicht darum, die äußeren Karrierestufen nachzuzeichnen, es geht um das Selbstverständnis der deutschen Wirtschaftselite, um ihre Art der Wahrnehmung, um persönliche Sichtweisen also.

Sie beziehen sich auf die Umrisse einer kollektiven Identität. Identität meint vor allem Unverwechselbarkeit. Die Unverwechselbarkeit kann, muß aber nicht sehr ausgeprägt sein. Sie kann sich auch auf undramatische Eigenheiten beschränken, ein Andersein in Nuancen. Identität enthält beides: So-sein-wie-die-anderen und Nicht-so-sein-wie-die-anderen. Die deutsche Wirtschaftselite mag in vielen Zügen anders sein als die übrigen gesellschaftlichen Milieus in Deutschland, aber sie ist ihnen auch in vielen Zügen verwechselbar ähnlich. Daher ist von vorn herein klar: Die Identität der deutschen Wirtschaftselite umfasst beides: Verwechselbarkeit und Unverwechselbarkeit, Gleichartigkeit und Verschiedenheit gegenüber anderen gesellschaftlichen Gruppen.

Bei sonst gleichen Voraussetzungen ist es letztlich ihr Selbstverständnis, durch die sie sich von anderen Gruppen unterscheidet. Ihr Selbstverständnis wird wiederum in hohem Maße von den Leitideen bestimmt, an denen sie sich orientiert. Die Visionen der Unternehmer, ihre Vorstellungen von Führung und ihre Fähigkeit, die eigenen Vorstellungen mit wechselnden Rahmenbedingungen in Einklang zu bringen, sind maßgeblich für ihren Aufstieg. Entscheidend ist aber letztlich ihr Geist. Wo sonst gleiche Bedingungen herrschen – Strukturwandlungen der Gesellschaft, Veränderungen der Mentalität der Mitarbeiter, der Wertvorstellungen der Menschen, ein Wandel der Technologien –, gibt er den Ausschlag.

Den Geist der deutschen Topmanager zu untersuchen, ist lehrreich. Er konkretisiert sich – so kann man in Anlehnung an Max Webers berühmte Studie über den Geist des Kapitalismus sagen – in den Maximen der Lebens- und Unternehmensführung und im Wille, Dinge in Gang zu setzen und in einer bestimmten Weise in Gang zu halten.

Die befragten Topmanager stammen aus Altersgruppen bzw. Jahrgängen mit gemeinsamen, schicksalhaften Erfahrungen, die ihr Leben prägten und lebenslang Bedeutung bewahrten. Über drei Phasen deutscher Geschichte erstrecken sich ihre Kindheits- und Jugendbiographien: das Dritte Reich mit dem Zweiten Weltkrieg (1933–1945), die unmittelbare Nachkriegszeit mit Zerstörung und Flucht, Entbehrungen und Armut (1946–1955), und schließlich die Ära des beginnenden Wohlstands im „Wirtschaftswunder“ (1956–1965).

Ausführlich berichten die Führungskräfte der deutschen Wirtschaft als Zeitzeugen, bewegt und bewegend, wie sie unter diesen mißlichen Umständen ihr Leben ausrichteten, wie ihr Glaube gestärkt wurde, auch angesichts miserabler Startbedingungen das eigene Schicksal in die Hand nehme zu können, und wie sie – oft ungeplant und unverhofft, von Umständen geleitet – in die obersten Etagen der Wirtschaftsunternehmen aufstiegen. Dabei sind sich fast alle der Einzigartigkeit ihres Wegs bewußt; ebenso wie der Tatsache, daß sie historisch eine Zwischengeneration an der Nahtstelle zwischen traditionellem Unternehmergeist und neuem Ethos des Managements bilden.

2 Die Untersuchung[1]

2.1 Der kulturelle Bezugsrahmen der Untersuchung

Ziel der Untersuchung ist es, die Wertideen einer Machtelite zu skizzieren. Es geht um die Grundsätze derjenigen, die einen öffentlichen oder von der Öffentlichkeit notierten Namen haben. Die Vorstellungen herausragender Einzelpersonen erlauben einen Blick auf einen bestimmten Ausschnitt der geistigen Kultur in diesem Land.

Man kann verschiedene Wege einschlagen, um sich Aufschlüsse über die Quellen der kollektiven Identität der deutschen Wirtschaftselite zu verschaffen. Gewählt wird hier ein Verfahren, das sich vor allem auf die Analyse von Wertorientierungen bezieht. Werte sind nach einer gängigen soziologischen Definition „Konzeptionen des Wünschenswerten". Gemäß dieses Vorschlages sind Werte allgemeine Richtlinien, an denen sich die Vorstellungen von persönlichen Lebenszielen, von Ideen des guten Lebens oder von wünschenswerten sozialen Beziehungen orientieren. Im Rahmen unserer Studien interessieren vor allem Konzeptionen, die die Wertideen der Topmanager betreffen. Welcher kulturelle und soziale Referenzrahmen ist zu erkennen? Welche Bilder machen sie sich von einer guten, einer akzeptablen Gesellschaft?

Der Bezugsrahmen für das Studium sozialer Werte ist die soziologische Handlungstheorie. In Handlungstheorien, die sich mit den Determinanten individuellen Handelns befassen, werden soziale Werte primär als Handlungsrichtlinien untersucht; als Kriterien für die Auswahl von Alternativen in bestimmten Situationen. Dabei ergibt sich ein grundsätzliches Problem: Welchen Einfluss haben Wertvorstellungen im Verhältnis zu utilitaristischen oder interessebezogenen Orientierungen, ferner zu den Erwartungen Dritter, beispielsweise der Öffentlichkeit? Es ist unmöglich, die verschiedenen Einflussfaktoren zu isolieren und ihre relative Bedeutung anzugeben. Da Werte sich zudem wandeln, kann sich jederzeit das relative Gewicht der Handlungsdeterminanten ändern. Insoweit erlaubt die Wertanalyse im Kontext der Handlungstheorie keine Prognose über zukünftiges Handeln. Sie dient viel mehr dazu, zum Verständnis des Selbstbildes einer Führungsgruppe ex post beizutragen. Insoweit ist dieses Verfahren ein Stück „Verstehens-Soziologie" im Sinne der Konzeption von Max Weber.

Eine umfassende, über die Ermittlung von Wertorientierungen gewonnene Antwort auf die Ausgangsfrage: Wer ist die deutsche Wirtschaftselite? setzt breite Studien

---

1 Dieser Abschnitt entstand in Zusammenarbeit mit Michael Neuner.

über Vergleichseinheiten, also über die Wertideen früherer Führungseliten der deutschen Wirtschaft voraus. Solche Studien liegen allenfalls in rudimentärer Form vor. Die unbefriedigende Forschungslage nötigt zu Einschränkungen. Weil zusammenfassende Vorarbeiten über die Profile der Vorgängereliten fehlen, und weil direkt vergleichenden Erhebungen ebenfalls nicht zur Verfügung stehen, kann die komparative Perspektive nicht durchgehalten werden. Möglich sind lediglich punktuelle und impressionistische Gegenüberstellungen. Wenn sich auch der historische Vergleich in Folge des Mangels an einschlägigen Vorstudien nur begrenzt durchführen lässt, reichen die dafür verfügbaren Materialien immerhin aus, um wenigstens einige Thesen über die Entwicklung der deutschen Wirtschaftselite zu formulieren.

2.2 Methodische Ansätze der Erhebung

Die hier vorgelegte Studie zum Selbstverständnis der deutschen Wirtschaftselite wagt sich demnach auf ein wenig erforschtes Terrain. Insbesondere in der Kombination zweier methodischer Ansätze betritt sie Neuland, indem sie klassische Fragestellungen der sozialwissenschaftlichen Eliteforschung mit denen der Identitätsforschung und Lebenslaufanalyse verbindet. Wir wählten eine qualitative Methode, die mit heuristisch – explorativen Elementen gekoppelt ist.

Unter Wahrung absoluter Vertraulichkeit wurden daher mit den Topmanagern leitfadengestützte Gespräche u. a. zu folgenden Themen geführt:

- Biographische Entwicklung: Herkunft, Bildungswege, beruflicher Werdegang
- Lebensentwürfe und deren Verwirklichung
- Wertvorstellungen; moralische, ethische, religiöse Orientierungen und Grundsätze
- Einbindung in kulturelle Traditionen und Identitäten
- Führungsleitbilder
- Gesellschaftliche Verantwortung und Engagement
- Selbst- und Fremdimage als Angehörige der Wirtschaftselite
- Botschaften und Perspektiven für den Führungsnachwuchs
- Verankerung in Netzwerken

Ergänzt war der Leitfaden zur Selbstbeschreibung um einen strukturierten Teil, den die Spitzenmanager schriftlich ausgefüllt haben. Er beinhaltete drei Skalen, und zwar zu Werthaltungen, Tugenden und Erziehungszielen.

In dieser Elitestudie sind ausschließlich Spitzenmanager der ersten Führungsebene vertreten. Die zahlreichen Studien, die in der Vergangenheit erstellt worden sind, schließen in der Regel Führungsgruppen ein, die einen eng verstandenen Begriff der Wirtschaftselite nicht mehr erlauben; zudem befassen sie sich eher mit sozialstrukturellen Daten als mit Wertfragen oder sie beziehen sich auf eng umgrenzte Teilthemen wie etwa auf Führungskonzepte und weniger auf die Identität der verantwortlichen Topmanager. Leitende Angestellte, die in einigen der bislang durchgeführten Elitestudien mit einbezogen waren[2], befinden sich daher nicht in unserer Studie. Entsprechend dem Positionsansatz[3] bildeten die wirtschaftlichen Führungspositionen die Ansatzpunkte zur Auswahl der Untersuchungspersonen.

Es wurden in die Untersuchung nur solche Spitzenmanager einbezogen, die in den 100 größten Unternehmen in Deutschland (Stichjahr 2000) die Position eines Vorstandsvorsitzenden, Aufsichtsratsvorsitzenden oder eines Vorstandsmitglieds bekleidet haben. Dazu gehören zunächst die Manager der größten börsennotierten Unternehmen, die im Deutschen Aktienindex (Dax-30) repräsentiert sind. Einbezogen wurden ferner deutsche Spitzenmanager ausländischer Konzerne, insofern deren Umsatz das Größenkriterium erfüllt. Darüber hinaus wurden Personen angefragt, deren Unternehmen nicht in der Form einer Aktiengesellschaft geführt sind, die aber als Familienunternehmen gleichwohl von ihrer Größe her Spitzenpositionen einnehmen. Die Manager wurden ausgewählt mit Hilfe von Verzeichnissen über die 100 größten Unternehmen, Banken und Versicherungen, wie sie etwa von der „Frankfurter Allgemeine Zeitung“ regelmäßig publiziert werden. Auch die Firmendatenbank des Hoppenstedt-Verlages wurde herangezogen.

Insgesamt wurden im Projektverlauf 450 Topmanager aus diesen Unternehmen angeschrieben und um einen Gesprächstermin gebeten. Hieraus ergaben sich 61 Interviewgespräche. Dies entspricht einer Ausschöpfungsquote von 14 %. Da diese Zielgruppe mit einer vergleichbaren Methode bislang nicht untersucht wurde, liegen entsprechende Vergleichswerte nicht vor. Jedenfalls muß die Quote von 14 % vor dem Hintergrund der extremen Zeitbelastung und Prominenz der angesprochenen Personen gelesen werden.

In den Anschreiben wurden Hintergrund und Ziele der Studie dargelegt. Auch der Zeitbedarf für die Gespräche von rund 90 Minuten wurde genannt. Zusätzlich wurde ein ausführliches Booklet beigelegt, in dem die Anlage der Untersuchung skizziert war. Die Dauer der Gespräche lag zwischen 90 und 120 Minuten. Die Feldarbeit und die Auswertung der Daten haben wir in Kooperation mit dem Psephos-Institut für Wahlforschung und Sozialwissenschaft in Hamburg durchgeführt.

Die Auswertung der Gespräche erfolgte nach der Methode der Inhaltsanalyse. Alle Gespräche wurden mit Ton aufgezeichnet und anschließend transkribiert, wobei aus technischen Gründen hier und da nicht rekonstruierbare Lücken blieben. Lücken

---

2 vgl. etwa Eberwein/Tholen 1990; Hartmann 1996; Pross/Boetticher 1971

3 Bürklin 1977, S. 17–18

sind auch dort entstanden, wo die manchmal kurz bemessene Zeit der Vorstandsvorsitzenden und Vorstände nicht erlaubte, alle vorgesehenen Fragen vollständig zu stellen. Entsprechend sind auch nicht zu allen Fragen Antworten zu vermerken, was zur Folge hat, daß sich die Fallzahlen (n) bei der Interpretation der qualitativen Befunde unterscheiden können.

Für die Erhebung wurde das Instrument des halb-strukturierten Interviews gewählt. Ausschlaggebend dafür war u. a., daß gering strukturierte Interviews nicht allein jene Themen und Ergebnisse abdecken, die aufgrund vorangehender theoretischer oder empirischer Erkenntnisse als relevant unterstellt und im Interviewer-Leitfaden festgehalten werden, sondern daß ein solches Instrument gestattet, auch Problemstellungen aufzugreifen, die außerhalb des vorgedachten Rahmens liegen und somit den Forschenden hilft, ein realistisches Bild vom Untersuchungsgegenstand zu bekommen. Den Topmanagern wurden daher bis auf wenige Ausnahmen keine festen Frageformulierungen vorgelegt, vielmehr ein weiter Rahmen gelassen, um auf die spezifischen, von den Befragten selbst angesprochenen Themenkreise eingehen zu können. Zur Auswertung der Gesprächsprotokolle mußte demnach ein Kategorienraster für die einzelnen Themenbereiche erstellt werden, unter welches die Aussagen der Befragten subsumiert werden konnten. Die Komplexität des Gesprächsstoffes und die offene Gesprächsführung ließen es nicht geraten erscheinen, bereits in der ersten Stufe der Auswertung elektronisch unterstützte Analyseverfahren einzusetzen. Um die hierfür benötigten, geeigneten strategischen Auswertungsrichtlinien, -strukturen und -grammatiken zu entwickeln, bedarf es ohnehin zunächst einer ersten Sichtung des Materials auf deskriptiver Ebene, die die Gesprächsbefunde induktiv kategorisiert und so nach gemeinsamen Tendenzen und Strukturen sucht, das Abweichende und Atypische identifiziert und beides illustriert.

Die systematische Analyse und die Interpretation der auf diese Weise zu Kategorien zusammengefaßten Aussagen erfolgte unter ständigem Zugriff auf die „Urdaten", um eine Verselbständigung aggregierter Kategorien unter Vernachlässigung des spezifischen Gesprächskontextes vorzubeugen.[4] Erst in einer weiteren Auswertungsphase

[4] Die Komplexität des Gesprächsstoffes und die offene Gesprächsführung ließen es nicht geraten erscheinen, elektronisch unterstützte Analyseverfahren einzusetzen. Um die hierfür benötigten, geeigneten strategischen Auswertungsrichtlinien, -strukturen und -grammatiken zu entwickeln, bedarf es ohnehin zunächst einer ersten Sichtung des Materials auf deskriptiver Ebene, die das Reportierte induktiv kategorisiert und so nach gemeinsamen Tendenzen und Strukturen sucht, das Abweichende und Atypische identifiziert und beides illustriert. Es versteht sich von selbst, daß allein der Umfang, aber noch mehr die Komplexität eine das Material im ersten Anlauf auch nur annähernd erschöpfende Analyse verhindern. So mußten alle vom Leitfaden abweichende Nebengleise der Gespräche unberücksichtigt bleiben, aber auch manche individuelle Argumentation oder ein besonderer Blickwinkel. Auch nur am Rande ist der Aspekt berücksichtigt, inwieweit sich die Gruppe der Führungskräfte intern unterscheidet, etwa nach Alter, Herkunft, Fachrichtung des Studiums bzw. der Ausbildung oder Konfession. Somit sind noch weitere vertiefende Analysen, die auch geeignet wären, Hypothesen zu generieren und zu überprüfen, zu erwarten.

wurden die kategorisierten Aussagen – soweit es gegenüber der Quantität des Datenmaterials vertretbar erschien – statistisch aufbereitet. Das überaus umfangreiche Material ist explorativ – qualitativ ausgewertet worden, wobei der Versuch unternommen wurde, quantitative Tendenzen zu ermitteln, um besser abzuschätzen, welches Gewicht einzelnen Aspekten zukommt. Wir haben uns bei der Entwicklung eines kategorialen Schemas, in das die einzelnen Gesprächsverläufe eingeordnet wurden, unabhängig vom Inhalt von folgenden Richtlinien leiten lassen:

- Stationen und Auffälligkeiten in der Lebensgeschichte
- Veränderungen aufgrund besonderer biographischer Ereignisse
- Beschreibung von variierenden Begleitumständen
- Ursachen, Erklärungen für bestimmte Entwicklungen und Zustände
- Initiativen und Ziele des einzelnen
- Eingenommene Positionen in Wert- und Glaubensfragen
- Wahrnehmungen, Urteile, Projektionen über den eigenen Berufsstand

Da die Gespräche nicht mit einengenden Begriffsdefinitionen geführt wurden, ließen sich auch nicht immer „saubere“ Trennungen bei Fragen vornehmen, die auf Begriffe wie >absolute Werte<, >Tugenden< oder >traditionelle Werte< im Unterschied zu >neuen Werten< zielten. Gleichwohl kommt – blickt man auf das Ganze – authentisch zum Ausdruck, welche Vorstellungen die Topmanager mit diesen Begriffen verbinden und welche Bedeutung sie für ihr Handeln haben.

Die eingesetzten Skalen wurden einerseits nach Häufigkeiten unter Bildung von Mittelwerten sowie andererseits durch Faktorenanalysen ausgewertet. Letztere forschen nach der Homogenität bestimmter Sichtweisen und Mentalitäten und spüren jene Komponenten auf, die dieser Gemeinsamkeit zugrunde liegen.

2.3 Gesprächsimpressionen

Der Terminfindungsprozess für die Gespräche mit den Vorständen war verständlicherweise nicht einfach, da Terminvorlaufzeiten von einem Jahr und mehr nicht ungewöhnlich waren. Die Gespräche fanden zu Hause oder auf Landsitzen statt, zum überwiegenden Teil aber in den Büros. Das Ambiente war recht verschieden, Gemeinsamkeiten waren keine auszumachen. Hier ein paar Eindrücke:

Büro eines jüngeren Vorstands:
Ein großes und helles Zimmer mit sehr funktionaler Einrichtung, auch funktional ästhetisch. Auf dem Schreibtisch eine Tizio-Leuchte von Richard Sapper; ein Rechner mit großem Flachbildschirm, verschwenderisch viel Raum, der an nur wenigen Objekten aufgespannt wird, deren Schwarz den hellen Raum entscheidend akzentuiert. Wenig bunte Farben. Viel Glas, die starke Lichtdurchflutung, die Helligkeit und die hellen Farben verleihen den Gegenständen und dem Raum eine extreme Leichtigkeit, die sich auf den Betrachter selbst überträgt. An den weißen Wänden keine Bilder, auf dem Boden keine Teppiche. Ein großer asymmetrischer Schreibtisch im hinteren Teil des Zimmers, weiter vorn, gleich neben der Eingangstür eine größere Sitzgruppe um einen Tische, an dem wir uns für unser Gespräch niederlassen.

Büro eines älteren Vorstands:
Zahlreiche Bilder an der Wand, Ölgemälde in sehr dunklem Ton; schwere und alte Holzmöbel, schwere Teppiche. Hier sind Geschichte und Tradition allgegenwärtig. Der dunkle, schwere Schreibtisch wie eine Barriere positioniert, den Raum in zwei Hälften teilend, von denen die eine – die mir gegenüberliegende – unmißverständlich Tabuzone sein will. Kein PC im Raum, auf dem Tisch nur wenig Unterlagen, einige Blätter Papier, spärlich beschrieben. Die dicken Doppeltüren lassen kein Laut passieren. Extreme Ruhe in den Gesprächspausen. Die Sekretärin, die das Zimmer betritt und mich anmeldet, sprich so leise, daß ich an der Türe ihre Worte kaum hören kann. Auch als sie uns Kaffee reicht und mich später verabschiedet, nehme ich ihre Worte kaum wahr.

Die Gespräche wurden unter der Prämisse der absoluten Anonymität in einer vertrauensvollen und offenen Atmosphäre geführt. Die persönliche Aufnahme war durchweg freundlich und die überwiegende Mehrzahl der Manager zeigte an der Befragungsthematik großes Interesse. Auch die Antworten auf die zum Teil sehr privaten Fragen vermittelten ein hohes Maß an Authentizität. In welchem Maße die Manager sozial erwünscht geantwortet haben, lässt sich nicht feststellen. Jedenfalls gab es für solche Tendenzen keine Anhaltspunkte.

Es gab unterschiedliche Motive, welche die Manager zu einer Teilnahme an der Untersuchung veranlasst haben. Neben einer allgemeinen Neugier am Untersuchungsthema spielte vor allem das Interesse an der eigenen Identität eine Rolle. Viele Manager sind gewohnt, vor allem zu aktuellen Unternehmensentwicklungen oder zu anderen, von ihrer Person weitgehend losgelösten Themen befragt werden. In der Identitätsstudie standen Fragen im Mittelpunkt, die an die eigene Person adressiert waren. Das Unternehmen war dabei nur insoweit von Interesse, als es – aus Sicht der Befragten – identitätsrelevanten Einfluss hatte.

Viele Manager hatten das Bedürfnis, sich mit der eigenen Identität zu beschäftigen und sich mitzuteilen.

Über diese Erfahrung berichten auch andere Autoren, die ähnliche Themen untersucht haben[5]. Der enorme Zeitdruck und die Fülle der Aufgaben, die Spitzenmanager zu bewältigen haben, lassen im Alltag zur Selbstreflexion wenig Raum. In diesem Sinne boten die Gespräche eine Möglichkeit, das latent vorhandene Bedürfnis zur Auseinandersetzung mit der eigenen Identität, mit der eigenen Biographie, den Lebensheiligtümern, den Ängste und Sorgen etc. zu bedienen. Die Gespräche gaben Anstöße zum weiteren Nachdenken. Viele Teilnehmer baten um eine Abschrift des persönlichen Transkripts für eigene Zwecke.

Ein wichtiges Ziel der Studie bestand darin, dem Führungsnachwuchs Botschaften zu vermitteln. Solche Hinweise sollen es den jungen Managern ermöglichen, jenseits professioneller Anforderungen von Vorbildern zu lernen. Viele Vorstände und Vorstandsvorsitzende nannten die Mentorenfunktion als Grund, sich für diese Untersuchung zur Verfügung zu stellen. Für andere war der Umstand von Bedeutung, daß es sich beim Projektträger um eine gemeinnützige Stiftung handelt. Durch eine Mitwirkung wollte man dazu beitragen, den Stellenwert solcher Privatinitiativen in der Gesellschaft zu erhöhen. Gemeinnützige Stiftungen werden als wesentliche Impulsgeber für den Fortschritt einer Gesellschaft gesehen.

2.4 Wirtschaftsbranchen

In unserer Studie wurde eine regionale und branchenmäßige Durchmischung der Manager und Unternehmen angestrebt. Die Streuung über die alte Bundesrepublik ist recht ausgewogen, Manager aus Unternehmen in den neuen Bundesländern sind nur schwach vertreten, da Großunternehmen in den neuen Bundesländern kaum vertreten sind.

Nachstehende Abbildung gibt die branchenmäßige Durchmischung wider. Die Werte weisen die absoluten bzw. relativen Häufigkeiten in bezug auf die Gesamtheit der befragten 61 Manager aus.

5 vgl. etwa Eberwein/Tholen 1990, S. 26

Die Spitzenmanager in Deutschland: Branchenverteilung

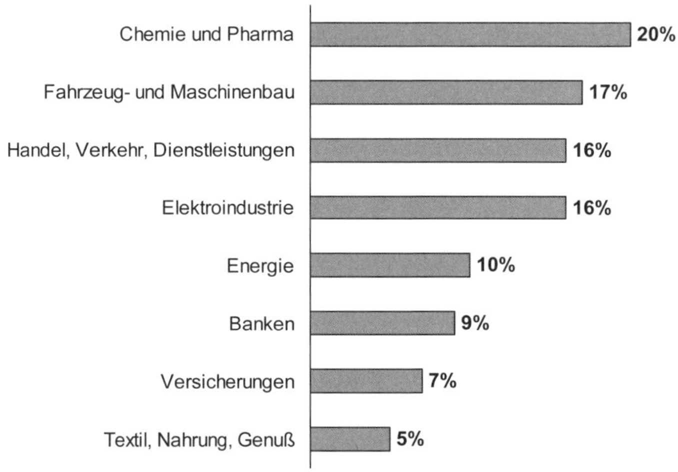

Abb. 1: Verteilung der Unternehmen auf verschiedene Branchen (n = 61)

2.5 Position der Spitzenmanager

Das Untersuchungssample besteht ausschließlich aus männlichen Spitzenmanagern. Frauen in Spitzenpositionen der Gesellschaft und insbesondere der Wirtschaft sind nach wie vor selten anzutreffen[6]. Die Potsdamer Elitestudie von 1995 weist einen Frauenanteil von gerade 2 % aus, immerhin lag er im Jahre 1981 noch bei 1 %[7].

Diese Situation ändert sich nur langsam, insbesondere Wirtschaftsunternehmen erweisen sich gegenüber Managerinnen auf der ersten Führungsebene als besonders resistent. In Deutschland hatte keines der 100 größten Unternehmen eine weibliche Vorsitzende. Immerhin finden sich zumindest vereinzelt Frauen in den Vorständen. Die internationale Personalberatung Spencer Stuart hat festgestellt, daß in den vergangenen Jahren nur 9 % der möglichen Kandidaten für Vorstandspositionen weiblich waren.

Rund 71 % der befragten Spitzenmanager stehen an der Spitze einer AG. Abbildung 2 zeigt die Positionen, die die untersuchten Spitzenmanager in den Unternehmen einnehmen.

6 vgl. etwa die Studien Eberwein/Tholen1990, Heidrick and Struggles 1988; Kruk 1972; Pross/ Boetticher 1971

7 Geißler 2000, S. 16

Die Spitzenmanager in Deutschland: Funktion und Position

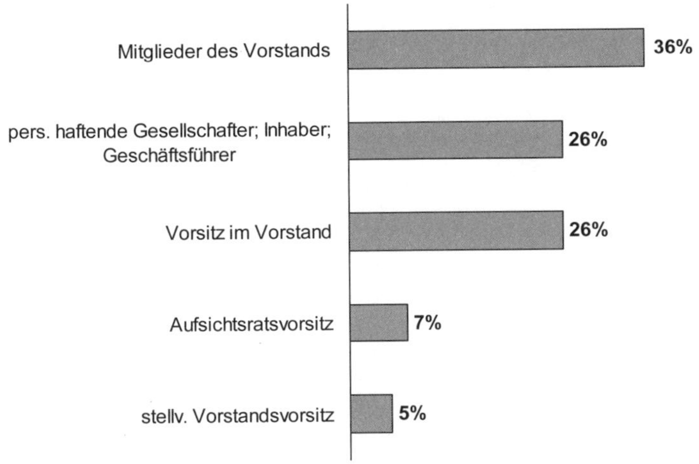

Abb. 2: Position der Spitzenmanager (n = 61)

Unter den Gesprächspartnern finden sich zu 38 % Vorstandsvorsitzende, stellvertretende Vorstandsvorsitzende und Aufsichtratsvorsitzende, zu 36 % Vorstandsmitglieder der größten deutschen Aktiengesellschaften sowie zu 26 % persönlich haftende Gesellschafter, Inhaber und Geschäftsführer der größten deutschen Nicht-Aktiengesellschaften.

3 Die Kennkarte der deutschen Wirtschaftselite

Es ist ein inzwischen gut gesichertes Ergebnis der Sozialforschung, daß die Führungsgruppen in Deutschland in ihrer überwiegenden Mehrheit aus den oberen Schichtmilieus stammen. Auch die gegenwärtige deutsche Wirtschaftselite als Funktionselite stammt vor allem aus den höheren Soziallagen. Nur eine sehr kleine Minderheit wurde in den unteren Schichtmilieus der Arbeiter oder einfachen Angestellten geboren. Demnach sind die unteren Berufsgruppen nur mit wenigen Söhnen an den Spitzen der Unternehmen vertreten.

Herkunftsdaten sind unter zwei Gesichtspunkten von Belang: sie geben Aufschluß über die Offenheit einer Gesellschaft und sie dienen als empirischer Beleg für den Versuch, milieuspezifische Denk- und Wertmuster zu erklären.

3.1 Berufe der Väter

Das größte Kontingent der deutschen Wirtschaftselite wird von den Söhnen selbständiger Unternehmer, Landwirte und freier akademischer Berufe gestellt. Fast jeder dritte Konzernlenker (etwa 38 %) in Deutschland wuchs bereits in einem Elternhaus auf, das durch eine Ethik der Selbständigkeit und Selbstverantwortung geprägt war – und damit vergleichsweise etwa viermal häufiger, als es dem Anteil dieses Milieus in der damaligen Bevölkerung entsprach. Dies legt den Schluß nahe, daß ein Gros der heutigen Spitzenmanager schon in der Jugend eher mit Werten des Wagnisgeistes konfrontiert wurde als mit der Erfahrung eines Daseins in gesicherten und geordneten Verhältnissen.

Die zweite große Berufsgruppe unter den Vätern sind leitende Angestellten. Etwas geringer ist die Zahl der Söhne von höheren Beamten. Beide zusammen ergeben das höhere Dienstleistungsmilieu, aus dem sich ein weiteres Drittel der Spitzenmanager rekrutiert. Wenn man berücksichtigt, daß Bolte[8] in den 60er Jahren nur etwa 5 % der Bevölkerung diesem Milieu zuordnet, wird deutlich, wie überrepräsentiert dieses Milieu als Rekrutierungspool der deutschen Spitzenmanager ist. Überrepräsentiert in der gegenwärtigen wirtschaftlichen Machtelite gegenüber ihrem Anteil in der Bevölkerung sind auch die Söhne von Landwirten und Gutsbesitzern sowie von Offizieren.

---

[8] vgl. Geißler 2002, S.116

Neben diesen Hauptgruppen fällt die mittlere und einfache Angestelltenebene als Rekrutierungsquelle von Spitzenpositionen der Wirtschaft deutlich ab. Ebenso verhält es sich mit den Handwerks- und Arbeiterberufen. Nur etwa jeder zehnte Topmanager erwähnt ein Elternhaus, das zum Zeitpunkt der Jugend der heutigen Spitzenmanager der in Deutschland weit vorherrschende Bildungs-, Herkunfts- und Milieufall war. Faßt man die Handwerks- und Arbeiterberufe mit den einfachen Angestelltenberufe zusammen, kann man folgern: Die deutschen Spitzenmanager kommen nur etwa zu einem knappen Fünftel aus jenem Sozialmilieu, das in ihrer Jugend der Normalfall in der deutschen Sozialstruktur war.

Die Angaben über die soziale Herkunft überraschen: Etwa ein Drittel der deutschen Spitzenmanager berichtet, der Vater habe einen akademischen Abschluß. Das ist

Die Spitzenmanager in Deutschland: Berufe der Väter (mit Beispielen)

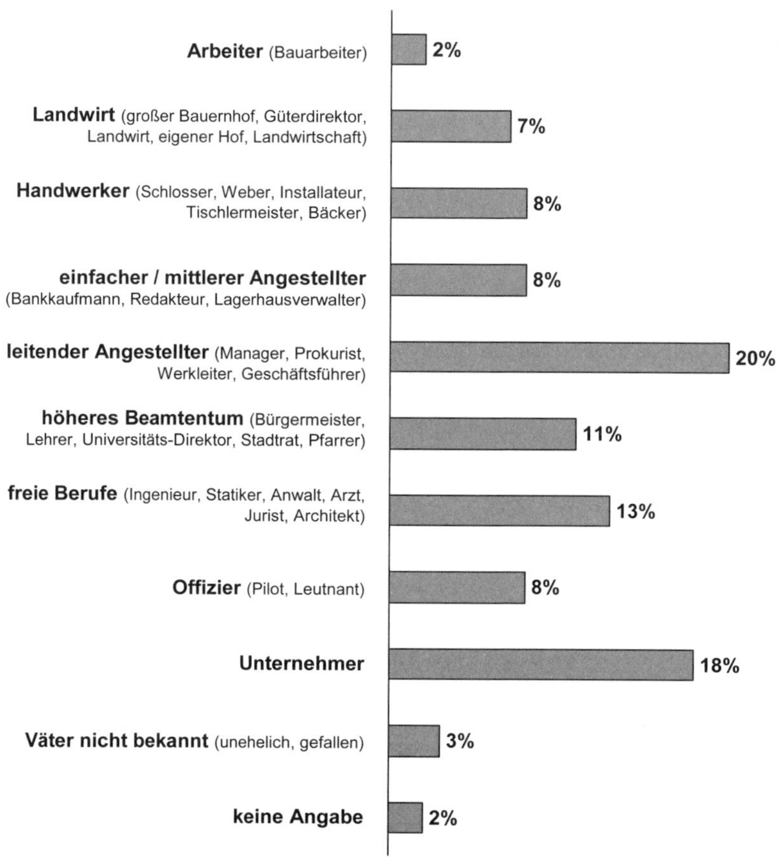

Abb. 3: Berufe der Väter (n = 61)

angesichts des in den sechziger Jahren üblichen Anteils der Bevölkerung von etwa 2 % Akademikern mit abgeschlossenem Studium ein enorm hoher Wert. Er belegt die Höhenlage, aus der die Topmanager stammen.

Gut zwei Drittel der Väter betätigte sich in einem wirtschaftsnahen Beruf. Nur ein knappes Drittel gehörte zum Milieu der Verwaltungsbeamten, Lehrer, Offiziere, Professoren und sonstigen Akademikern. Trotzdem sind die Grenzen zwischen beiden Lagern durchlässig. Auch wenn sich das Wirtschaftsbürgertum primär aus den eigenen Reihen erneuert, fällt doch die große Zahl von Söhnen auf, denen der Übergang aus dem Verwaltungs- und akademischen Milieu in Spitzenpositionen der Wirtschaft keine Schwierigkeiten bereitet hat. Offenbar ist die horizontale Mobilität innerhalb der arrivierten Milieus deutlich einfacher als der Aufstieg von unten nach oben.

Gleichwohl zeichnen sich inzwischen auch gewisse Aufstiegschancen ab. Differenziert man die Berufe der Väter der heutigen Unternehmenslenker nach den Soziallagen, ergibt sich ein klareres Bild von der Offenheit der deutschen Sozialstruktur. Faßt man beispielsweise die Berufe von Arbeitern, Handwerkern, einfachen und mittleren Angestellten zusammen, scheint Deutschland in gewissem Umfang ein Aufstiegsland für das mittlere Bürgertum zu sein. Knapp jeder fünfte deutsche Topmanager hat seine Wurzeln in diesem Milieu. Angesichts dieser Befunde kann man von einer begrenzten Aufstiegsbewegung zwischen dem ausführenden Handwerks- und Dienstleistungssektor auf der einen Seite und den Spitzenfunktionen in der Wirtschaft auf der anderen Seite sprechen.

An dem Umstand, daß das Vordringen an die Spitze um so schwieriger wird, je tiefer die Herkunftsgruppe in der Schichtungshierarchie steht, ändert dies alles freilich nichts. Daß so wenige Angehörige aus den unteren Schichten in die Entscheidungszentren der Wirtschaft vordringen können, hat offenbar verschiedene Ursachen: Zum einen mag es an den schichttypisch ungleichen Bildungskarrieren liegen, zum anderen möglicherweise am Fehlen eines bestimmten im Elternhaus vermittelten Habitus, drittens schließlich mögen besondere schichtspezifische Wert- und Leitbilder eine Rolle spielen.

Fazit:

Unter den wichtigsten Wirtschaftsführern in Deutschland überwiegen die Sprösslinge aus dem arrivierten Milieu. Arbeiter-, Bauern- und Handwerkersöhne sind unterproportional vertreten. Daher kann sich Deutschland nach wie vor nicht rühmen, eine offene Gesellschaft zu sein, die allen Heranwachsenden – unabhängig vom häuslichen Milieu – die gleichen Möglichkeiten für die Entfaltung von Talenten und für die Teilnahme am Wettbewerb um die Spitzenpositionen in der Wirtschaft gewährt.

Diejenigen Topmanager, die nach der Klassifikation der Schichtungssoziologie zur Machtelite gehören, werden mehrheitlich schon in einer entsprechenden „Höhenlage“ geboren. Vier von fünf deutschen Spitzenmanagern sind bereits selbst in der oberen Mittelschicht oder Oberschicht aufgewachsen. Die übrigen 20 % stiegen aus den sogenannten mittleren und unteren Milieus auf. Fast kein Spitzenmanager wurde in einem Arbeitermilieu geboren. Die unteren Schichten, die knapp die Hälfte der Bevölkerung stellen, sind demnach in den Spitzenfunktionen der deutschen Wirtschaft nach wie vor deutlich unterrepräsentiert; ein Umstand, auf den Helge Pross schon vor über 35 Jahren hinwies. In diesem Punkt scheint eine hohe Kontinuität zu herrschen. Insoweit ist Geißlers These vom Gesetz der zunehmenden sozialen Selektivität im politischen Herrschaftsgefüge auch auf die wirtschaftlichen Eliten übertragbar[9]. Je höher die wirtschaftlichen Führungspositionen sind, um so eher kommen die oberen Schichten zum Zuge, und um so stärker werden die unteren an den Rand gedrängt.[10]

3.2 Berufe der Großväter

Etwas freundlicher fällt das Urteil über die Offenheit der deutschen Gesellschaft aus, wenn auch die Berufe der Großväter berücksichtigt werden. Im Ablauf von drei Generationen haben sich die Positionen stärker verschoben als vom Vater auf den Sohn. Die Schranken, die die Söhne der Unterschichtfamilien nicht überwinden konnten, werden zumindest teilweise vom Enkel durchbrochen, sofern der Vater den Aufstieg vorbereitet hatte. Bauern und Landwirte sind unter den Großvätern fast dreimal so oft vertreten wie unter den Vätern. Beispiele für soziale Aufstiegskarrieren sehen etwa so aus: der Großvater eines Spitzenmanagers war Landwirt, sein Vater Offizier oder selbständiger Unternehmer. Oder ein anderes Beispiel: Der Großvater arbeitete als Heuerling (von einem Gutsbesitzer abhängiger Landarbeiter), der Vater leitete einen Handwerksbetrieb.

Auch die Handwerksberufe sind unter den Großvätern häufiger vertreten als in der zweiten Generation. Beispiele für eine entsprechende vertikale Mobilität lauten: Der

---

9 Geißler 2002, S.150

10 Auch in der Potsdamer Elitestudie von 1995 waren unter der Wirtschaftselite höhere soziale Herkunftsgruppen überproportional vertreten (Schapp 1997, S. 77) vgl. auch Pross/Boetticher 1971, S. 31; Zapf 1965, S. 141. Die Überrepräsentanz höherer sozialer Herkunftsgruppen gilt allgemein für Eliten und wurde für die Wirtschaftselite insbesondere von Hartmann nachgewiesen (2001a, S. 123; 1997; 1996; 1995). Seinen Studien zufolge schafft das „etablierte Bürgertum“ den dort Sozialisierten große Startvorteile (Hartmann 1997, S. 303) sowie der in diesem Milieu gelebte und erlernte „klassenspezifische Habitus“ (Hartmann 1995 mit Bezug auf Bourdieu 1989, S. 26f.; vgl. auch schon Kruk 1967, S. 57). Zum etablierten Bürgertum zählt Hartmann u. a. Unternehmer, leitende Angestellte, höhere Beamte sowie akademische Freiberufler.

Großvater war Schreiner, der Vater Studienrat. Oder der Großvater arbeitete als Bäcker, der Vater als Chemiker in einem großen Unternehmen.

Auffallend ist zudem der Befund, daß die wirtschaftsfernen Beamtenberufe unter den Großvätern deutlich stärker im Vordergrund stehen als bei den Vätern.

Jeder fünfte Großvater der deutschen Topmanager war Beamter.

Die Beamtenberufe erreichen damit einen signifikant höheren Anteil, als ihre Vertretung in der Gesamtheit der Erwerbstätigen von damals entsprach. Die entsprechende

Die Spitzenmanager in Deutschland: Berufe der Großväter (mit Beispielen)

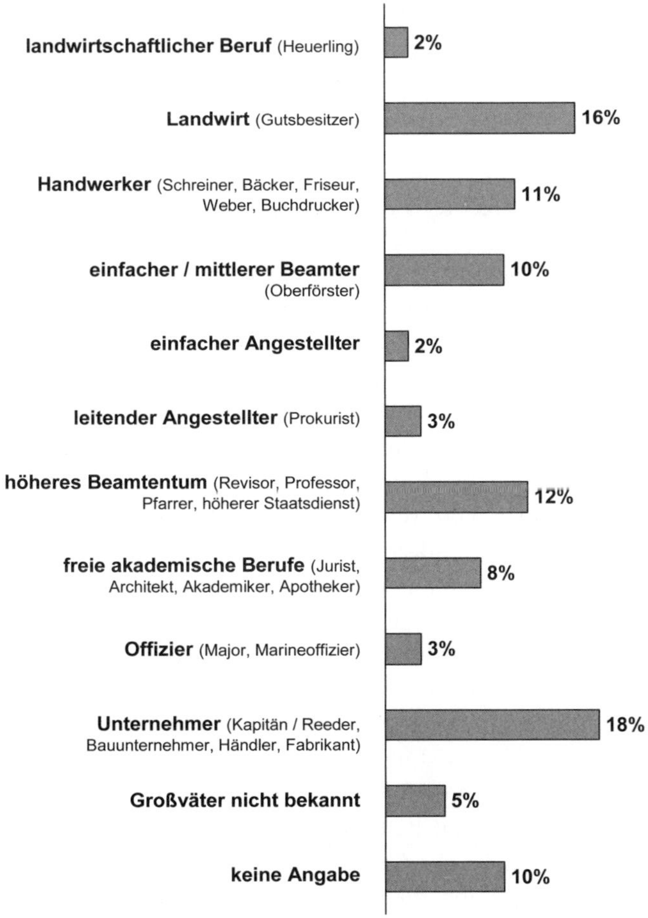

Abb. 4: Berufe der Großväter (n = 61)

Aufstiegsmobilität sah beispielsweise wie folgt aus: Der Großvater war Volksschullehrer, der Vater Bankkaufmann oder der Großvater arbeitete als Förster, der Vater als Geschäftsführer eines mittelständischen Unternehmens.

Unternehmer und Selbständige stellen gleichfalls ein deutlich größeres Kontingent als in der Vätergeneration. Jeder zweite Großvater stand einem Betrieb, einer Praxis oder einem Gut vor. Beispiele hierfür sind etwa: Reeder, Unternehmer, Geschäftsführung von Handwerksbetrieben, Gutsbesitzer, Ärzte, Anwälte oder Unternehmensgründer.

Angestellte bleiben in der Großvätergeneration auffällig im Hintergrund. Sie sind schlichtweg nicht präsent. Auffallend ist der markante Anstieg der mittleren und leitenden Angestelltenberufe von der Großvater- zur Vatergeneration. Dies dürfte im wesentlichen eine Folge der Entwicklung zu einer nachindustriellen Dienstleistungsgesellschaft in Deutschland sein. Typische Beispiele hierfür sind etwa: der Großvater war Unternehmer, der Vater leitender Angestellter im internationalen Konzern; oder der Großvater war selbständiger Apotheker, der Vater Prokurist in einem Großunternehmen oder schließlich der Großvater war Pfarrer und der Vater Lektor in einem Verlag.

Aus diesen Befunden lassen sich eine Reihe von Schlußfolgerungen ziehen:

- Auffallend ist der Rückgang der Selbständigenquote von der Großvatergeneration zur Vatergeneration. Von den Vätern der befragten Spitzenmanager, deren Väter ihrerseits Eigentümer von Betrieben waren, blieb nur jeder fünfte im väterlichen Metier. In der Regel wurden sie höhere Beamte oder leitende Angestellte. Warum die Väter nicht in gleichem Maße die Selbständigkeit suchten, wissen wir nicht – ob dies an der Folge einer allgemeinen Schrumpfung des Selbständigenanteils in der Gesellschaft lag, ob aus Mangel an Möglichkeiten, aus Sicherheits- oder Prestigegründen, ob aus Neigung oder Not: Wie immer es subjektiv begründet sein mag, der Übergang von der Selbständigkeit zum Angestelltenstatus fand jedenfalls in der Vätergeneration und nicht erst in der heutigen Managergeneration statt.
- Der Kreislauf zwischen unten und oben hat sich im Laufe des Generationswechsels von den Großvätern zu den Vätern nicht wesentlich beschleunigt. Etwa ein Viertel der Großvätergeneration entstammt den unteren Milieus der Arbeiter, Handwerker, Angestellten und Beamten; in der Vatergeneration ist es immer noch ein knappes Fünftel. Hier haben die Aufstiegskanäle keine breiteren Schichten erfasst. Das bedeutet, daß der Enkel des deutschen Arbeiters oder Handwerkers im wesentlichen keine bessere Gelegenheit hatte, eine Spitzenposition zu erreichen als seine Eltern. Aus der Perspektive des Gemeinwesens heißt dies auch, daß in Deutschland die funktionalen Positionseliten zwar Leistungseliten sind, zugleich aber auch in einem nicht unerheblichen Umfang Geburts- bzw. schichtspezifische Milieueliten darstellen.

- In Deutschland hat es offenbar kein in sich konsistentes Rekrutierungsmilieu der Wirtschaftselite gegeben. Die Väter der heutigen Vorstandsvorsitzenden, die höhere Beamte oder leitende Angestellte gewesen sind, bilden nach ihrer Herkunft einen stark gemischten Kreis: sie selbst waren Söhne von Landwirten, Handwerkern, selbstständigen Unternehmern, Offizieren einfachen oder auch höheren Beamten. Es scheint, als sei der Aufstieg von der Großvatergeneration zur Vatergeneration der heutigen Wirtschaftselite zumindest teilweise auf ein recht breites Schichtfundament zurückzuführen.
- Die Aspiranten auf wirtschaftliche Führungspositionen steigen in der sozialen Hierarchie von Generation zu Generation offenbar weiter auf. In nur zwei Fällen hat von der Großvatergeneration zur Vatergeneration eine Statusregression stattgefunden, ansonsten haben die Söhne zumindest den Status der Eltern ererbt und in nicht wenigen Fällen auch verbessert. Die Spitzenmanager der Gegenwart setzen diese Bewegung fort.

Fazit:

Die Angaben über die Berufe der Väter und Großväter reflektieren generelle Wandlungen der deutschen Sozialstruktur wie auch Prozesse familiärer Aufstiegsmobilität. Die heutigen Vorstandsvorsitzenden stammen zu etwa 80 % aus den Höhenlagen, in denen sie sich heute befinden. Abermals wird deutlich, daß Deutschland zwar ein Aufstiegsland für bestimmte mittlere Dienstleistungsmilieus ist, aber den Arbeiterschichten nach wie vor der Eintritt in die Konkurrenz um die begehrtesten Positionen verwehrt ist.

Konzernlenker und Vorstandsvorsitzende – so können wir resümieren – verdanken ihren Erfolg nicht allein dem eigenen Bemühen. Um in Spitzenstellungen zu gelangen, muß man schon in ihrer sozialen Nähe geboren sein. Je besser die Familie vorgearbeitet hat, je höher das Herkunftsmilieu auf der sozialen Landkarte Deutschlands angesiedelt ist, je höher auch der Rang des Vaters und Großvaters ist, desto günstiger sind nach wie vor die Aussichten, das oberste Ziel eines Vorstandspostens zu erreichen. Aufstiegsmobilität und Erfolg hängen immer noch partiell von der Herkunft ab. Und damit entscheidet nach wie vor zu einem wesentlichen Teil der Zufall der Geburt, ob man sich überhaupt am Wettbewerb um die Dispositionsbefugnisse in der Wirtschaft beteiligen kann.

3.3 Berufe der Mütter

Wenig überraschend ist, daß die Mütter der deutschen Spitzenmanager mehrheitlich Hausfrauen waren. Eher erstaunt allerdings, wie hoch der Anteil an berufstätigen

Die Spitzenmanager in Deutschland: beruflicher Schwerpunkt der Mütter

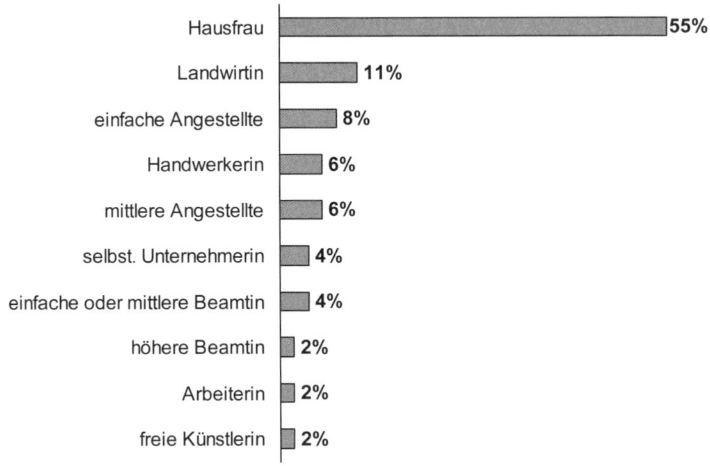

Abb. 5: Berufe der Mütter (n = 61)

Müttern unter der heutigen Wirtschaftselite ist. Immerhin arbeiteten bereits zahlreiche Mütter als einfache bzw. mittlere Angestellte. Und auch der Anteil jener, die in der Landwirtschaft tätig waren, deutet nach dem Urteil der Topmanager auf ein Selbstverständnis, das durch wenig Privatheit, eine eher asketische Daseinsweise, Dauerkonzentration auf die Vereinbarung von Beruf und Haushalt und schließlich durch die Bereitschaft gekennzeichnet war, entsprechende Rollenkonflikte zu akzeptieren und durchzustehen. Abgeschwächt bestehen diese Konflikte auch für jene Mütter, die führende Positionen eingenommen haben: die Unterschiede sind graduell, nicht prinzipiell. Auch Mütter in ihrer Funktion als Beamtinnen, Unternehmerinnen oder selbständige Handwerkerinnen handelten sich nicht nur höheres Ansehen und mehr Einfluß ein, sie mußten nach Auffassung der heutigen Spitzenmanager zugleich auch mit Spannungen zwischen unvereinbaren persönlichen Zielen leben. Zumindest im Ausdruck ihrer mütterlichen Rolle mußten sie sich ungeliebten Restriktionen unterwerfen. Aber sie waren nach dem Urteil ihrer Söhne flexibel genug, um damit in produktiver Weise fertig zu werden.

3.4 Konfession

Zu den zentralen sozialen Faktoren der Aufstiegsmobilität in Deutschland gehört offenbar die von den Eltern übernommene Konfession. Deutlich überrepräsentiert in den Spitzenpositionen der Wirtschaft sind protestantische Konfessionseinflüsse.

Lutherische, reformierte oder freikirchlich geprägte Religionszugehörigkeiten dominieren. Schon Pross und Boetticher betonen, daß Söhne aus katholischen Familien entweder seltener in Großunternehmen eintreten oder dort schlechtere Aussichten haben zu reüssieren[11]. Dieser Befund gilt noch heute. Nach wie vor wirkt sich die Erziehung in einer katholisch geprägten Atmosphäre des Elternhauses offenbar hemmend auf den Weg zu Spitzenpositionen in der Wirtschaft aus. Eine Tendenz zur Nivellierung der Konfessionseinflüsse als Bestimmungsfaktor von Top-Managementkarrieren hat sich bis heute nicht durchgesetzt.

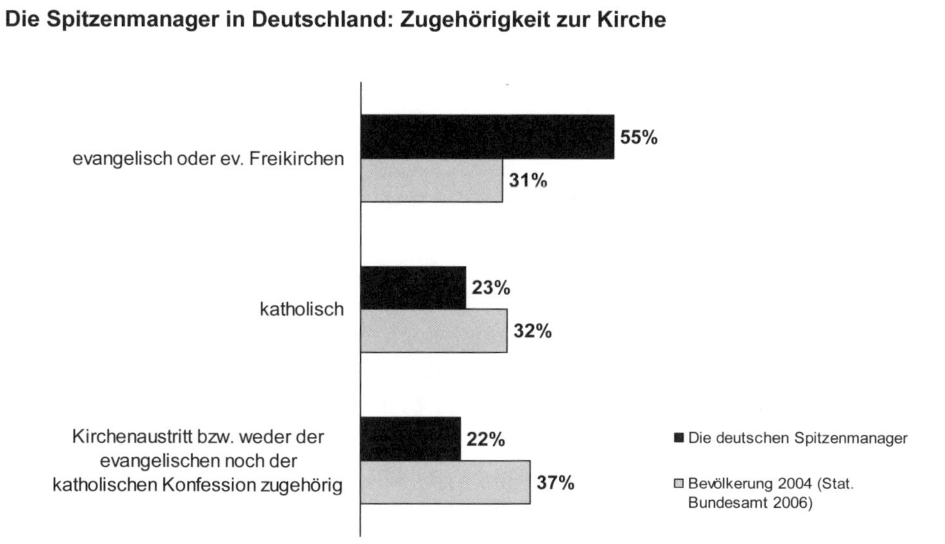

Abb. 6: Konfessionszugehörigkeit (n = 53)

Die Unterschiede in der Konfessionszugehörigkeit sind augenfällig. Zugenommen hat in den letzten Jahrzehnten der konfessionslose Status. Nicht konfessionell gebunden ist etwa jeder fünfte der heutigen Konzernlenker. Eine Tendenz zur Säkularisierung der deutschen Führungsschicht zeigt sich im Vergleich mit den Ergebnissen früherer Elitestudien[12]. Aber selbst der konfessionslose Status darf nicht darüber hinweg täuschen, daß nur eine kleine Minderheit von weniger als 10 % der Führungskräfte überhaupt keinen Bezug zur Religion hat und sich als durchweg atheistisch bezeichnet. Viel interessanter ist daher der Befund, daß der konfessionslose Status unter den Spitzenmanagern deutlich niedriger liegt als im Durchschnitt der Bevölkerung in Deutschland.

[11] Pross/Boetticher 1971, S.49

[12] vgl. Hoffmann-Lange/Bürklin 1999

Die Spitzenmanager in Deutschland: Religiöse Prägung im Elternhaus

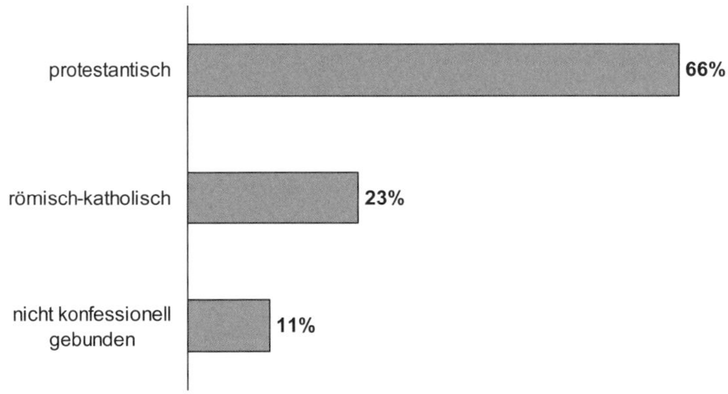

Bitte beachten: Bei dieser Zusammenstellung geht es um die religiöse Prägung der Manager im Elternhaus. Die Prägung wurde in Ergänzung zu der formalen Kirchenzugehörigkeit (oder Kirchenaustritt) direkt über die Interviews erhoben.

Abb. 7: Religiöse Prägung im Elternhaus (n = 56)

Die Bedeutung protestantischer Konfessionseinflüsse auf Spitzenpositionen in der Wirtschaft ist besonders spürbar, wenn man nach der religiösen Atmosphäre im Elternhaus fragt. Denn auch die Spitzenmanager, die inzwischen der Amtskirche den Rücken gekehrt haben, sind in ihrer Jugend konfessionell geprägt worden. Ein Blick auf die frühere Konfessionszugehörigkeit von jenen Topmanagern, die inzwischen aus der Kirche ausgetreten sind, macht die Disparität zwischen protestantischer und katholischer Kirchenzugehörigkeit noch gravierender:

Fast 66 % der deutschen Wirtschaftselite ist in einer protestantisch geprägten Atmosphäre des Elternhauses aufgewachsen, dagegen nur etwa 23 % in einem katholisch geprägten Milieu.

Die Disparität der Konfessionen in den Vorstandsetagen deutscher Großunternehmen ist aber trotz allem nicht so groß, daß man von einer indirekten Diskriminierung der Katholiken sprechen könnte. Zwar ist der Anteil von Katholiken und Protestanten an der Gesamtbevölkerung in Deutschland in etwa gleich groß (ca. 31 %), ihre unterschiedliche Quote auf den Spitzenetagen der Wirtschaft kann aber mehrere Gründe haben:

- Unser Material zeigt erstens, daß unter den Spitzenmanagern aus katholischen Elternhäusern kaum Juristen zu finden sind. Offenbar ist der traditionelle Aufstiegskanal des Jurastudiums in die wirtschaftlichen Führungsfunktionen eine Domäne der evangelisch erzogenen Spitzenmanager.

- Ein anderer Grund für die Unterrepräsentation katholisch geprägter Topmanager könnte darin liegen, daß ihr Aufstieg deutlich dornenreicher ist als für die evangelischen Kollegen. Katholische Spitzenmanager stammen fast nie aus einem arrivierten Sozialmilieu. Im Gegensatz zu ihren evangelischen Kollegen verdanken sie ihren Erfolg nicht einer entsprechenden sozialen Höhenlage, sondern eher individuellen Biographie- und Karrieremustern.
- Die signifikante Differenz hat möglicherweise auch etwas mit der historisch bedingten Fusion von Katholizismus und Unterschichtenmilieus in Deutschland zu tun. Lange Zeit war der katholische Bevölkerungsteil sozial schlechter gestellt als der protestantische – eine Folge der stärkeren Abneigung gegen reformierte Bekenntnisse in den Grundschichten im Zeitalter der Reformation und Glaubenskriegen. Die geringe Vertretung von Katholiken in den obersten Rängen der Unternehmen scheint daher ein Reflex der Benachteiligung von Kindern sozial tiefer gestellter Milieus zu sein. Die indirekte Diskriminierung, die sich aus den Sozialstrukturen Deutschlands ergibt, richtet sich dann weniger gegen die Konfessionen, sondern gegen diejenigen, die in den unteren Sozialschichten geboren sind. Unklar bleibt dabei, ob dies nach wie vor auch ein später Reflex der spezifischen Wertethik der Konfessionen ist.
- Auch mag die Unterrepräsentation der Katholiken auf Deutschlands Vorstandsetagen damit zusammenhängen, daß ihr gegenwärtiger Anteil nicht wesentlich kleiner ist als ihre Quote (ca. 30 %) im Deutschen Reich zur Zeit des ersten Weltkriegs, als die Eltern der heutigen Führungskräfte geboren wurden.

Soweit unsere Daten erkennen lassen, setzt sich also bislang keine Tendenz zu einer Nivellierung der Konfessionseinflüsse als Bestimmungsfaktor von Topmanagement-Karrieren durch. Ob allerdings in Zeiten der Transnationalisierung von Managerkarrieren die sozialen Widerstände, mit denen der katholische Bevölkerungsteil in Deutschland rechnen mußte, schwächer werden, bleibt abzuwarten.

3.5 Familienstatus

Fast jeder deutsche Spitzenmanager ist verheiratet (92 %). Die weit überwiegende Mehrheit von ihnen (85 %) hat Kinder, davon ein knappes Drittel drei Kinder und mehr. Sie leben in aller Regel in Verhältnissen, die eher dem klassischen Familienideal entsprechen als dem heutigen „sozialstrukturellen Normalfall“. Geschieden ist kaum jemand von ihnen, entsprechend ist auch kaum jemand wiederverheiratet. Intakte Familienverhältnisse gelten offenbar in wirtschaftlichen Führungspositionen als eherne Rekrutierungsregel, Scheidungen dagegen explizit als Barriere für den Aufstieg in die wichtigsten Ämter und Funktionen.

Wer geschieden ist, darf sich kaum Hoffnungen machen, in die höchsten Positionen der deutschen Wirtschaft aufzusteigen.

Diese „Regeln“ galten zumindest in der „aktiven Karrierephase“ der heutigen Führungskräfte, und sie scheinen für sie selbst bei der Rekrutierung von Nachwuchs ebenfalls ein unverrückbarer Maßstab zu sein. Ein Vorstandsvorsitzender bemerkte dazu sehr bündig: „wer sein Privatleben nicht in Ordnung hält, hat auch im Dienstleben Probleme“.

3.6 Altersstruktur der deutschen Wirtschaftselite

Das Durchschnittsalter der deutschen Spitzenmanager beträgt 56,6 Jahre. Dies entspricht in etwa dem Durchschnittsalter aller Vorstandsvorsitzenden der im DAX-30 notierten Aktiengesellschaften (57,5 Jahre). Die Manager unserer Studie sind damit im übrigen genauso alt wie die Vorstände, die Zapf (1965, S. 139) bereits 1964 in den nach Umsatz größten westdeutschen Unternehmen befragt hatte. Eine Verjüngung der Top-Entscheider hat also in den letzten 40 Jahren nicht stattgefunden.

Am häufigsten besetzt ist die Altersklasse zwischen 56 und 65 Jahren. Betrachtet man das Alter der Manager nach den verschiedenen Positionen, die sie einnehmen, so zeigen sich einige Unterschiede. Am jüngsten sind mit 54 Jahren die „weiteren

Die Spitzenmanager in Deutschland: Altersverteilung (in Jahren)

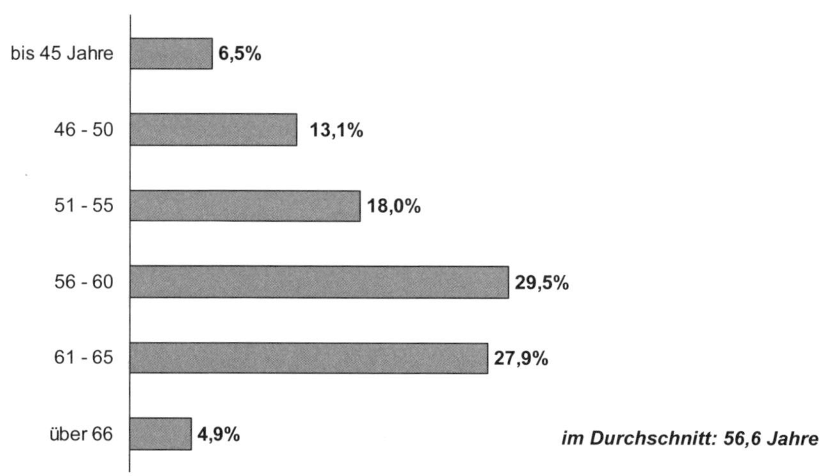

Abb. 8: Altersverteilung der Spitzenmanager (n = 61)

Mitglieder des Vorstandes“, am ältesten die „persönlich haftenden Gesellschafter“ und die „Vorsitzenden der Aufsichtsräte“. Die Vorstandsvorsitzenden liegen altersmäßig mit rund 55 Jahren dazwischen.

Im internationalen Vergleich erreichen die deutschen Spitzenmanager erst verhältnismäßig spät ihre Führungspositionen. Unmerklich älter – im Durchschnitt 57 Jahre – sind nur die amerikanischen und britischen Manager. Am schnellsten mit durchschnittlich ca. 52 Jahren erreicht derzeit die schwedische Wirtschaftselite ihre Positionen[13].

An der Alterssituation hat sich demnach generell in den letzten Jahren wenig verändert, immerhin deutet sich ein sehr leichter Trend zur Verjüngung der Wirtschaftselite an: Jünger als 50 Jahre sind in der vorliegenden Studie ca. 19 % der Manager; bei Pross und Bötticher (1971) waren es erst knapp 17 %, bei Zapf (1965) betrug der Anteil lediglich 14 %.

Topmanager, die das 45. Lebensjahr noch nicht vollendet haben, finden sich nur in Ausnahmefällen und dann fast ausschließlich in den sogenannten ‚Jungen Industrien’ wie in der Medien-, Kommunikations- oder Elektronikbranche. Es spricht einiges dafür, daß der dort besonders intensive Wettbewerb sowie der höhere Grad an Internationalisierung den Generationswechsel beschleunigen und das lange Zeit gültige ‚Anciennitätsprinzip‘ – also der Glaube an das Beförderungsrecht dessen, der die längste Wartezeit hat – entwerten.

3.7 Herkunftsgemeinde

Karriereaussichten werden in der Regel vom sozialen und kulturellen Umfeld bestimmt, in das ein Manager geboren wird. Dieses Umfeld unterscheidet sich je nach Charakter der Gemeindegröße. Von der dörflichen Umgebung gingen in der Vergangenheit schwächere Anstöße zur Entscheidung für eine wirtschaftliche Laufbahn aus als von der Großstadt. Insbesondere in der älteren Generation wurden Kinder einer auf dem Land ansässigen Familie weitaus seltener angehalten oder angeregt, sich die für eine erfolgreiche Tätigkeit nötigen Bildungsvoraussetzungen zu verschaffen. Dies hat sich inzwischen offenbar geändert.

> Mehr als jeder vierte Spitzenmanager bekundet, in einer dörflichen Umgebung aufgewachsen zu sein.

Allerdings hat die dörfliche Herkunft einen anderen Einfluss auf die Strukturierung der intellektuellen Neigungen gehabt, als dies bei den Großstadtkindern unter der heutigen Wirtschaftselite der Fall gewesen ist. Die Distanz dörflicher Atmosphäre

13 Claassen/Helmy/Steppan 1993, S.46

Die deutschen Spitzenmanager: Herkunftsort der deutschen Spitzenmanager

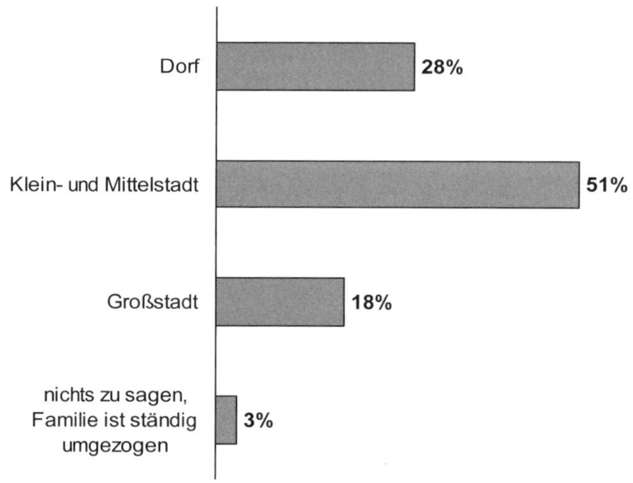

Abb. 9: Wo die Spitzenmanager hauptsächlich aufgewachsen sind (n = 61)

gegenüber universitären Bildungswegen wirkte sich gegen die Wahl eines Studiums und zugunsten einer stärker praktischen Ausbildung aus: Fast jeder fünfte Manager, der aus einer ländlichen Umgebung stammt, ist ohne Studium in die Spitzenpositionen der deutschen Wirtschaft gelangt. Ansonsten entschieden sich die Dorfsöhne vor allem für wirtschaftswissenschaftliche Studiengänge, daneben spielten noch Ingenieur- und Naturwissenschaften bei der Studienwahl eine Rolle.

Die überwiegende Mehrheit von gut 50 % der heutigen Spitzenmanager wuchs in einer Klein- oder Mittelstadt auf. Das ist überraschend. Während frühere Studien ergaben, daß die Mehrzahl der Spitzenmanager noch aus der Großstadt stammten, ist dieser Anteil offenbar deutlich rückgängig. In einer Großstadt ist nur noch knapp ein Fünftel der heutigen Wirtschaftselite aufgewachsen. Obwohl das großstädtische Milieu durch ein breites Angebot an kulturellen Möglichkeiten auch differenzierte geistige Neigungen zu bedienen vermag, hat dieser Umstand den Karrierewillen offenbar nicht beflügelt. Ganz im Gegenteil: Die Großstadt bildet eher eine Barriere als ein Sprungbrett für die höchsten Positionen in der Wirtschaft.

Manager, die in Großstädten aufwuchsen, haben in aller Regel studiert. Dabei verteilen sich die Studienpräferenzen ungleichmäßiger auf die verschiedenen Disziplinen als bei Managern, die in Klein- oder Mittelstädten groß geworden sind. Offenbar genießt unter den Großstadtkindern der heutigen Wirtschaftselite das Jurastudium

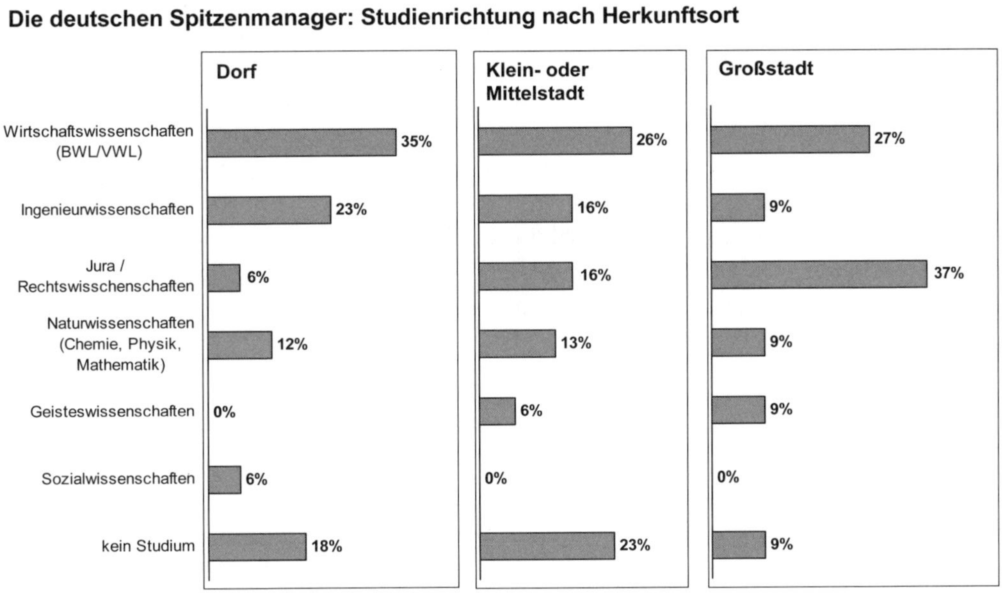

Abb. 10: Studienrichtung nach Herkunftsort

nach wie vor eine ungebrochene Wertschätzung, während die Ingenieurwissenschaften eigentümlich unterrepräsentiert sind.

Die Wirtschaftswissenschaften sind über alle Herkunftsorte hinweg das beliebteste Studienfach. Auffallend ist, daß der größte Teil der nicht-studierten Manager aus einer Klein- oder Mittelstadt stammt – eine erste Annahme wäre gewesen, daß sie vor allem aus dörflichen Strukturen stammen könnten. Das großstädtische Milieu hat die meisten Juristen hervorgebracht. Wirtschafts- und Ingenieurwissenschaften rekrutieren sich absolut gesehen überwiegend aus dem klein- und mittelstädtischen Milieu, prozentual jedoch aus der dörflichen Umgebung. Die Studienpräferenz für Naturwissenschaften verteilt sich gleichmäßig über alle Herkunftsmilieus.

Unsere Daten rechtfertigen die Hypothese, daß die Struktur der Herkunftsgemeinde offenbar einen Einfluss auf den Studiengang hat. In dem Maße, in dem die Spitzenmanager vermehrt aus dem dörflichen oder kleinstädtischen Milieu rekrutiert werden, verliert offenbar das traditionelle Juristenmonopol in der Wirtschaftselite an Bedeutung. Mit dem Aufstieg von Managern aus dem nichtgroßstädtischen Milieu verlagert sich die dominierende Denkweise der deutschen Wirtschaftselite in eine stärker betriebswirtschaftliche Richtung oder zu den dem kleinstädtischem Milieu eher vertrauten technischen Fächern.

Die Analyse der Herkunftsdaten erlaubt einen weiteren Schluss: Die Unterschiede zwischen Stadt und Land, soweit sie in der Vergangenheit eine Ungleichheit der Karrierechancen bedingt haben, sind allmählich eingeebnet worden. Gemessen am jeweiligen Anteil der auf dem Land und in Kleinstädten ansässigen Bevölkerung sind die Dorf- und Kleinstadtsöhne unter den Spitzenmanagern auf dem Vormarsch. Der traditionelle Vorsprung der Großstädter ist inzwischen eingeholt. Offen ist, wie sich diese beträchtlichen Verschiebungen erklären. Allgemeine Prozesse, daß „der städtische Geist“ (König) immer unabhängiger geworden ist von der großstädtischen Struktur, können dabei ebenso eine Rolle spielen, wie die möglicherweise tiefere Verankerung traditioneller für den Erfolg maßgeblicher Werttugenden im kleinstädtischen Milieu.

3.8 Schule und Lehre

Die höchsten Positionen in Deutschlands Großunternehmen sind von angestellten Spitzenmanagern besetzt. Nicht der Eigentümer, der seine Position durch erworbenen oder ererbten Sitz erhalten hat, dominiert, sondern der „Karrieremann“.

Welchen persönlichen Umständen der heutige Spitzenmanager neben der Herkunft seinen Erfolg verdankt, ist bislang kaum geklärt. Sicher ist lediglich, das er eine über die Volks- oder Hauptschule hinausgehende Ausbildung braucht, um zu reüssieren. Dies geht unzweideutig aus unseren Befunden hervor.

Fast alle Spitzenmanager haben ein Gymnasium besucht, nur jeder zehnte von ihnen die Volksschule oder die Mittel- bzw. Realschule. Die Chancen für Volks-, Haupt- und Realschüler sind in den vergangenen Jahre eher noch schlechter geworden. Parallel zur allgemeinen Bildungsexpansion seit den 70er Jahren ist das Bildungsniveau der deutschen Elitenmitglieder gestiegen – und es steigt weiter: Je aktueller die Studien zur Wirtschaftselite, desto höher ist der Anteil der Abiturienten; je jünger die Manager, desto größer ist ebenfalls der Anteil der Abiturienten. In der Altersklasse bis 57 Jahren weist nur noch ein Spitzenmanager kein Abitur vor.

Nach Beendigung der Schulzeit stellt sich die Frage der Berufsausbildung in Form einer Lehre. Eberwein und Tholen[14] waren in ihren Untersuchungen überrascht über die Bedeutung dieser Ausbildungsform. Nicht weniger als 55 % der von ihnen befragten Manager verfügten über eine abgeschlossene Lehre. Inzwischen ist der Anteil der Spitzenmanager mit einer wirtschaftsnahen Berufsausbildung zurückgegangen. Heute haben etwa 33 % der deutschen Wirtschaftsführer eine Lehre absolviert. Und

[14] Eberwein und Tholen 1990, S. 37

Die deutschen Spitzenmanager: Schulabschluss der Spitzenmanager

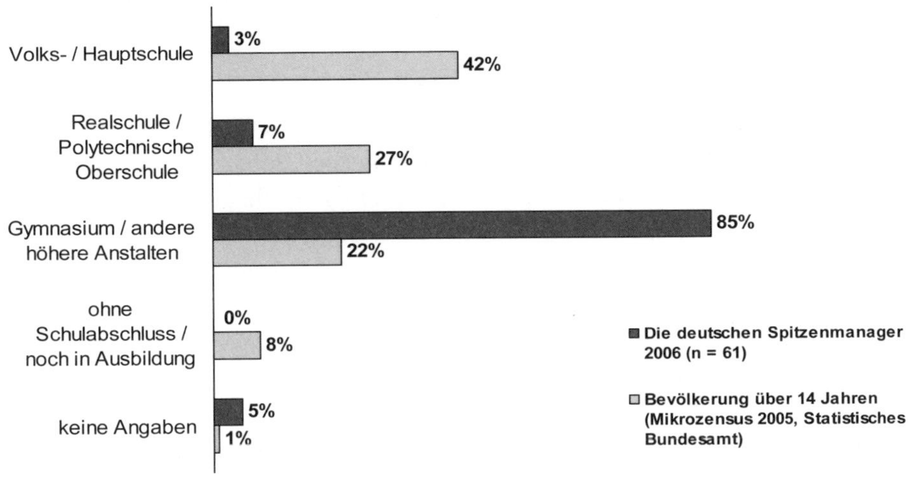

Abb. 11: Schulabschluss der Spitzenmanager

immerhin fast 10 % aller Topmanager verzichteten ganz bewußt für eine Lehre auf ein Hochschulstudium. Keiner von ihnen hat dies im nachhinein bedauert. Im Gegenteil: Die Lehre wird auch heute noch als wichtige Praxis- und Lebenserfahrung gedeutet. Sehr charakteristisch ist, was ein Topmanager in diesem Zusammenhang sagt:

> „Ich habe drei Jahre eine richtige Schlosserlehre gemacht und mit dem Gesellenbrief abgeschlossen. Ich bin also nicht nur in der Lage, Bücher zu lesen und Theorie zu praktizieren, sondern wenn es darum geht, etwas zusammen zu schweißen, dann kann ich das auch. Das ist so wie Fahrradfahren. Wenn Sie dies lange nicht gemacht haben und nehmen ein Fahrrad in die Hand, dann geht das nach kurzer Zeit wieder. Die Erfahrung des Praktischen ist mir wichtig. Das merkt man auch bei mir zuhause. Dort habe ich eine größere Werkstatt. Wenn bei meinen Kindern ein Metallsägeblatt kaputt geht, spannen sie es verkehrt herum ein. Weil sie nicht wissen, in welche Richtung die Zähne gehören. Diese Dinge sind mir immer wichtig gewesen. Das ist mir in Fleisch und Blut übergegangen."

Auch für einen anderen Vorstand war die Lehre eine wichtige Grunderfahrung:

> „Später während der Lehre – ich habe bei Klöckner-Humboldt in Deutz gelernt – wurde ich einer Kolonne zugeordnet. Da gab es als Lehrgeld hundert oder zweihundert Mark im Monat. Aber wenn man sich eingegliedert hatte, bekam

man den Akkordzuschlag. Da konnte es passieren, daß ich manchmal monatlich 3000 Mark hatte. In der 60er Jahren. Das war viel Geld. Wir haben jeden Tag Überstunden gemacht. Wir haben jeden Samstag gearbeitet. Heute ist dies alles nicht mehr möglich. Aber das hat mir doch nicht geschadet! Im Gegenteil."

Und ein weiterer Vorstandsvorsitzender ergänzt:

„Wir haben Großlokomotiven gebaut, teilweise für das Ausland, auch für die Bundesbahn. Und wir hatten manchmal jämmerlich Jobs, nur harte körperliche Arbeit. Ja gut, wir haben sie gemacht. Aber es wurde auch gut gezahlt. So war ich in der Lage, mir mit 18 Jahren schon ein Auto zu kaufen. Da gab es damals die VW's mit den amerikanischen Stoßstangen, so ein richtiges Traumding. Das konnte ich mir gönnen und konnte auch noch ein paar Mark auf die Seite legen, denn nach der Lehre war es nicht gleich möglich, mit der Ingenieurschule zu beginnen"

Jeder dritte Spitzenmanager in Deutschland hat eine Lehre absolviert.

Fast alle ohne Ausnahme haben diese Zeit als sehr prägend empfunden. Vielfach haben sie im Rahmen einer verkürzten Ausbildung sehr schnell einen tiefen Einblick in zahlreiche Facetten ihres Berufes gewonnen. Gleichzeitig wurden ihnen dabei sehr früh über die normalen Lehrverhältnisse hinaus Eigenverantwortung und Selbständigkeit zugemutet, die sie als Sprungbrett für ihre nächsten Karriereschritte nutzten.

Fazit:

Den meisten Spitzenmanagern wurde der Besuch des Gymnasiums trotz schwieriger materieller Umstände ermöglicht, auch ein anschließendes Studium, wenngleich etliche schon frühzeitig, zumindest während ihrer Studienzeit, selbst zur Finanzierung beitrugen. Sie taten dies nicht nur in Form von Ferienjobs, sondern auch planvoll, um sich ein ausreichendes Startkapital zu erwirtschaften. Andere nutzten Kreativität und Initiative, um sich früh selbständig zu machen und kleine Unternehmen aufzubauen, was sie noch heute als wertvolle Erfahrungen einzuschätzen wissen. Einige Topmanager holten auf Abendschulen versäumte Bildungsabschlüsse nach, andere berichten, durch Personen oder Einrichtungen finanziell in Form eines Stipendiums gefördert worden zu sein.

Es gibt auch Spitzenmanager, die nach eigenem Bekunden die Schule frühzeitig verlassen mußten und kein Studium aufnehmen konnten, sei es aufgrund mangelnder Finanzierungsquellen, oder weil biographische Zäsuren sie zu einer Änderung ihrer Lebensplanung veranlasst hatten, darunter etwa die Gründung einer eigenen

Familie oder die Übernahme des elterlichen Betriebes. Einzelne räumten aber auch ein, früher die Schule verlassen zu haben, um sich aus der Enge ihre Umgebung lösen zu können.

3.9 Studium

Der Weg an die Spitze der Wirtschaft führt in der Regel über die Universität. Die Akademisierung des höchsten Managements ist eine Entwicklung, die sich in Zukunft wohl noch verstärken wird. Je anspruchsvoller die Funktion, desto wichtiger wird offenbar das Studium. Das ist das übereinstimmende Ergebnis aller Erhebungen über den Bildungsstand von Spitzenmanagern, die in den letzten Jahren publiziert worden sind. Obwohl zu verschiedenen Zeitpunkten mit verschiedenen Methoden und verschiedenen Unternehmen durchgeführt, kristallisieren sich aus den Untersuchungen die gleichen Tendenzen heraus.[15] Die weit überwiegende Mehrheit der deutschen Spitzenmanager hat nach unserer Erhebung ein Studium abgeschlossen (82 %), einige von ihnen auch auf dem zweiten Bildungsweg. Knapp die Hälfte der Topmanager hat promoviert. Der Weg an die Unternehmensspitze führt über unterschiedliche Studienrichtungen: die Wirtschaftswissenschaften dominieren inzwischen mit knapp 28 % deutlich vor den Ingenieurwissenschaften, an dritter Stelle rangiert das Jurastudium knapp vor den naturwissenschaftlichen Fachrichtungen.

Offenbar ist die These, die Spitzenmanager in Deutschland hätten sich zielstrebig durch eine klare und begründete Studienwahl auf den Aufstieg vorbereitet, nicht zu halten. Die moderne Wirtschaftselite ist keine Elite, die sich in besonderem Maße für eine geordnete Karriere präpariert hat. Zufälle, Gelegenheiten, Ratschläge haben auf dem Weg nach oben mindestens die gleiche Rolle gespielt wie eigene Ziele und Interessen. Meist hat sich der Entschluß zu einem bestimmten Studium erst auf Umwegen ergeben, wie exemplarisch ein Vorstand meint:

> „Ich bin eher über das Ausschlußverfahren zu meinem Studium gekommen. Es war keine Berufung. Und nach dem Studium hatte ich im Sinne eines Generalisten eigentlich die Vorstellung, mich noch verbreitern zu wollen, mir noch bessere Startvoraussetzungen schaffen zu wollen, am besten durch eine Promotion. Ich wollte dann noch maximal zwei Jahre investieren in der einen oder anderen Richtung, aber nach wie vor mit der klaren Vorstellung, dann in die Industrie zu gehen."

---

15 Zum Vergleich: Kruck (1972) erhält in seiner Studie eine Akademikerquote von 74 %, Poensgen (1982, S.11) weißt für seine Studie einen Akademikeranteil von knapp 82 % aus; Eberwein und Tholen (1990, S.36) berechneten eine ebenso hohe Quote.

Die Unsicherheit über die Studienwahl ist ein auffälliges Phänomen. Stellvertretend für andere notiert ein Vorstand:

> „Ich gehöre nicht zu den Leuten, die schon im Studium einen klaren Plan hatten. Ich habe immer alles gelegenheitsorientiert gemacht."

Ein anderer Manager fügt hinzu:

> „Als ich das Abitur gemacht habe, wusste ich nicht, was ich studieren sollte und war, wie gesagt, ganz froh, daß ich zum Militär gehen konnte. Dann habe ich aufgrund der Ratschläge meines Vaters mangels besserer Alternativen Bergbau studiert."

Das sogenannte Verlegenheitsstudium tritt in den Biographien der Spitzenmanager immer wieder auf:

> „Es war das berühmte Verlegenheitsstudium. Es hätte für mich überhaupt nicht Jura sein müssen. Obwohl es für mich richtig war, weil es eine Denkschule war, die mir in meinem späteren Leben enorm geholfen hat."

Es fällt auf, daß unter den Spitzenmanagern nach wir vor nur eine sehr kleine Zahl von Absolventen aus Philosophischen Fakultäten zu finden sind. Dieser Befund steht im krassen Gegensatz zu der weit verbreiteten Annahme, derzufolge die Absolventen wirtschaftsfremder Fakultäten gleich gute Chancen für den Aufstieg in

Die Spitzenmanager in Deutschland: Fachrichtung des Studiums

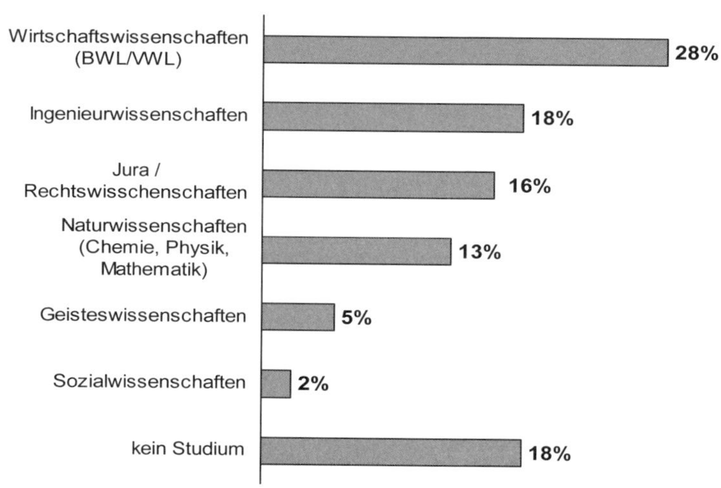

Abb. 12: Studienfach der Spitzenmanager (n = 61)

die Unternehmungsleitungen hätten, wenn jeder nur eine „Persönlichkeit“ sei. Ob der Kandidat Archäologe oder Ingenieur, Kunsthistoriker oder Wirtschaftswissenschaftler sei, trete zurück vor der allgemeineren Bedingung, daß er systematisch denken und entscheiden können müsse. Diese Klischees lassen sich nach unseren Befunden nicht halten. Wenn die Zulassung zu den höchsten Positionen wirklich von der „Persönlichkeit“ abhängt, dann findet die Auswahl der Persönlichkeiten offensichtlich im Rahmen einer vorab gewählten Gruppe von Bewerbern statt: unter den Absolventen wirtschaftsnaher Fakultäten und unter den Absolventen der Natur- und Ingenieurwissenschaften. In Deutschland, das ist nach unseren Zahlen kaum zu bezweifeln, wird der Wert des Studiums für einen Unternehmer in erster Linie darin gesehen, daß es Fachkenntnisse vermittelt: die „praktischen“ Fächer dominieren.

Differenziert man die Studienwahl nach dem Alter der deutschen Spitzenmanager, nimmt relativ gesehen bei den unter 55jährigen der Anteil der Wirtschaftswissenschaftler deutlich zu; eine signifikante Zunahme findet auch bei den Ingenieurwissenschaften statt. Hingegen fast unverändert geblieben ist der Anteil der Juristen und Naturwissenschaftler. Eher seltener sind Geistes- und Sozialwissenschaftler in der neuen Führungsriege zu finden. Auch die Zahl der Manager ohne Studium ist weiter gesunken.

Innerhalb der praktischen Fächer bahnen sich Umschichtungen an. Der Anteil der Naturwissenschaftler und Techniker ist unabhängig vom Alter generell im Vormarsch, ebenso nimmt der Anteil der Wirtschaftswissenschaftler zu. Die Aussichten für Juristen sind generell schlechter geworden. Wirtschaftswissenschaftler stellen inzwischen unter den Akademikern die Majorität, doch sind ihnen die Ingenieure und Naturwissenschaftler näher gerückt. Vielleicht drückt sich darin die wachsende Bedeutung spezifisch ökonomischer Aufgaben aus, die der juristisch geschulte Verstand alleine nicht zu lösen vermag.

Demnach lassen sich vier Trends beobachten:

- Erster Trend: Die allgemeine Bedeutung der Juristen in der deutschen Wirtschaftselite ist rückläufig[16]. Damit ist das traditionelle Juristenmonopol bei der Rekrutierung von Spitzenmanagern durchbrochen. Interessant ist, daß die Juristenquote mit sinkendem Alter korreliert: Je jünger die Spitzenmanager, desto seltener haben sie eine juristische Ausbildung.

16 Dies gilt nur mit Einschränkungen für die allerhöchsten wirtschaftlichen Führungspositionen wie den Vorstandsvorsitz. Dort sind sie als Generalisten nach wie vor häufiger vertreten als andere.

- Zweiter Trend: Die wirtschaftswissenschaftlichen Studiengänge erfahren eine allgemeine Aufwertung.[17] In früheren Studien lag der Anteil der Ökonomen bei durchschnittlich 20 %, inzwischen ist er auf fast 30 % gestiegen. Heute gibt es kaum noch ein Großunternehmen, in dem nicht wenigstens ein Vorstandsmitglied ein wirtschaftswissenschaftliches Studium vorweisen kann. Von den deutschen Spitzenmanagern wurde kein Studienfach häufiger gewählt. Vor allem unter den jüngeren Topmanagern ist das Fach am stärksten verbreitet.
- Dritter Trend: Neben den Ökonomen scheinen auch die Naturwissenschaftler und Techniker unter der Wirtschaftselite auf dem Vormarsch zu sein[18]. Vor allem unter den jüngeren Spitzenmanagern ist der Ingenieuranteil stark steigend, die älteren Topmanager haben sehr viel seltener ein Ingenieursstudium absolviert. Die Ingenieure kommen bevorzugt aus kleineren Städten oder sind auf dem Dorf aufgewachsen.
- Vierter Trend: Die Tendenz zur Akademisierung des Top-Managements hat weiter zugenommen. Allerdings sind Disziplinen wie die Geisteswissenschaften, Sozialwissenschaften, Medizin oder Pharmazie von der Entwicklung ausgenommen. In Deutschland wird der Wert des Studiums für einen Spitzenmanager vor allem darin gesehen, daß es entsprechende Fachkenntnisse und Methodiken vermittelt: die sogenannten praktischen Fächer dominieren.

Fazit:

Offenbar machen in Zukunft die Ingenieurs- und Wirtschaftswissenschaften die Besetzung der Top-Positionen in Deutschlands größten Unternehmen unter sich aus.

3.10 Akademische Titel

Der Anteil der promovierten Spitzenmanager liegt bei knapp 47 %.[19] Damit scheint ein Trend weiter fortgesetzt zu werden, der vor rund 30 Jahren begonnen hat: Während

---

[17] vgl. auch Hartmann 1997, S. 305 In älteren Studien lag der Anteil an Ökonomen noch bei rund 20 % (vgl. Kruk 1972, Tabelle 22; Pross/Boetticher 1971, S. 65; Zapf 1965, S. 139). In der Potsdamer Elitestudie zeigte sich, daß von den Wirtschaftseliten in den großen Unternehmen rund 40 % die Fachrichtung der Wirtschaftswissenschaften studiert hat, der Anteil an Juristen betrug gerade noch 15 Prozent (Rebenstorf 1997, S. 180). Bei Eberwein und Tholen konnten 31 % der Manager ein ökonomisches Studium vorweisen.

[18] Eine entsprechende These hatte Zapf bereits 1965 (S. 141) formuliert. Eberwein und Tholen (1990, S. 36) haben einen Anteil von rund 38% an ihren befragten Managern ausgewiesen. Unter den Dax-30 Vorstandsvorsitzenden ist das Ingenieursstudium das am zweithäufigsten gewählte.

[19] Dieser Wert liegt in der Bandbreite anderer Studien: Bei Poensgen (1982, S. 11) betrug der Anteil 32,4 %, Eberwein und Tholen (1990, S. 38) fanden einen Anteil promovierter Manager von nahe 30 %, bezogen auf die 1. Ebene.

Die deutschen Spitzenmanager : Akademische Titel

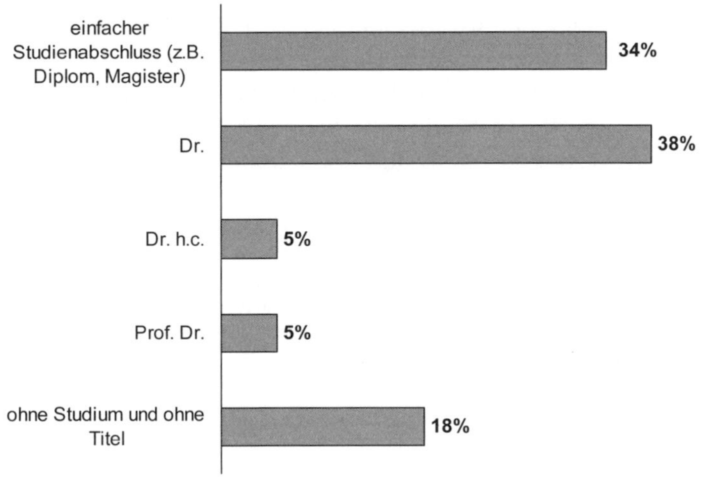

Abb. 13: Akademische Titel der deutschen Spitzenmanager (n = 61)

lange Zeit das einfache akademische Studium einen ausreichenden Startvorteil bot[20], gewinnt seit den frühen 70er Jahren die Promotion zusätzlich an Wert[21].

Unter den jüngeren Spitzenmanagern erreichen die Promovierten die Majorität[22]. Offen ist, wie sich ihr Vormarsch erklärt – ob sie tatsächlich besser ausgerüstet sind für die Spitzenpositionen, oder ob sie lediglich größeres Prestige genießen und deshalb den Vorzug erhalten. Trotzdem ist klar: Der erworbene Doktortitel ist heute für Zwecke der sozialen Distinktion unter der Wirtschaftselite nur noch begrenzt geeignet. Mehr Exklusivität versprechen weniger weit verbreitete Ehrentitel wie etwa Honorarprofessuren[23]. Diese signalisieren deutlicher die herausgehobene gesellschaftliche Stellung. Professorentitel finden sich überproportional in Führungspositionen von forschungs- und entwicklungsorientierten Pharmaunternehmen.

---

20 (Kruk 1972, S. 21)

21 Poensgen 1981, S. 27; Pross/Boetticher 1971, S. 68

22 Unter den Vorstandsvorsitzenden der 100 größten Unternehmen Deutschlands lag die Promotionsquote im Jahre 1995 bei 46 % (Hartmann 1997, S. 304). Noch höher fällt sie aus, wenn man nur die Vorstandsvorsitzenden der Dax-30 Unternehmen betrachtet. Dort errechnet sie sich auf über 53 %. Es haben heute nahezu alle Vorsitzenden der großen Aktiengesellschaften studiert, über die Hälfte hat anschließend noch einen Doktortitel erworben. Interessant ist, daß nach unseren Befunden der Anteil der Promovierten mit der Unternehmensgröße kontinuierlich ansteigt. Besonders bei Banken- und Versicherungen sowie in Unternehmen der Chemie- und Pharmabranche sind Doktortitel verbreitet.

23 Hartmann 2001b, S. 157

3.11 Stellenwert des Studiums in den Spitzenfunktionen

Interessant ist der Stellenwert, den die Spitzenmanager ihrem Studium und den dort eingeübten Denkweisen heute noch zumessen. Dahinter steht die Frage, wie sehr die in der eigenen Biographie verwurzelten geistigen Traditionen auf der höchsten Führungsebene von anderen Kulturtechniken und Denkmethodiken überlagert werden. Wirken die Denkweisen des gewählten Studiums noch nach? Oder dominieren die mit einer Führungsposition verbundenen systemimmanenten Denktechniken und Entscheidungsverfahren?

Frage: Welche Bedeutung haben die Denkweisen Ihrer angestammten Berufsausbildung in Ihrem heutigen Selbstverständnis? Wie stark ist in der Führungsperson noch der Ingenieur, Jurist, Ökonom, Naturwissenschaftler gegenwärtig?

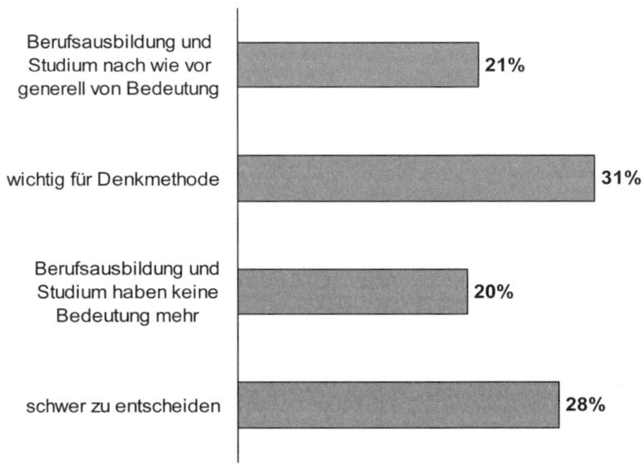

Abb. 14: Die deutschen Spitzenmanager: Bedeutung von Studium und Berufsausbildung (n = 61)

Eine einheitliche Tendenz ist nicht zu erkennen. Gut die Hälfte der Spitzenmanager hält die im Studium erworbenen Qualifikationen nach wie vor für bedeutsam. Entweder schätzen sie das dort erworbene Fachwissen, da es ihnen hilft, bestimmte Probleme besser verstehen zu können (ca. 20 %), oder aber sie schätzen an ihrer Ausbildung bestimmte Methodiken des Denkens und der Problemstrukturierung, von der sie heute noch unverändert profitieren (ca. 30 %). Generell scheint das im Studium erworbene Methodenwissen eine größere Bedeutung zu haben als das Fachwissen. In diesem Sinn konstatiert ein Vorstand:

> „Ich bin nach wie vor froh darüber, daß ich Jura studiert habe, weil ich glaube, daß ein Studium wie Jura oder wie Mathematik zu einer Disziplin des Denkens führt, die man, wenn man nur Betriebswirtschaft studieren würde, sich

vorenthalten würde. Ich glaube tatsächlich, daß Betriebswirtschaft, intensiv studiert in zwei Jahren, völlig ausreicht und alles gut abdeckt. Was man wirklich braucht, kann man dann hinterher in der Praxis lernen: die zwölfte Bilanztheorie neben der elften. Insofern glaube ich, das Jurastudium trägt dazu bei, zu unterscheiden zu lernen, was wichtig und was unwichtig ist; außerdem entwickelt es auch die Fähigkeit zum Strukturieren von Problemen, von der ich heute noch profitiere. Das bedeutet nun nicht, daß ich jetzt sehr viel mit juristischen Sachfragen zu tun habe. Ich merke nur, mir fällt es einfach leichter, sofort einen Einstieg zu finden, wenn es um unternehmenspolitische Fragen, um gesellschaftsrechtliche Dinge oder um etwas Ähnliches geht."

Auch für einen anderen Manager ist der methodische Stellenwert des Studiums von hoher Bedeutung:

„Die volkswirtschaftliche Ausbildung möchte ich nicht missen. Sie ist von immensem Wert; sie ist ein sehr, sehr wichtiges Fundament für das Verstehen der Zusammenhänge. Sie ist übrigens im Laufe meiner beruflichen Tätigkeit immer wichtiger geworden, weil das Bankgeschäft ursprünglich sehr viel betriebswirtschaftlicher war und jetzt eine eher volkswirtschaftliche Dimension hat."

Den Werkzeugcharakter des Studiums betont ein weiterer Spitzenmanager: „Alles, was ich gelernt habe, das Analysieren eines Problems, das folgerichtige, das flowchart-artige Durchdenken einer Situation, das Systemdenken, das ja in der Elektrotechnik, Nachrichtentechnik und Systemtechnik so deutlich ist, das hat sich bis heute erhalten. Das ist, finde ich, ein sehr gutes Werkzeug, mit dem ich sehr gut arbeiten kann."

Das Studium kann auch als Antrieb für ein lebenslanges Lernen fortwirken:

„Heute kann ich sagen, daß mit zunehmenden Berufsjahren die volkswirtschaftliche Ausbildung für mich immer wichtiger wird. Ich bemerke bei vielen, die die Ausbildung nicht hatten, daß ihnen einfach im Grundverständnis etwas fehlt. Jedes Mal, wenn ich in den U.S.A. bin, hole ich mir daher die neuesten Bücher zu Themen wie Portfolio-Management, Asset – Management, Zinsen, Währungen."

In einer ganz besonderen Weise hat das Physikstudium bei einem Spitzenmanager Spuren hinterlassen:

„Der Stellenwert des Studiums ist sehr hoch. Wenn Sie Physik studieren, haben Sie das Gefühl, daß es immer schlimmer wird. Sie glauben, eine Hürde übersprungen zu haben. Sie klettern einen Berg hoch und sagen, mein Gott, da ist ja noch ein Tal. Und der nächste Berg wird noch viel weiter und viel größer. Der Naturwissenschaftler ist sehr stark in mir geprägt".

Es fällt auf, wie viele Manager der Fachrichtungen Natur- und Ingenieurwissenschaften den hohen Stellenwert ihres Studiums für ihre heutigen Aufgaben betonen.

Ganz anders reagieren dagegen die Spitzenmanager, die primär auf einen betriebswirtschaftlichen Studiengang zurückblicken. Bei ihnen sind bis auf wenige Ausnahmen die angestammten Kompetenzen und Denkstrukturen verblasst. Nach ihrer Auffassung ist die Art des Studiums oder der Berufsausbildung eher zweitrangig; entscheidend ist, ob jemand an der Spitze steht, der in einem positiven Sinn ein Generalist ist und weniger, ob ein Unternehmen von einem Betriebswirt, Chemiker, Juristen oder Ingenieur geleitet wird:

> „Die Berufsausbildung ist am Ende eigentlich ziemlich unerheblich. Es gibt keine bestimmten Starthilfen und es spielt heute auch keine allzu große Rolle mehr, ob ein chemisches Unternehmen von einem Chemiker geleitet wird, von einem Kaufmann, einem Betriebswirt, Volkswirt oder Juristen. Es müssen Leute an der Spitze stehen, die einen klaren Blick haben; aber woher sie kommen, halte ich nicht für wesentlich."

Ein anderer Vorstand, der BWL studiert hat, notiert:

> „Das BWL-Studium ist nur eine Fortsetzung der Allgemeinbildung. Sie lernen eigentlich nichts Spezifisches, nicht einmal Unternehmensbewertung, was Sie ggf. noch verwenden könnten. Ihre sozialen Fähigkeiten werden geschult, weil Sie während des Studiums in der Kneipe schaffen oder ähnliche Dinge tun. Und Sie kriegen eine Allgemeinbildung. Das mag in anderen Studiengängen anders sein."

Etwas resignierend schaut auch ein anderer Topmanager auf seinen wirtschaftswissenschaftlichen Studiengang zurück:

> „Das Studium als Berufsausbildung zu bezeichnen, ist gerade bei einem Volkswirt, würde ich mal sagen, nicht sonderlich adäquat. Ich würde zwar die vier Jahre Studium nicht missen wollen. Aber unmittelbar Umsetzbares gibt es eigentlich nicht. Es sind eher die Möglichkeiten, für die ökonomischen Sachzusammenhänge bestimmte Erklärungsmuster zu haben. Und es hilft möglicherweise, ein Stück weit die fachliche Sprache und Terminologie zu beherrschen. Denn es ist nicht ganz unwichtig, welcher Sprache man sich bedient."

Eine Minderheit der deutschen Topmanager sieht den besonderen Stellenwert des Studiums in der Chance zu einer fächerübergreifenden Perspektive:

> „Ich habe, wenn ich zurückblicke, eine Art Studium Generale gehabt. Das fand ich sehr gut. Von den Juristen habe ich Staatsrecht und Verwaltungsrecht gelernt, von der Volkswirtschaft habe ich die Makroökonomik mitgenommen,

ich habe empirische Sozialforschung gehabt, Außenpolitik bei den Politikwissenschaftlern, ich habe Neuere Geschichte studiert. Das hat mir wahnsinnig geholfen. Ich sage immer, ich bin Gott sei Dank kein Fachidiot geworden. Sie treffen heute zu viele Schmalspurexperten an, und das halte ich für einen Fehler. Ich glaube, eine Führungspersönlichkeit sollte eine breitere Vorbildung haben. Ich erlebe heute in den USA Wirtschaftsbosse, die sagen zwei Dinge: erstens ich hole mir lieber einen Generalisten als einen Experten. In Deutschland war Generalist fast einmal ein Schimpfwort. Zweitens sagen sie, ich hole mir lieber eine Numero zwei als eine Numero eins, weil die Numero zwei in der Regel teamfähiger ist als die Numero eins. Wenn ich zwei Leute zur Auswahl habe, der eine ist ein absoluter Spitzenmann und Experte, der andere ist vielleicht etwas schwächer, aber er ist kommunikationsfähiger, dann hole ich mir den zweiten."

Das Studium als Schule des Lebens. Der frühe Austausch mit anderen Lebensbereichen wird nicht als Hemmnis einer möglichst raschen fachlichen Spezialisierung wahrgenommen, sondern wird als Gelegenheit gewertet, Erfahrungen in anderen Tätigkeitsbereichen zu sammeln. Man will nicht zu früh ins Ghetto einer lebenslänglich angelegten Fachspezialisierung abgedrängt werden. Im Gegenteil: Insbesondere die Spitzenmanager, die nicht aus dem naturwissenschaftlich-technischen Bereich kommen, betonen, daß das Studium ihnen geholfen hat, nicht hinter den Palisaden eines fachlich eng eingegrenzten Terrains zu verharren. Vielmehr hätte das Studium ihnen geholfen, über die eigene Disziplin hinaus in weiteren Zusammenhängen zu denken.

3.12 Der Durchschnittsfall des deutschen Spitzenmanagers

Die Ergebnisse über die Herkunft der deutschen Wirtschaftselite erlauben die Konstruktion eines Durchschnittsfalles, den es zwar in der Wirklichkeit nicht gibt, der aber als Zusammenfassung der wichtigsten Befunde nützlich sein mag.

Der charakteristische Spitzenmanager in Deutschland ist 56 Jahre alt, stammt aus einem protestantisch gefärbten Kleinstadtmilieu, kommt aus einer höheren Angestellten- oder Unternehmerfamilie, auch der Großvater väterlicherseits lebte bereits in einer entsprechenden Höhenlage. Die Mutter hat den Haushalt besorgt. Die Eltern hatten in der Nachkriegszeit hart zu kämpfen, Wohlstand war in ihrer Jugend eher ein Fremdwort. Die Eltern förderten das Fortkommen ihrer Söhne weniger durch Hinterlassung materieller Mittel als durch einen strengen Erziehungsprozess, in der christliche Rahmenbedingungen und traditionelle Disziplinvorstellungen im Vordergrund standen.

Zudem vermittelte der familiäre Hintergrund die klare Vorstellung, daß berufliche Aufstiegsideen durchaus möglich waren. Aufstieg in eine höhere soziale Schicht galt als schwieriges, aber keinesfalls unerreichbares Ziel. Das Elternhaus hat jedenfalls, indem es Leistungsmotivation und sonstige Leistungshilfen bereitstellte, überhaupt erst die Voraussetzungen für die Zulassung zum Wettbewerb um die höchsten Positionen der deutschen Wirtschaft geschaffen. Daher verdankt der durchschnittliche Spitzenmanager seinen Erfolg auch der Herkunft aus einem bürgerlichen bis großbürgerlichen Elternhaus, das die für die Karriere förderlichen Denk- und Verhaltensdispositionen in überdurchschnittlicher Weise bereitstellte.

Die Eltern hatten den heutigen Spitzenmanagern schon früh den Wert einer soliden Schulausbildung vermittelt. Der Besuch des Gymnasiums, besonders des altsprachlichen Gymnasiums und Internats, war selbstverständlich. Am Ende der Schulzeit stand das Abitur, danach stellte sich vor allem für die Manager aus dem dörflichen Milieu die Frage nach dem Wert einer Lehre. In der Regel hat sich der heutige Spitzenmanager für ein Studium der Wirtschafts- oder Ingenieurwissenschaften entschieden. Manche Manager sind dem Weg ihres Vaters gefolgt und haben sich in einer rechtswissenschaftlichen Fakultät eingeschrieben. Es sind vor allem diejenigen, die heute schon älter sind, aus dem städtischen Milieu stammen und in den umsatzstärksten deutschen Aktiengesellschaften als Vorstandsvorsitzende amtieren.

Der typische Spitzenmanager in Deutschland hat die deutsche Staatsangehörigkeit. Er ist verheiratet. Scheidung ist für ihn ein Fremdwort. Er hat zwei Kinder oder mehr. Er lebt in Verhältnissen, die dem klassischen Familienideal entsprechen.

4 Das Elternhaus

4.1 Die geistige Atmosphäre im Elternhaus

Die Denk- und Wertkulturen in den großen deutschen Wirtschaftsunternehmen werden gegenwärtig durch die Nachkriegsgeneration bestimmt: zwei Drittel der befragten Entscheider in den wichtigsten Führungspositionen der deutschen Wirtschaft sind im Zeitraum zwischen 1936 und 1945 geboren, haben also ihren beruflichen Einstieg im wesentlichen in den 60er Jahren gefunden.

Dementsprechend sind die Biographien der deutschen Spitzenmanager in ihren lebensgeschichtlichen Stationen überwiegend gekennzeichnet durch die Wirren des Zweiten Weltkriegs, die schwierigen Lebensbedingungen nach Kriegsende, die ersten Aufbaujahre und – in der Folge – durch die Erfahrungen des Wirtschaftswunders. Ihre Eltern, die zu einem großen Teil ebenfalls Führungspositionen inne hatten, waren eine im Kaiserreich und in der Weimarer Republik sozialisierte Generation. Sie war geprägt von zwei Weltkriegen, dem Zusammenbruch der Weltwirtschaft, den politischen Wirren der Weimarer Republik und dem Zusammenbruch der totalitären Diktatur. Ihre Wertgrundsätze bildeten die Erziehungsleitlinien für die heutigen Topmanager. Folglich wurden die meisten heutigen Topmanager in ihrer Jugend mit Orientierungen konfrontiert, die sich bereits im wilhelminischen Kaiserreich durchgesetzt, in der Weimarer Republik überlebt und auch das Nazi-Regime überdauert hatten.

Die Familiengeschichten der heutigen Spitzenmanager kumulieren sich zu Weichenstellungen für den Aufstieg in Führungspositionen. Versucht man, den biographischen Facetten des Elternhauses nachzuspüren, zeichnet sich ein gemeinsamer Grundzug ab: die Verbindung von Tradition und Aufbruch. Nirgends zeigen sich Brüche mit den Hergebrachten. Hier trifft offenbar zu, was Adorno formulierte: „Man muß gleichsam gesättigt sein mit der Tradition, um sie wirksam negieren, um ihre eigene lebendige Kraft gegen Selbstzufriedenheit wenden zu können.“[24] Die meisten Elternhäuser waren gesättigt mit der Tradition. Viele Spitzenmanager stammen aus Familien mit einer teilweise jahrhundertealten Tradition. Der Unternehmergeist der Spitzenmanager ist kein Zufallsprodukt, sondern im Selbstbild einer etablierten Familientradition verwurzelt. Verankert in der Tradition, aber alles andere als verschlossen gegenüber einem neuen Aufbruch; mit Augenmaß, aber das Risiko nicht scheuend;

[24] Adorno 1962, S. 59f

fortschrittlich, aber auf Kontinuität bedacht, haben die Elternhäuser der heutigen Spitzenmanager den Rahmen für eine spätere Erfolgskarriere abgesteckt.

Die Nachkriegsumstände ermutigten und verlangten Initiativen der Vorausschau und Initiativen der Anpassung, frei unternommene Schritte in selbstgewähltes Gelände, ebenso aber auch Anpassungsreaktionen auf fremdgesetzte Daten. Die Stärke der Elternhäuser bestand zu einem hohen Maß in einer Anpassungskompetenz traditioneller Leitbilder an die veränderten Rahmenbedingungen nach dem Krieg. Entscheidend war die kreative Bewältigung von Krisen und Lebensumbrüchen in jener Zeit, entscheidend waren vor allem Anpassungsinitiativen. Den Elternhäusern wurde eine kreative Umwandlung ethischer Grundsätze an die veränderten Anforderungen im Nachkriegsdeutschland abverlangt, d. h. Neuerung in der Kontinuität, aber eben nicht Neuerung durch Diskontinuität. Entsprechend formuliert ein Vorstandsvorsitzender: „Meine Familie ist tausend Jahre alt und das spielt in der Erziehung eine Rolle. Wenn Sie aus einer Familie kommen, die solch eine Tradition hat, die beim 20. Juli aktiv beteiligt war, die die Erfahrung machen mußte, daß Familienmitglieder gehängt wurden, ins KZ geschickt wurden usw., dann spielen Leitideen eine Rolle wie etwa Zivilcourage, Humanismus, auch Pflichtbewusstsein, aber nicht um jeden Preis.“

Traditionelle Leitbilder

Die Erziehungsatmosphäre in den Elternhäusern war im wesentlichen traditionell bestimmt. Zwei Drittel der heutigen Topmanager sprechen von einem ausgeprägt konservativ-bürgerlichem oder großbürgerlichem Erziehungsmilieu. In der Regel gehörten die Elternhäuser zum gehobenen Bildungsbürgertum. Die Wertideen, die ihr Handeln steuerten, teilten sie mit anderen Gruppen ihrer sozialen Klasse. Sie orientierten sich an traditionellen Konzeptionen des Wünschenswerten, in denen Arbeitsethos, Pflicht, Leistungsstolz, Durchsetzungsanspruch, Etikette, Bildung und fachmännisches Wissen von zentraler Bedeutung waren.

Allerdings haben die traditionellen Wertideen nicht unverändert und ungebrochen überlebt. Wünsche nach Wohlstand, Sicherheit des Erworbenen und nach stabilen Daseinsumständen haben die eher autoritären Erziehungskonzeptionen abgeschliffen. Die Traditionen waren nicht unerschüttert. Zwar lieferten sie in der Nachkriegsphase den Eltern der Topmanager die Blaupause zur Interpretation von Ordnungs- und Effizienzvorstellungen, aber sie schlossen die Zustimmung zu eher selbstbestimmten Entfaltungsansprüchen ihrer Söhne nicht von vornherein aus. Im Verein mit einem demokratischen Umfeld haben die autoritären Wertkonzeptionen der Elterngeneration eine Umwertung erfahren. Hinter der traditionell-autoritären Haltung entwickelte sich das Bild einer Gesellschaft, deren Sozialisationsmuster eher auf das Prinzip der Selbstkontrolle und Selbstbehauptung als auf überkommene Gehorsamkeitsdispositionen gerichtet war. Gegenüber älteren Schwerpunkten wie Ordnungssinn traten neuere Ziele wie Selbständigkeit, Selbstvertrauen und Selbstbehauptung in den Vordergrund. Traditionelle Disziplinwerte wurden deswegen von den Eltern der heutigen Topmanager keinesfalls ausrangiert, aber sie wurden vermehrt in den Dienst des individuellen Erfolgs und Anspruchs gestellt.

In der lebensgeschichtlichen Darstellung der Spitzenmanager kommt vor allem immer wieder der Stellenwert der Tradition als charakteristisches Merkmal des bürgerlichen Milieus zum Ausdruck:

> „Ich komme aus sehr geordneten, eher großbürgerlichen Verhältnissen. Die Familie väterlicherseits ist seit vielen Jahrhunderten in Württemberg ansässig gewesen. Tradition waren immer akademische Berufe, überwiegend Theologie, aber auch Juristen und Ärzte. Mütterlicherseits war es eine Familie von Selbständigen. Mein mütterlicher Großvater hatte eine große Baumschule am Bodensee, also eigentlich ein anderer Hintergrund, aber zumindest landsmannschaftlich sehr homogen, Baden und Württemberg. Die Tradition bei uns zu Hause war sehr stark ausgerichtet auf ein akademisches Leben und eben auch auf die landwirtschaftlichen Felder, die in der Familie immer eine Rolle gespielt hatten. Es waren eben viele Dinge seit Generationen da. Und in diesen Traditionen hat man auch gelebt."

Ein anderer Spitzenmanager betont die Berufstradition:

> „Meine Herkunft: ganz klar Großbürgertum. Es gab überhaupt nur drei Berufe in unserer Familie in den letzten zweihundert Jahren, entweder evangelische Theologie oder Jurist oder Arzt. Zum Beispiel mein Vater, mein Großvater, mein Urgroßvater, alle haben Jura studiert, aber niemand ist Jurist geworden, sondern alle waren entweder im Staatswesen, wo mein Großvater und Urgroßvater gedient haben oder in der Privatindustrie, in der mein Vater und ich eine Führungsaufgabe übernommen haben."

In vielen Elternhäusern verband sich Traditionalität mit bäuerlicher Atmosphäre. Fast ein Viertel der Manager (24 %) beschreibt das häusliche Milieu als bäuerlich-ländlich geprägt. Ehemalige Gutsbesitzer und Landwirte, vor allem, wenn sie aus den ehemaligen Ostgebieten kamen, haben der Erziehung der deutschen Wirtschaftselite ihren charakteristischen Stempel aufgedrückt:

> „Meine Mutter, die das bäuerliche Erbe vertrat, hat mich vor allem in dem Sinne geprägt, daß sie gesagt hat, hier wird etwas vererbt von Generation zu Generation. Und in dieser Tradition wuchs man auf."

Diese Form des Übergangs, der zugleich ein Generationswechsel war, mag dazu beigetragen haben, daß gleichsam unter dem schwierigen Neuanfang und unterhalb aller Neuerungserfordernisse das Bewußtsein der Tradition und der mit der Tradition verbundenen Werte lebendig blieb. Auch der Stellenwert der Geisteswissenschaften, bzw. des akademischen Lebensstils schlechthin wird immer wieder betont:

„Mein Großvater hat die Goethemedaille bekommen für seine Übersetzungen der Odyssee und der Ilias, die erste Prosaübersetzung. Er war Professor. Das ist väterlicherseits. Mütterlicherseits stamme ich aus dem mittleren Bürgertum. Mein eigenes Elternhaus würde ich als bürgerlich bezeichnen. Mein Vater war Anwalt und Notar in Celle am Oberlandesgericht. Eine ruhige, eher konservative Familie und ein konservatives Umfeld."

Ein anderer Topmanager steckt den Rahmen des großbürgerlichen Erziehungsmilieus besonders weit ab. Er stellt eine Symbiose zwischen deutsch-nationaler Haltung, gemischt konfessioneller Grundstimmung sowie Leistungsethos, Verantwortungsübernahme und Durchsetzungsfähigkeit als bürgerliche Leitprinzipien her:

„Ich hatte ein großartiges Elternhaus. Mein Vater war deutsch-nationaler Katholik, meine Mutter deutsch-nationale Protestantin. Wir hatten eine sensationelle Kindheit, weil wir auf dem Lande gewohnt haben. Ich bin auf eine Zwergschule gegangen, wo alle Klassen in einem Raum saßen. Mein Vater war ein Vorbild für die Leute auf dem Lande. Meine Mutter hat sich sehr intensiv darum bemüht, daß wir in der Schule ordentliche Leistungen bringen, hat auch eine gewisse Konsequenz und Strenge angewandt, die aber mit sehr viel Liebe verbunden waren. Es war eben ein Kindheitsparadies, wir haben einen Riesengarten gehabt, wir konnten im Freien spielen, hatten natürlich auch Zutritt zu den einzelnen Handwerksbereichen, die wir auf den Gütern hatten, eine Schreinerei und eine Schmiede.

Wir konnten alles mit ansehen, was man sehen mußte, und konnten und durften auch, als wir ein bißchen größer waren, schon mal mitarbeiten. Wir haben in den Ferien uns immer etwas Taschengeld verdient, indem wir bei der Ernte mitgeholfen haben, d. h. wir haben nicht körperlich die Wagen beladen, sondern sind mit den Pferden immer von Hocke zu Hocke weitergefahren, damit die Leute aufladen konnten. Ich bin nach drei Jahren aufs Gymnasium gegangen. Ich hatte in dieser Zeit ein Stigma, weil in meinem ersten Zeugnis stand, Klaus als dem jüngsten der Klasse fällt es sehr schwer, sich in die Gemeinschaft einzuordnen. Er tut nur das, was er gern macht, aber das tut er gut. Das war eine Kritik. Zudem wurde ich als jüngster auch nicht so akzeptiert. Die anderen waren alle älter, da mußte man sich durchbeißen, und Durchbeißen war eigentlich etwas, was man von zu Hause mitbekommen hat.

Ich bin dann im Jungvolk gewesen und sehr früh zu einer ganz hohen Position im Jungvolk gekommen. Das war die Kinderabteilung der Hitlerjugend. Ja, und ich habe auch in dieser Zeit einiges gelernt: Meine Mutter und mein Vater, diese beiden wirklich deutsch-nationalen Menschen, waren absolute Hitler-Gegner und haben schon 1936 gesagt, der wird uns in den Krieg führen und der wird das Land kaputt machen – und natürlich haben meine Eltern

> wieder Beziehungen zu anderen Leuten. Sie haben bei uns zu Hause zusammengesessen – heute würde ich dazu sagen Verschwörungsrunden, als Kind hat man das nicht so aufgefasst – und man wusste natürlich, daß man um Gottes Willen nichts, was da gesprochen wurde, nirgendwo an anderer Stelle aussprechen durfte.“

Im Sinne eines großbürgerlichen Identitätsrahmens hegten viele Elternhäuser durchaus nationale Gefühle.

Aber sie waren keine Staatsanbeter.

Bei allem Respekt vor den Regierungen empfanden sie ihnen gegenüber meist eine kritische Distanz. Selbst die konservativ eingestellten Führungsschichten in den Elternhäusern der heutigen Topmanager standen den nationalsozialistischen Dogmen in der Regel eher ablehnend gegenüber, weil ihr Denken und ihre Lebensgrundsätze auf ganz anderen Gesichtspunkten aufgebaut war.

Liberale Leitbilder

Eine starke Minderheit von etwa 35 % der heutigen Führungselite ist durch eine eher liberale Erziehungsatmosphäre geprägt. Erst bei den Managern der Jahrgänge nach 1950 lässt sich eine grundsätzliche Verschiebung in Richtung liberaler Wertprämissen feststellen, die den Kindern größere Freiräume ermöglichten, mit denen sie Chancen je nach Neigung und Interesse ausloten konnten.

Etwa ein Drittel der Elternhäuser war durch antithetische Leitbilder gekennzeichnet, durch Interessen- und Wertunterschiede der Eltern oder durch Gegensätze zwischen Großeltern- und Elternhaushalt. Das Nebeneinander von strenger Tradition und Freiräumen, die Amalgamierung von preußischer Ordnung und lebens- und liebensvoller Atmosphäre beschreibt einer der Spitzenmanager sehr anschaulich:

> „Das großväterliche Elternhaus, das durch den bekannten Geheimrat sehr stark geprägt war, war ein strenges, Kindern eher Schrecken einjagendes Haus, mit finsteren Augenbrauen, dräuender Atmosphäre, mit wenig Gelächter, Farbe oder Wärme. Das war ein Elternhaus der Zucht, der Ordnung, des alten preußischen Gehorsams und der geordneten Abfolgen. Ich bin vor allem bei meiner Mutter groß geworden, in einer leichten, warmen Atmosphäre, die künstlerisch geprägt war, enorm anregend – meine Mutter ist Malerin von Beruf, da gab es einen Künstlerkreis, der sich in den letzten Kriegs- und Nachkriegsjahren versammelte. Man nimmt ja als Kind sehr viel auf, auch wenn man das Verbale gar nicht versteht. Man nimmt vor allem Atmosphäre auf. Das war eine sehr lebensvolle künstlerische Atmosphäre. Das Dunkle, Finstere meines Großelternhauses habe ich eigentlich eher abgelehnt als phantasielos, als zu lebensein-

> schränkend. Vielleicht irgendwo eindrucksvoll durch die ausstrahlende Persönlichkeit beider Großeltern. Aber diese Persönlichkeit war zu sehr mit Furcht oder mit Druck verbunden. Wenn überhaupt etwas aus dieser Zeit prägend war, dann ist das eine gewisse Wichtigkeit, Freiräume zu haben. Also floaten zu können, fliegen zu können, sich nicht einfangen zu lassen. Andere Ideen gelten zu lassen."

Auch eine andere Symbiose scheinbar gegensätzlicher Erziehungsleitlinien ist für zahlreiche Elternhäuser symptomatisch: das Nebeneinander von tiefer Religiosität und Liberalität. Gerade für den heutigen Identitätsrahmen der Spitzenmanager sind die ineinandergreifenden Erfahrungen von religiöser Atmosphäre des Elternhauses und selbstbestimmter Chancenwahrnehmung von nach wie vor großer Bedeutung:

> „Mein Vater kam aus einem stark religiösen, pietistischen Elternhaus, während das Elternhaus meiner Mutter relativ liberal war. Wenn man so will, war es ein „mixtum compositum". Ganz interessant, wenn ich es heute charakterisiere auf der Suche nach Identität. Es sind diese beide Elemente, Religiosität und Liberalität, die in mir vermengt sind."

Die antithetische Erziehungsatmosphäre in etwa einem Drittel der Elternhäuser der Spitzenmanager ist durch weitere Gegensatzpole gekennzeichnet, wie beispielsweise: Erfolgsinteressen einerseits, musische Interessen andererseits, oder: Risiko- und Unternehmergeist auf der einen Seite, Sicherheitsinteressen auf der anderen Seite. Anschaulich beschreibt ein Vorstand die gegensätzlichen Strömungen in seinem Elternhaus:

> „Mein Vater war sehr dem Erfolg verpflichtet, wenngleich er durchaus ästhetische Interessen hatte. Meine Mutter kam aus einem Lehrerhaushalt, wo sehr viel Musik betrieben wurde. Sie hat in unsere Familie die Liebe zur Musik hineingebracht. Das waren gegensätzliche Strömungen, die sich tolerierten. Mein Vater respektierte die musikalischen Ambitionen meiner Mutter, die Gesangsunterricht nahm und gern sang. Und ihr blieb nichts anderes übrig, als seinen Lebensrhythmus zu akzeptieren."

Ein anderer Manager betont den spannungsreichen, aber gleichwohl ausgewogenen Werthintergrund seines Elternhauses:

> „Mein Vater war ein sehr unternehmerischer, sehr dynamischer Mensch. Er hat eigentlich immer sehr viele Dinge machen wollen und auch gemacht. Er wollte schon so etwas wie Aldi aufziehen, da gab es noch gar keinen Aldi; also viele, viele unternehmerische Ansätze, die aber von meiner Mutter immer gebremst wurden. Meine Mutter stammt aus einem Beamtenhaushalt. Sie ist ein Mensch, der mehr Lebensängste hatte, der mehr Sicherheit wollte. Damals habe ich immer gedacht, sie sei eine Bremse für meinen Vater. Heute würde

ich sagen, sie war ein gesunder Ausgleich für ihn. Jedenfalls war es eine ganz interessante Konstellation: mein Vater immer der treibende, vor nichts zurückschreckende, voranstürmende Mensch und meine Mutter, die immer sagte: ‚Laß' uns drüber nachdenken, was kann denn da alles schief gehen‘. Aus heutiger Sicht ist das eigentlich eine sehr ausgewogene Kombination, die nicht schlecht funktioniert hat.“

4.2 Die ehemaligen Ostgebiete als Identitätsquelle deutscher Topmanager

Mehr als ein Viertel der Spitzenmanager entstammt deutschen Familien aus den „ehemaligen Ostgebieten“, vom Baltikum über Ostpreußen, Pommern, Schlesien bis Mähren. Dies mag auf den ersten Blick viel erscheinen, relativiert sich aber mit Blick auf die deutsche Tradition. Die wirtschaftliche Führungsschicht in Deutschland kam nämlich seit Gründung des Kaiserreiches vorwiegend aus östlichen Regionen und das galt – vermindert – auch nach 1918 [25]. Daher verwundert es nicht, daß offenbar nach wie vor in den Chefetagen der größten deutschen Unternehmen das Sediment einer östlichen Führungskultur wirksam ist.

Jeder vierte Spitzenmanager ist ein sogenanntes „Flüchtlingskind“.

Ihre Familien hatten sich zu Kriegsende Flüchtlingstrecks angeschlossen oder auf eigene Faust versucht, sich gen Westen durchzuschlagen. Oftmals erfolgte diese Flucht als Odyssee über mehrere Stationen unter zahlreichen Gefahren, die einzelne zwischenzeitlich in Gefangenschaft oder Flüchtlingslager geraten ließen. Die Familien flüchteten nicht nur unter Gefahr von Leib und Leben aus ihrer Heimat, sondern haben alles aufgegeben oder verloren, fühlten sich „entwurzelt“. Was sie nicht aufgegeben hatten, waren ihre Identität und ihr Habitus – es waren in aller Regel Gutsbesitzer oder Familien mit langer Tradition, die gebildet, angesehen und selbstbewußt waren. Oder es waren Familien, die es über Landbesitz zu Vermögen und Renommee gebracht haben – alles in allem ein protestantisch-bürgerliches und großbürgerliches Milieu.

Bedenkt man, daß die stolzeste Tradition und der angesehenste Name nicht vor enormen Lebenszäsuren bewahrt haben; bedenkt man weiter, daß die Eltern der Spitzenmanager den Verlust ihres ganzen Besitzes, Entwurzelung und als Flüchtlinge die Rolle von Außenseitern erlebten, und hält man sich schließlich vor Augen, daß der Neuanfang stets das Risiko des falschen Weges enthalten hat, würde es nicht

[25] vgl. Scheuch 1995: 14

verwundern, wäre das Erziehungs- und Lebensmilieu der heutigen Topmanager in stillere Gewässer geraten. Aber nichts dergleichen geschah. Wie bringt es ein Spitzenmanager so treffend auf den Punkt:

> „Man kam als Flüchtling. Ein Flüchtling hat nichts. Man war nicht willkommen. Und doch bauten sich meine Eltern ihre Existenz, ihren gesellschaftlichen Namen und ihren Status wieder auf."

Einen Geist von Selbstachtung, Durchsetzungswillen und Eigenverantwortung zu tragen ist offenbar wie ein Stafettenlauf: Man erhält etwas wie eine Fackel aus dem Geist einer langen Familientradition und trägt es in eigener Verantwortung in die Zukunft. Von außen betrachtet nimmt sich die Entwicklung wie etwas Besonderes aus – und das um so mehr, als renommierte Familienunternehmen aus den Ostgebieten ihren gesamten Status verloren. In vielen Schilderungen wird der unbeugsame Selbstbehauptungswille der Flüchtlingsfamilien immer wieder lebendig:

> „Meine Urquellen stammen aus Ostpreußen. Meine Eltern sind nach dem Krieg geflüchtet und haben, soweit ich mich erinnern kann, nur die persönlichen Sachen mitgenommen, die sie am Leibe hatten, und einige Papiere wie Personaldokumente über ihre Ausbildung. Aber ansonsten hatten sie nichts. Mein Elternhaus ist seit vielen hundert Jahren in Ostpreußen verankert, hauptsächlich in der Landwirtschaft. Mein Vater war als ganz junger Mann bei der Luftwaffe Pilot. Er ist in Rußland verwundet worden. Später hat er auf phantastische Weise meiner Mutter auf der Flucht geholfen. Sie sind die letzten hundert Kilometer mit der Handtasche in den Westen geflüchtet.
>
> Das muß man sich einmal vorstellen: Meine Eltern hatten eine gutgehende, große Landwirtschaft mit Pferden und allem, was dazugehört, in der Gegend westlich von Königsberg. Man war aufgewachsen in einem Umfeld, das absolut anders war als hier im Westen. Sie hatten alles verloren, ihnen ist die Basis genommen worden. Mein Vater sagte, es nutzt alles nichts, ich muß einen neuen Anfang starten. Er hat versucht, die Familie über die Runden zu bringen, indem er in einer kleineren Firma gearbeitet hat. Und als sich dann alles etwas konsolidierte, so etwa in den Jahren 1955, 1956, da gab es in der Familie ganz große und heftige Diskussionen. Er hat gesagt, er habe nicht studieren können, da er als junger Mann zum Militär gekommen ist. Er hatte keine fertige Ausbildung, kein Studium. Er sagte, was soll ich machen? Die Familie muß ernährt werden. Und dann ist er damals, als die Bundeswehr gegründet worden ist, als Offizier in die Verwaltung gegangen. Der Fokus meiner Eltern war zu hundert Prozent auf die Ausbildung der Kinder gerichtet und ihr Blick auf die Zukunft der Kinder."

Auch eine weitere Schilderung dokumentiert den unbeugsamen Willen, sich zu behaupten:

> „Ich bin im Zweiten Weltkrieg in Mähren geboren. Mit dieser Zeit verknüpfen sich – in meinem Alter noch mehr im Unterbewusstsein – Kriegserlebnisse: angefangen von dem Erlebnis russischer Kriegsgefangener bis zum Herannahen der russischen Front, von Bombenangriffen bis zum Schicksal eines Flüchtlings. Diese Phase ist geprägt von mehreren Faktoren: Schrecken, Panik, Hunger und solcherlei Dinge, die halt Kriegs- und Fluchterlebnisse sind. Mein Vater war zum zweiten Mal in einem Weltkrieg eingezogen worden, d. h. ich habe einen Vater erlebt, der insgesamt 14 Jahre seines Lebens im Krieg und Gefangenschaft war, der zweimal in russischer Gefangenschaft war, zweimal in Sibirien. Und er ist zweimal aus der Gefangenschaft geflohen.
>
> Wir waren vier Jungs. Meine Mutter, die mit drei dieser vier Kinder zwei Jahre auf der Flucht war, immer vor der Front her: dies hat mich sehr geprägt, wirklich sehr geprägt. Hinzu kommt die Erfahrung, als Flüchtlingskind doch nicht gerade freundlich aufgenommen zu werden hier im Westen – wir sind damals nach Westfalen geflüchtet – und sich da durchzuboxen: dies hat zu einem erhöhten Ehrgeiz geführt, zumal ich körperlich nun nicht der Stärkste bin. Ich habe mich also nicht mit, was weiß ich, per Ringkampf ausgetragenen Hackordnungsregelungen als Knabe nach oben boxen können, um es einmal so zu sagen."

Nicht minder hart auch das Schicksal eines anderen Spitzenmanagers als Flüchtlingskind aus dem Osten:

> „Mein Vater war Schlesier. Er war Direktor des Instituts für Leibesübungen an der Universität Breslau und Sportdezernent für Schlesien und ist dann im Vormarsch 1941 gefallen. Meine Mutter hat versucht, ins elterliche Haus, ins Rheinland zurückzukommen, und das hat dann seine Zeit gedauert. Wir waren erst einmal 1944 an der tschechischen Grenze in einem HJ-Heim. Dort habe ich das Skifahren gelernt, weil ich mit Skiern morgens in die Schule mußte, in die Dorfschule runterfahren und nachmittags eine Dreiviertelstunde wieder zurück, sechs Jahre alt. Wir sind dann nach Dresden verfrachtet worden, haben den Bombenangriff auf Dresden mitgemacht, und sind dann von dort ins Erzgebirge verfrachtet worden.
>
> Kurz nach Hitlers Tod wurde uns gesagt, jetzt ist alles aus, und jetzt müssen wir sehen, daß wir hier schnell wegkommen. Die Front kam näher, und wir sind dann zehn Tage 220 km zu Fuß gelaufen, von Pirna in die Gegend von Eisenach. Wir haben uns verstecken müssen vor den Russen, haben nachts draußen im Wald geschlafen, weil man nach Partisanen gesucht hat. Wir haben versucht, uns auf eigene Faust mit ein paar Leuten durchzuschlagen. Damals

war Thüringen noch in amerikanischer Hand. Doch dann wurden wir wieder eingefangen von den Russen, als Thüringen abgegeben wurde. Meine Mutter hat dann wieder die Flucht versucht. Da sie fließend englisch spricht, ist sie am amerikanischen Schlagbaum durchgelassen worden mit ihren beiden Kindern. Und dann sind wir schließlich wieder mit abenteuerlichen Erlebnissen endlich Ende Mai 1945 bei den Großeltern in Radevormwald gelandet."

Die Flüchtlinge, die den Westen erreicht hatten, standen vor dem Nichts. Zwar hatten auch diejenigen, die nicht vertrieben worden waren, neu starten müssen. Viele von ihnen lebten unter ähnlichen Bedingungen: Allerdings hatten die Flüchtlingsfamilien nicht nur ihre Existenz neu aufzubauen, sondern in ihrem neuen Umfeld auch mit Ressentiments zu kämpfen. Flüchtlinge waren im allgemeinen nicht besonders willkommen, und es bedurfte eines langen Eingliederungsprozesses. In der harten Zeit der existenziellen Probleme und des Mangels allerorten hielt man ihnen etliches vor, etwa Wohnraum auf Kosten anderer in Anspruch zu nehmen. So kam es auch zu Spannungsverhältnissen in „zusammengeführten Familien" und zu Ausgrenzungen in der Schule. In der Rückschau messen die Spitzenmanager solcher Art Diskriminierung eine Wirkung bei, die ihren Ehrgeiz eher anstachelte: Der Wunsch, aus eigener Kraft das Leben zu meistern oder dem Gefühl der Minderwertigkeit zu begegnen, habe ihnen eine besondere Motivation und Antriebskraft verliehen.

„Man erlebte das ja als Kind in der Diskussion unter den Erwachsenen. Flüchtlinge waren damals, ich will nicht sagen Fremdkörper, aber es waren Menschen, die plötzlich aufgenommen werden mußten. Dafür mußte Wohnraum bereit gestellt werden von den Ortsansässigen. Gerade die Bauern waren verpflichtet, Flüchtlingen Wohnraum zur Verfügung zu stellen. Und je älter man wurde, um so mehr bekam man den Eindruck, Mensch, du lebst im Grunde genommen hier auf Kosten anderer. Und das hat auch in gewisser Weise mein späteres Leben sehr geprägt.

(Frage:) In welcher Hinsicht?

Nach dem Motto, du mußt persönlich durch eigene Leistung dazu beitragen, nicht von anderen abhängig zu sein; sondern du mußt zeigen, daß du auch alleine deinen Weg gehen kannst. Meine Eltern haben zu uns gesagt: passt auf Kinder, ihr müßt einfach davon ausgehen, wir müssen hier neu anfangen, wir haben alles verloren. Das geht nur, wenn ihr das selbst akzeptiert und auch wollt. Andere werden euch da nicht helfen. Aber wir werden alles tun, um euch dabei zu unterstützen. Das führte dazu, daß zwar auf der einen Seite ein gewisses Minderwertigkeitsgefühl da war. Auf der anderen Seite aber auch dieser unbeugsame Wille, du mußt das irgendwie durch deine persönlichen Aktivitäten schaffen. Und das gab eine gewisse Antriebskraft."

4.3 Materielle Situation des Elternhauses

Die materiellen Verhältnisse der Familien, in denen die heutige Wirtschaftselite groß geworden ist, charakterisieren sie nicht als Kinder des gehobenen Bürgertums. Dieser Befund frappiert. Fast zwei Drittel (63 %) der Spitzenmanager Deutschlands bezeichnen die wirtschaftliche Situation in ihrer Jugend als bescheiden oder sogar ärmlich. Sie bekunden, unter extrem angespannten oder zumindest sehr bescheidenen Verhältnissen aufgewachsen zu sein. Nur eine Minderheit von 9 % der heutigen Topmanager geben an, in wohlhabenden Familienverhältnissen ihre Kindheit und Jugend verbracht zu haben – dies trifft vor allem auf heutige Topmanager zu, die nach 1945 geboren sind.

Zieht man die Angaben zur sozialen Herkunft hinzu, liegt der Schluß nahe, daß die Eltern zwar in der Mehrheit einem gehobenen Milieu angehörten, die bescheidene finanzielle Ausstattung aber nicht mit ihrem Milieuselbstverständnis korrespondierte. Die finanzielle Ausstattung der Elternhäuser „passte" nicht zur Tradition der Familie, wie ein Manager meint. Etwa 20 % der heutigen Topmanager betonen sogar explizit, daß die bescheidenen materiellen Verhältnisse nicht mit der Tradition der Familie übereinstimmten. Herkunft und Lebensalltag fielen auseinander. „Das war für mich immer ganz eindrucksvoll, wenn ich in die Geburtsurkunde meines Vaters geschaut

Frage: Wie würden Sie die materiellen Verhältnisse in Ihrem Elternhaus beschreiben?

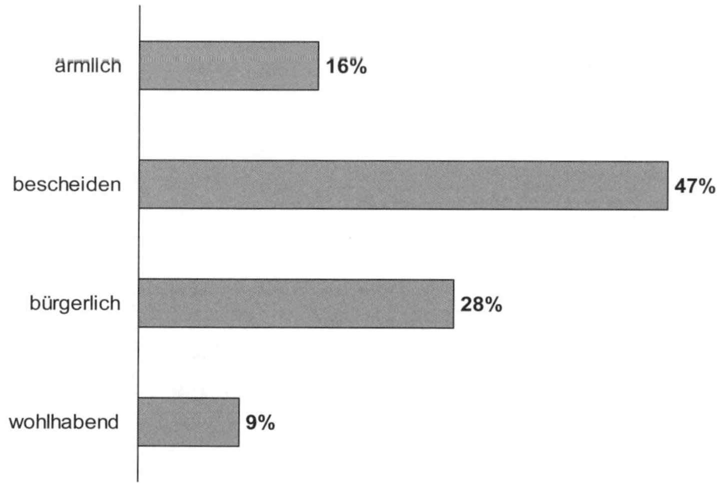

Abb. 15: Materielle Ausstattung des Elternhauses (n = 61)

habe. Da stand dann Dr. phil., und er war Lagerarbeiter. Also, irgendwie ein Widerspruch.“ Von den meisten Vorständen wurden daher die Kindheit und Jugend auch mehr als reine Übergangsphase begriffen. Die Spitzenmanager unterschieden zwischen den Umständen der Nachkriegszeit und dem familiären Selbstbild.

In der Erinnerung eines Vorstandsvorsitzenden wird dieser Umstand besonders deutlich:

> „Meine Großeltern hatten eine sogenannte Erbrechterei, also einen Bauernhof, der zurückgeht auf das Jahr 1301. Dieser Bauernhof war mit allen Besitzungen, mit Ländereien und Wäldern immer im Besitz meiner Familie. Das waren diese großen Vierkanthöfe oder Vierseithöfe, reich, wohlhabend, angesehen.. Dann kamen wir als Flüchtlinge in ein wunderschönes Alpental, in dem die Leute auch nichts hatten. Das bedeutete für uns eine Zeit, die von bitterer Armut geprägt war. Meine Mutter hat Heimarbeit gemacht. Sie hat morgens, wenn das Tageslicht kam, angefangen zu arbeiten bis in die Nacht und mein Vater, der dann später aus der Gefangenschaft zurückkam – er war ja früher in Mähren selbständig und hatte zum zweiten Mal in seinem Leben alles verloren, hat Aushilfsjobs übernommen bis zum Hilfsarbeiter am Bau.“

Die Biographien der Spitzenmanager sind durch die spürbaren Entbehrungen der Aufbaujahre gekennzeichnet. Besitz und Habe gingen vielfach durch Bombenangriffe oder durch die Flucht verloren. Der pure Existenzkampf bestimmte in den ersten Jahren nach 1945 bei der Mehrheit der heutigen Wirtschaftselite das Leben. Die alltäglichen Sorgen der Elterngeneration rankten sich um bloße existenzielle Dinge wie Wohnung, warme Kleidung und Nahrung. Viele plastische Schilderungen machen dies deutlich:

> „Das Leben nach der Flucht aus dem Sudetenland beginnt in sehr ärmlichen Verhältnissen, ausgesprochen ärmlichen Verhältnissen. Wir mußten mit einem unter drei Personen aufgeteilten Zimmer zurechtkommen. Regelmäßiges Essen war nicht gegeben; es herrschte also ein frühzeitiges Gewöhnen ans reine Überleben.“

Ein anderer Vorstand ergänzt:

> „Ich habe in Erinnerung, daß man eine Apfelsine durch fünf teilte als Nachspeise. Das war eben so. Also wirtschaftlich sehr bescheiden.“ Und eine andere, aber ähnliche Erinnerung: „Es war eine Zeit, da waren alle froh, wenn man Bucheneckern und Eicheln gesammelt hat, auf den Äckern nach Ähren gelesen hat und geguckt hat, wie man zu was kommt.“

Auch die Erinnerungen eines weiteren Topmanagers an die materiellen Bedingungen des Elternhauses werfen einen Blick auf die sehr ärmlichen Lebensumstände in der Jugend:

> „Wir sind 1944 aus Ostpreußen ins Erzgebirge geflüchtet und haben dort unter sehr schwierigen Bedingungen gelebt. Also das, würde ich sagen, war schon eine schlimme Zeit. Da hat man wirklich gemerkt, was Hunger ist. Wir hatten ja keinen Bauernhof. An Gemüse konnte man nur das essen, was man im Schrebergarten angebaut hat. Wir hatten fallweise drei Monate Sommerferien, weil einfach keine Lehrer, keine Schulgebäude da waren. Und dann mußte man als Kind in den Wald gehen, Holz sammeln, Beeren sammeln. Das prägt schon ein bißchen. Ich weiß noch: Schuhe durfte man nur anziehen, wenn man in die Schule ging. Sonst sind wir barfuß gelaufen, außer im Winter. Weil man die Schuhe sonst kaputt machte. Es gab ja nichts. Und die Sohle war aus Holz geschnitzt. Im Erzgebirge schnitzen sie immer alles. Von alten Schuhen wurde das, was noch haltbar war, abgeschnitten, wenn die Sohle kaputt war. Anschließend wurde sie dann noch mal oben angenagelt."

Ebenso charakteristisch ist folgende Schilderung:

> „Wir hatten eine 35-qm-Wohnung im Hinterhaus mit vier Personen. Dann kam später noch eine Familie mit zwei Personen dazu. Die Toilette war auf dem Hof, fließendes Wasser war auf dem Gang. Das war die Ausgangssituation und man wundert sich im nachhinein, wie meine Mutter in der Lage war, mit dem geringen Einkommen, das mein Vater hatte, eine Familie durchzubringen. Insofern eine Prägung von Armut und Sparsamkeit, aber keinerlei Klagen über die anderen, denen es besser ging. Im Grunde genommen trotz dieser Armut eine Zufriedenheit."

Und ein anderer Vorstand ergänzt:

> „Mein Elternhaus war geprägt davon, daß, ich will zwar jetzt nicht sagen jeder Pfennig, aber jeder Groschen zweimal umgedreht werden mußte, bevor man überhaupt dem Gedanken nahe trat, ihn auszugeben."

Nicht minder anschaulich ist schließlich diese Erinnerung:

> „Meine Großeltern – beide waren Heuerlinge, wenn man so will. Heuerlinge waren quasi noch Leibeigene, aus dem Großbauerntum kommend. Das war zwar alles gesetzlich aufgehoben, aber sie mußten noch zur Ernte gehen, wenn der Großbauer rief. Und sie mußten auch immer noch ein Zehntel ihrer Ernte abliefern statt in bar die Miete für ihren Kotten zu zahlen. Aus einer solchen Umgebung bin ich gekommen. Vielleicht – bewusst ist mir das nie geworden –, aber vielleicht wollte ich da einfach ausbrechen, ich weiß es nicht."

Vor allem die vor 1945 geborenen Spitzenmanager schildern die frühen biographischen Etappen ihrer Jugend als große Herausforderung im Überlebenskampf eines entbehrungsreichen Alltags, den ihre Eltern mit großer Opferbereitschaft bewältigten.

Aus dieser Grunderfahrung heraus haben die meisten die starke Überzeugung gewonnen, daß sie die Dinge aus eigener Kraft in den Griff bekommen und bewegen können.

Allerdings wurden von fast allen heutigen Topmanagern die finanziellen Verhältnisse nie als so kritisch wahrgenommen, als daß sie nicht Sicherheit gewährt hätten. Die Versagungen einer materiell schwierigen Biographie mit ihren leistungshemmenden Konsequenzen blieben ihnen erspart. Daß man nur wenig besaß und sorgfältig haushalten mußte, empfanden die Topmanager nicht als Makel, sondern als Ansporn, etwas aufzubauen und initiativ zu werden.

Etwa ein Drittel der heutigen Topmanager spricht sogar ausdrücklich von einer harmonischen und optimistischen Stimmung im innerfamiliären Zusammenleben, die trotz der harten Zeiten ein frohes und behütetes Klima erlaubte. Symptomatisch für diese Gruppe der Spitzenmanager ist folgende Erinnerung:

„Die Atmosphäre zu Hause war ein wirklich prägendes Ereignis: auf dem Dorf in Niedersachsen, nichts da gehabt, armselige Verhältnisse. Meine Eltern haben trotz dieser Umstände immer eine große Fröhlichkeit entfaltet, das wurde ihnen auch nachgesagt. Wenn sie mal etwas hatten, dann wurde gleich alles herangekarrt, was Freunde waren und dann wurde eine Fete gemacht. Und am nächsten Tag gab es eben wieder nur das mühsame Körnchen zum Essen. Diese Fähigkeit, trotz widriger Umstände das Leben zu genießen, das ist, glaube ich, sehr früh in uns reingelegt worden.“ Und ein anderer Vorstand ergänzt: „Wenig Kommerz, sehr sparsam, durchaus hart im Leben, aber immer zufrieden, immer fröhlich.“

Trotz der schwierigen Daseinsumstände vermittelten die Elternhäuser eine optimistische Grundhaltung. Sie hatten das Bestreben, ihrem Alltag den Stempel von Zuversicht, Wärme, Vitalität und Glück aufzudrücken.

> Die Kinder sollten erfahren, daß nicht nur Pflichtideen, sondern auch Werte der Lebensfreude und des Optimismus prämiert werden.

4.4 Leitideen des Elternhauses

In den Elternhäusern der deutschen Spitzenmanager war eine Art „traditioneller Bürgergeist“ verwurzelt. Wie unterschiedlich die Erziehungserfahrungen der Manager im einzelnen auch sind, fast alle erinnern sich an klare Grundprinzipien ihrer Elternhäuser, an Ideen einer wünschenswerten Lebensordnung. Der Bürgergeist enthielt klar erkennbare und ständig wiederholte Grundsätze und Ziele.

Sie lassen sich in folgenden zehn Leitideen zusammenfassen:

- Christlich – religiöser Wertrahmen
- Familiensinn und generationsübergreifende Familienloyalität
- Disziplin und Sparsamkeit
- Pflicht, Leistung, Fleiß
- Herkunftshabitus
- Selbstbehauptung und Unabhängigkeit
- Selbständigkeit
- Verantwortungs- und Gemeinschaftswerte
- Schule und Bildungswerte
- der Sportverein als Schule von Fairness und Wettbewerb

4.5 Christlich – religiöser Wertrahmen

Einer der überraschendsten Befunde dieser Studie ist der herausragende Stellenwert der Religion im Elternhaus der deutschen Topmanager. Nichts eint die große Mehrheit der Spitzenmanager mehr als ihre religiöse Erziehung. Christliche Erziehungsgrundsätze sind in ihrem biographischen Selbstbild tief verankert. Für knapp 70 % der heutigen Topmanager ist die betont religiöse Atmosphäre des Elternhauses ein entscheidender Faktor im Identitätsrahmen der eigenen Entwicklung.

Auch wenn die als „calvinistisch“, „pietistisch“, „reformatorisch“ „evangelisch“ oder „katholisch“ bezeichneten Leitlinien heute teilweise mit negativen Konnotationen von den Spitzenmanagern belegt werden – ihr Einfluss auf die Erziehung ist davon offenbar unberührt. Selbst bei den Managern, die keine direkte Konfessionszuordnung angeben, spielen christliche Erziehungsgrundsätze eine zentrale Rolle. Auch im nachhinein wird die betont christliche Erziehung meist als sehr positive Erfahrung gewertet:

> „Die Religion hat in unserer Jugend eine große Rolle gespielt, da beide Elternteile gläubig waren. Mein Vater hat sich dazu bekannt, daß wir evangelisch aufwuchsen. Wir sind immer in die Kirche gegangen. Das heißt, ethische und moralische Prinzipien waren ein ganz wichtiges Thema in unserer Erziehung. Und wir haben eben eine richtige christliche Erziehung genossen.“

Die Betonung liegt auf „richtiger christlicher Erziehung“, gerade so, als wollten die Spitzenmanager noch einmal hervorheben, welchen Stellenwert religiöse Glaubensgrundsätze für ihre Karriere gespielt haben. Ungefragt kamen sie immer wieder von sich aus auf die Bedeutung der Religion in ihrer Kindheit und Jugend zu sprechen:

„Meine Eltern waren sehr religiöse Menschen und haben dementsprechend versucht, mir etwas davon mitzugeben. Die Religion spielte auch schon bei meinen Großeltern eine große Rolle, und ich denke, das religiöse Element hat mich sicher sehr stark geformt im ganzen Denken und hoffentlich auch im Handeln. Ich denke, die christliche Erziehung bildete sicherlich den Rahmen für meine Wertvorstellungen, die sich nicht am Materiellen orientiert. Die religiösen Grundsätze waren die eigentlich prägenden Eindrücke, die ich aus dem Elternhaus mitnahm."

Auch eine Reihe weiterer Schilderungen macht den überaus hohen Stellenwert der Religion im Elternhaus der heutigen Spitzenmanager deutlich:

„Meine Mutter hat mir die christliche Lehre, also die Nächstenliebe, die Sympathie für und mit Menschen deutlich vorgelebt. Sie hat einen Grundoptimismus gehabt, der mit unseren christlichen Werten sehr gut übereingestimmt hat. Das hat mich eigentlich bis heute begleitet."

„Unsere Familie ist katholisch, und das ist sie nicht nur dem Taufschein nach, sondern sie praktiziert das auch. Den Katholizismus haben meine Eltern immer gelebt, und ich selbst tue das auch heute noch. Glaube und christliche Erziehung haben mich geprägt. Über diesen Weg habe ich auch meine Frau kennengelernt – und die Motivation, sozialpolitische Verantwortung zu übernehmen. Wir haben uns als Familie – und ich tue es auch heute noch – innerhalb der Kirche engagiert. Und das prägt – hat geprägt – prägt mich. Ich hoffe, es prägt auch meine Kinder."

„Mein Vater ist konvertiert zur neuapostolischen Kirche, und ich bin dann sehr christlich erzogen worden. Das hat sicher bis heute seine Spuren hinterlassen. Es gab eine Zeit, in der ich im Kirchenchor mitgesungen habe, so bis etwa 25, 27 Jahre. Ich habe ein christliches Leitbild; auch heute noch, ja!"

„Ich bin stark religiös beeinflußt worden. Es war aus der heutigen Sicht hart an der Grenze der Infiltration. Mein Vater war eine mächtige Persönlichkeit, und die christliche Botschaft ist mit einer solchen Vehemenz auf uns Kinder niedergeprasselt, daß wir dadurch relativ stark fixiert und determiniert worden sind. Wir hatten zwar unsere Krisen und unsere Zweifel. Aber letztendlich sind wir sehr stark religiös geprägt worden und zum Christ – Sein gebracht worden. Heute würde ich das eher skeptisch sehen, wie das gelaufen ist. Aber es war halt Faktum."

„Meine Mutter hat mich erzogen in einer streng katholischen Ausrichtung. Insofern kämen dann, würde ich sagen, eher die Begriffswelten des kleinbürgerlichen Katholizismus zur Anwendung – das ist sicherlich das gewesen, was mich in diesen frühen Jahren, sagen wir mal bis etwa 1953 doch sehr geprägt hat."

Großen Einfluß hatte nicht nur die Begegnung mit Religion und Glaubensideen, sondern insbesondere der kirchlich praktizierte Glaube – von der Taufe über regelmäßigen Kirchgang, Konfirmation oder Kommunion bis hin zum kirchlichen Engagement als Messdiener oder Mitarbeit in einer Kirchengruppe. Daher überrascht besonders ein empirischer Befund:

Jeder vierte deutsche Spitzenmanager war in einer kirchlichen Jugendgruppe aktiv.

Darüber hinaus besuchten fast 10 % der heutigen Topmanager Internate in kirchlicher Trägerschaft. Diese Einflüsse werden als formende Basis für die Vermittlung christlicher Werte eingestuft, unabhängig davon, in welcher Weise sich die Spitzenmanager im späteren Leben mit Glaubensfragen und der Kirche auseinandergesetzt haben.

> „Beide Eltern waren sehr aus dem Pietismus heraus geprägt, harte Arbeit, starke kirchliche Bindungen vor allem bei meiner Mutter. Dies hat mich dann auch sehr früh in die evangelische Jugend gebracht. Ich bin in der evangelischen Jugend, im CVJM und bei den Pfadfindern aufgewachsen. Dies hat mich wahrscheinlich am stärksten geprägt."

Welch überragenden Stellenwert die Religion für die Spitzenmanager hatte, ist aus heutiger Sicht kaum noch verständlich. Die religiösen Grundüberzeugungen waren so tief verankert, daß sie auch schwersten Bedrohungen für Leib und Leben standhielten:

> „In meinem Elternhaus herrschten so tiefe religiöse Grundüberzeugungen, daß sie dazu führten, daß mein Vater zum Tode verurteilt wurde."

Auch wichtige soziale Beziehungen außerhalb des Elternhauses waren vielfach durch religiös geprägte Netzwerke beeinflusst.

> „Geprägt haben mich vor allem die christliche Jugend und die Schulzeit. Da war ein Pfarrer, der für mich eine ganz starke Bezugsperson war. Er hatte im Krieg einen Arm verloren, war aber leidenschaftlicher Motorradfahrer mit Beiwagen und er ging so richtig gut mit den jungen Leuten um – das Pfarrhaus, das war Tischtennisplatz, Gesprächsplatz und Diskussionsplatz". Und ein anderer Spitzenmanager gibt zu Protokoll: „Es gab in meiner Jugend einen sehr strengen Bezug zur Kirche in Form eines Herrn Dekan, wie er bezeichnenderweise hieß. Er war die absolute Respekts- und Autoritätsperson. Er war es, der Zugang zu Büchern hatte, was zu meiner großen Leidenschaft geworden ist. Er hat mich sicher sehr stark geprägt, so daß dann im Grunde genommen eigentlich nur zwei Berufsbilder in Frage kommen: einmal der Lehrberuf oder sich eben gleich in den Dienst der Kirche zu stellen."

4.6 Familiensinn und generationsübergreifende Familienloyalität

Der Familiensinn ist ein weiterer wichtiger Indikator für das Selbstverständnis der Elternhäuser. In ihm drückt sich eine grundlegende Wertvorstellung von einem wünschenswerten Erziehungsmilieu aus. Die Hochschätzung von Familie war in den Elternhäusern der deutschen Spitzenmanager noch nachdrücklicher verbreitet als im Durchschnitt der Bevölkerung. Für ca. 90 % der deutschen Wirtschaftselite war das Elternhaus geprägt vom Leitprinzip einer intakten Familie und von einem engen Familienzusammenhalt.

Familie wurde als sich gegenseitig stützende Gemeinschaft verstanden.

Mit dieser Überzeugung wandten sich die Elternhäuser gegen soziale Normen, die den Individualismus der Familienmitglieder vor den Zusammenhalt der Gruppe stellten. Besonders tief verankert waren die Werte des Familiensinns in jenen Elternhäusern, die über eine lange Tradition verfügten:

> „Und das ist eine Sache, die man heute überhaupt nicht mehr begreifen kann. Meine Mutter, die leider vor ein paar Jahren gestorben ist, feierte ihren 85. Geburtstag. Da war – Gott sei Dank – noch eine ganze Reihe von Zeitzeugen aus der Verwandtschaft dabei. Sie standen auf, einer nach dem anderen und sagten: welche Bedeutung das enge Zusammengehörigkeitsgefühl innerhalb der Verwandtschaft hatte, und wie jeder seine Rolle spielte; gerade meine Mutter, das jüngste unter den neun Kindern meines Großvaters."

> „In unserer Familie fühlte man sich immer einer Gruppe zugehörig über viele, viele Hunderte von Jahren. Die Familie ist tausend Jahre alt und das spielt in der Erziehung, auch wenn man entwurzelt war, weil man sein Zuhause verloren hatte, eine große Rolle."

> „Familie ist eines meiner großen Themen. Sie ist für mich etwas ganz besonders Wichtiges, auch in der historischen Dimension: wo kommt die Familie her? Ich habe Kontakt mit einer Verwandtschaft, die auf viele Generationen zurückschaut, sowohl mütterlicherseits als auch väterlicherseits. Und ich bin verheiratet mit einer Frau, bei der das in der Familie ganz ähnlich ist, wo auch die Verwandtschaft über viele Generationen zurückreicht. Das hat zur Folge, daß ganz entfernte Vetternverwandtschaften so zählen, als ob sie ganz nah wären. Wir sind also in zwei sehr großen Familien eingebettet und leben auch entsprechend."

„Mein Elternhaus ist aus meiner Sicht vor allem dadurch geprägt, daß es eine intakte Familie war und nach wie vor ist. Das Leitbild einer Familie, einer Gruppe von Menschen, die vernünftig miteinander umgeht und entsprechend miteinander lebt. Das ist sicher das prägendste Element für mich gewesen."

„Mein Vater hat sich interessanterweise beruflich bremsen lassen, weil ihm das Familienleben sehr wichtig war. Er hat immer drauf geachtet, daß bei allem, was er unternehmerisch tut, der Familienfriede nicht gefährdet wird, sprich: wenn er halt Dinge getan hätte, die meine Mutter verrückt gemacht hätten, hat er darauf verzichtet. Er hat immer Rücksicht auf die Ehe, die Familie und die Kinder genommen."

Immer wieder sprechen die Spitzenmanager von der nachhaltigen Erfahrung eines besonderen Zusammenhalts der Familie. Charakteristisch sind Erinnerungen wie:

„Was in unserer Familie besonders deutlich war, war die sehr starke Orientierung auf den Familienzusammenhalt."

Oder:

„Wir fühlten uns im Elternhaus sehr aufeinander angewiesen. Es war eine Familie, in der Zusammengehörigkeit einen hohen Stellenwert hatte." Oder: „Der Stellenwert der Familie ist sehr hoch. Sie hat immer ein sehr starkes Zusammengehörigkeitsgefühl gehabt und hat es immer noch."

Neben dem Zusammenhalt spielte in den Elternhäusern der deutschen Topmanager auch die generationsübergreifende Familienloyalität eine große Rolle. Die Einbindung in eine solidarische Mehrgenerationengemeinschaft schuf eine Loyalitätsethik, die die heutigen Spitzenmanager nachhaltig prägte:

„Mein Vater war sehr davon geprägt, daß er eigentlich studieren wollte, und als er gerade dabei war, sich in Richtung Kunststudium zu orientieren, ist sein Bruder im Krieg umgekommen. Dann ist für ihn die Entscheidung gefallen, quasi in Loyalität zur Familie den elterlichen Betrieb zu übernehmen."

Die Vorstellungen von einer wünschenswerten Familie waren in den Elternhäusern der deutschen Spitzenmanager noch nicht individualisiert. Die kollektive Auffassung von Ehe und Familie orientierte sich nicht an der Autonomie der Familienmitglieder, nicht an den wirklichen oder vermeintlichen Bedürfnissen der Söhne, sondern am Familieninteresse. Wie immer man es beurteilt, es verweist auf tiefgehende Kontinuitäten im Selbstverständnis der Elternhäuser, auf eine für die große Mehrheit der Spitzenmanager nachdrückliche Betonung des Gemeinschaftssinns:

„Mir ist es sehr wichtig, zu verstehen zu geben, daß wir immer die Familie im Blick gehabt haben und nie das Individuum. In unserem Elternhaus war vollkommen klar, daß wir immer eine Gesamtoptimierung gesucht haben. Es gab nie eine individuelle Gerechtigkeit, wie man sie normalerweise kennt: etwa in dem Sinn, wenn der eine fünf Mark kriegt, kriegt auch der andere fünf Mark, sondern es wurde immer so gemacht, wie es in der Summe sinnvoll war. Das gibt einem einen ganz neuen Blick zum Stellenwert der Familie. Denn der vordergründige Begriff der Gerechtigkeit ist ja, wenn mein Bruder eine Mark kriegt, will ich auch eine Mark, sonst ist es ungerecht, und zwar eine Mark und keine 99 Pfennig. Bei unseren Eltern herrschte immer die Auffassung, eigentlich gehört euch gar nichts und was wir mit unserem Geld machen, ist unsere Sache. Dies war in unseren jungen Jahren nicht immer verständlich. Aber wenn man einen bißchen Abstand dazu hat und die Dinge ein bißchen besser durchblickt, eigentlich ein ganz interessantes Konzept. Ich würde sagen, auf der einen Seite sicherlich viele unternehmerische Ansätze, das sieht man auch an meinem Bruder, der, sagen wir mal, sehr erfolgreich geworden ist, auf der anderen Seite sehr, sehr viel Wärme, also ein extrem enger Familienbezug, sehr, sehr viel Wärme, sehr viel Nestwärme."

Deutlich bemerkbar machen sich die Werte des Familiensinns und die Vorstellungen von der wünschenswerten Familiengröße auch im faktischen generativen Verhalten der Eltern. Die deutschen Spitzenmanager hatten in der Regel zwei bis drei Geschwister, die durchschnittliche Kinderzahl in ihren Elternhäusern lag bei ca. 3,3 Kindern. Trotz häufiger Berufstätigkeit der Mütter dominierten Ideen der Lebensführung, die die Werte von Familie eher prämierten als Gedanken der Eigenständigkeit und Unabhängigkeit.

Die Bedeutung der Mütter

Ein wesentliches Merkmal der familiären Herkunft der heutigen Wirtschaftselite liegt darin, daß sie in einem stark von Frauen – ob Müttern, Großmüttern oder anderen weiblichen Verwandten – dominierten Haushalt herangewachsen sind. Für gut 70 % der Spitzenmanager hat die Mutter nach eigenem Bekunden eine sehr prägende Rolle gespielt, während nur etwa 5 % der heutigen Unternehmensführer den Vater als Leit- und Vorbild hervorgehoben hat. Etwa ein Fünftel der Spitzenmanager ist ohne (leiblichen) Vater aufgewachsen, weil er im Krieg als Soldat gefallen, verschollen oder umgekommen ist. Dennoch war der Vater in hohem Maße symbolisch präsent, weil Mütter oder Großeltern die Grundsätze und Leitbilder der gefallenen Väter immer wieder vermittelten.

Eine sehr starke und präsente Mutterfigur ist demnach kennzeichnend für die biographisch verwurzelten Identitätsumrisse der Spitzenmanager. Die Mütter werden durchweg mit Attributen wie „Vorbildhaftigkeit", „verdient höchsten Respekt", „tiefe Wertschätzung", sie sei eine „große Mentorin", habe eine „richtungsweisende Rolle" gespielt etc. beschrieben:

> „Meine Mutter war eigentlich bis in die späteren Jahre hinein meine große Mentorin. Sie hatte Germanistik und Philosophie studiert. Sie hatte ein unglaublich breites Wissen. Sie hat uns Kinder begleitet und geprägt."

> „Ich habe eine hervorragende Beziehung noch heute zu meiner Mutter. Sie wird jetzt demnächst 80, sie lebt alleine; hat eine schwierige Zeit hinter sich. Mein Vater war 72, als er einen schweren Schlaganfall bekommen hat, er war dann 6 Jahre ein Pflegefall und das letzte halbe Jahr komatös. Aber er war 6 Jahre zu Hause, ich habe meine Mutter so bewundert, das war ja auch keine finanzielle Frage mehr."

> „Meine Mutter hatte Abitur gemacht und war dann ins Berufsleben gegangen. Sie war richtungsgebend für uns Kinder. Sie hat sich sehr intensiv darum bemüht, daß wir ordentliche Leistungen bringen, hat auch eine gewisse Konsequenz und Strenge angewandt, die aber mit sehr viel Liebe verbunden waren."

> „Meine Mutter hat sich niemals unterkriegen lassen. Sie hat alle Entscheidungen immer zugunsten der Kinder gefällt. Flucht 1953, alles hinter sich gelassen."

> „Die prägendsten Einflüsse stammen vor allem von meiner Mutter: körperlich sehr schwächlich, als sehr junge Frau Mutter geworden, mit 25 verantwortlich – mit mir an der Brust als zweitem Sohn – verantwortlich für die Flucht, den Treck mit über hundert Arbeitern und den Familien von drüben. Das war eine phantastische Leistung, die einem natürlich erst jetzt, wenn man selbst älter ist, so richtig klar wird."

Nur eine kleine Minorität von Spitzenmanager sieht vor allen in ihren Vätern ein Vorbild. Die vorbildhafte Vaterfigur rangiert deutlich hinter der Präsenz starker und hoch respektierter Mütter. Daher kann nur als Randmeinung gelten, wenn ein Vorstand heute bekundet:

> „Es war mein Vater, der mich sehr beeindruckt hat, auch im nachhinein, wenn ich zurückschaue. Er hat die wesentlichen Eckpunkte gesetzt, während ich mich in der Welt meiner Geschwister wie aber auch meiner Mutter weniger zurechtfinde. Mein Vater hat die Familie gut behütet und alle zusammengehalten. Er hat kein Risiko gewagt, während ich jemand war, der immer gerne in der Weltgeschichte seine Kreise gezogen hat."

Generationsübergreifende Familienloyalität

Ein weiteres prägendes Merkmal der biographischen Grunderfahrungen von Spitzenmanagern scheint die soziale Dichte einer Mehrgenerationenfamilie gewesen zu sein. Zum einen hatte fast jeder von ihnen Geschwister – und den älteren von ihnen kam entsprechend Erziehungs- und Betreuungsverantwortung zu. Zum anderen rückte man offenbar in Mehr-Generationen-Haushalten zusammen: so wurden viele andere Verwandte, allen voran die Großeltern zu wichtigen Bezugspersonen. Diese Erziehungskonstellation – insbesondere im Zusammenhang mit den existenziellen Fragen und Problemen der Nachkriegszeit – hat dazu beigetragen, daß die Mehrgenerationenfamilie unter den Spitzenmanagern auch heute noch einen großen Stellenwert genießt. Ihr Wohlergehen bildet bei der Bewertung des eigenen Lebens einen ganz wesentlichen Maßstab:

> „Ich habe eine sehr behütete Kindheit gehabt, die sich aus einem Mehrgenerationenhaushalt herleitete. Zum einen habe ich eine sehr enge Beziehung zu meinem Großvater gehabt, zum anderen auch sehr enge Beziehungen zu Flüchtlingen, die bei uns einquartiert waren, so daß ich eigentlich immer mehrere Bezugspersonen hatte. Ich habe, wenn es wirklich um die Frage der Identitätsstiftung geht, sogar mehr von meinem Großvater und von Randfiguren im familiären Bereich mitbekommen als von meinen Eltern. Mein Großvater hatte Zeit für mich, er hat mir die Welt geöffnet, er hat mir Geschichten erzählt, und er hat vor allem meine Phantasie angeregt und mir beigebracht zu träumen und sich nicht nur auf die reine Rationalität, die reine Effizienz auszurichten, wie das eben bei der Überlebensstrategie nach dem Krieg im Vordergrund stand. Ich durfte Gänse hüten und dabei im Gras liegen und ich durfte auf einem Schaukelpferd reiten, das er mir selber gemacht hat. Ich glaube, das sind ganz tiefe Erfahrungen, die in mein heutiges Selbstverständnis mit hineinspielen."

Das Großelternhaus fungierte auch als Ruhepunkt in einer unsteten Jugendzeit:

> „Ich hatte vor allem mit den väterlichen Großeltern Kontakt. Es war eben richtige Stuttgarter Tradition: der Großvater lebte im Haus seines Vaters. Es waren eben viele Dinge seit Generationen da. Und in diesen Traditionen hat man auch gelebt. Aus der frühen Kindheit war ich immer besonders gern bei den Großeltern in Stuttgart, das waren fest gefügte Besuche. Wir haben nie in Stuttgart gelebt, aber das waren für mich Besuche, die einen festen Halt boten. Wir sind durch den Beruf meines Vaters sehr viel in Deutschland umgezogen, waren also eigentlich alle paar Jahre in einem anderen Ort. Für mich war dieses groß- oder urgroßelterliche Haus in Stuttgart ein fester Halt, wo ich besonders gern war, und mit dem ich sehr angenehme Erinnerungen und Empfindungen verbinde."

> „Sehr prägend war für mich der Umgang mit meinem Großvater, der ein Bauunternehmen mit Architekturbüro hatte, und der mich irgendwie begeistert hat mit seiner Lebensart. Er hatte in seinem Städtchen alle möglichen Ämter. Er war eine angesehene Persönlichkeit. Er hat mich überall mit hingenommen, wo er seine Baustellen hatte. Die Erfahrung, daß bei den Großeltern alles in Ordnung war, war sehr prägend. Das war eine heile Welt, wenn ich mal so sagen darf."

„Aufgewachsen bin ich vom siebten Lebensjahr bis Abitur in einer Großfamilie. Es waren meine Großeltern im Haus, es war meine Tante und Onkel mit meiner jüngeren Cousine im Haus. Und dazu kamen noch meine Großeltern aus dem Osten. Wir hatten immer eine große Familie, zehn, zwölf Leute, die innerhalb des Hauses ihren eigenen Takt hatten, aber zum Essen alle gemeinsam zusammenkamen: mein Großvater saß am Kopfende, sprach das Essensgebet und dann ging es los."

„Ich habe, glaube ich, mit keinem in der Jugend mehr kommuniziert als mit meinem Großvater. Meine Großeltern waren für mich wie eine zweite Heimat. Und es waren beide sehr warmherzige Menschen. Da habe ich mich immer sehr wohl gefühlt."

„Meine Großmutter war echte Russin mit dem schönen Namen Sonja von Löwe, die erst durch die Heirat mit meinem Großvater Deutsche wurde, der damals Diplomat in St. Petersburg war. Sie war wirklich eine Lady. Bei der Beerdigung meiner Großmutter im Jahr 1954, ich erinnere mich noch, haben führende deutsche Botschafter ihr das letzte Geleit gegeben. Meine Großmutter hat mich sehr geprägt, in einer Familie, in der alle Männer in den Kriegen umgekommen sind."

Was bedeutet die Nähe zu den Großeltern und die Erfahrung des Leitbilds einer Mehrgenerationenfamilie? Haben Sie besondere Spuren hinterlassen? Haben sie das Familienbild in charakteristischer Weise geprägt? Sicher haben sie den geistigen Nährboden für die Bedeutung kollektiver Gemeinschaftswerte gepflegt, sicher haben sie die familiäre Loyalitätsethik gestützt und ganz sicher haben sie die Grundsätze der Spitzenmanager über den Rang von verwandtschaftlicher Zusammengehörigkeit geprägt. Aus der dem Mehrgenerationenerlebnis zugewiesenen Bedeutung sind aber auch Ansatzpunkte erkennbar, daß im Privatbereich der Topmanager die Werte des heute gängigen neuen Individualismus noch nicht die Oberhand gewonnen haben, daß Scheidungen nach wie vor ein Tabuthema darstellen und intakte Familienverhältnisse zu den Eckpfeilern ihres Selbstverständnisses gehören.

4.7 Disziplin und Sparsamkeit

Für die deutliche Mehrheit der heutigen Topmanager bewegte sich der Bürgergeist der elterlichen Erziehungsmaßstäbe im Kanon klassischer protestantischer Werthaltungen: ehrlich, aufrecht, selbstdiszipliniert und sparsam zu sein. Sparsamkeit verstanden ohne Verzicht auf Behaglichkeit, haushälterisches Denken durch und durch – ohne Kleinlichkeit im Lebenszuschnitt oder bei der Entwicklung von Zukunftsperspektiven. Die von den Eltern übermittelten Botschaften waren klar. Wünschenswert sind Disziplin, Ordnung und Bescheidenheit. Sie dienen dazu, die Lebensumstände in Zeiten des Auf- und Umbruchs zu stabilisieren. In dieser Konzeption diente die gute Erziehung einem Leitbild, dem zufolge die Hingabe an definierte Aufgaben sowie die Rückstufung der eigenen Ansprüche die Aufstiegschancen der Kinder festigten.

Die Spitzenmanager erinnern sich noch gut an die protestantischen Grundtugenden:

> „Es wurde mit Sicherheit gesagt, sei immer ehrlich, geh immer arbeiten, sei immer aufrecht, sei diszipliniert. Das sind die Leitlinien, die mir damals vom Elternhaus mit auf den Weg gegeben wurden. Man erreicht nur etwas, wenn man lernt, und wenn man fleißig ist. Sagen wir mal so: die deutschen Grundtugenden wurden mir mitgegeben." Und ein anderer Vorstand ergänzt: „Die protestantische Tugendlehre ist in mir noch sehr lebendig. Wir sind Lutheraner, fast calvinistisch. Geld auszugeben, ist mir immer sehr schwer gefallen. Noch heute fliege ich nach London mit einer Billiglinie und nicht mit British Airways, auch wenn das bedeutet, ich muß nach Schönefeld gehen. Sparsamkeit als Tugend, hart arbeiten und eine gewisse Wahrheitsfanatik sind Leitmaßstäbe, die ich tief verinnerlicht habe."

Es ist auffallend, wie viele Manager von sich auf den calvinistischen oder protestantischen Hintergrund der elterlichen Erziehungsleitlinien verweisen:

> „Mein Elternhaus war geprägt von einem strengen Calvinismus. Man hatte eine Leistung zu bringen und sparsam zu sein. Die Sparsamkeit war extrem bei gleichzeitig wiederum sehr großbürgerlichem Zuschnitt, wenn es ums Wohnen ging, ums Häuserbauen und dergleichen." Und ein anderer vorstand fügt hinzu: „Von den Grundwerten, die meine Jugend geprägt haben, war es eigentlich ein typisch schwäbischer Protestantismus, durchaus gekennzeichnet von Ehrlichkeit, Integrität, sich Ansehen erwerben durch die eigene Leistung."

Immer wieder wird das spannungsreiche Nebeneinander von Bescheidenheitstugenden auf der einen Seite und einer Chancenkultur auf der anderen Seite betont. In aller Regel schlossen Disziplin- und Sparsamkeitsgrundsätze niemals Ideen individueller Selbstentfaltung und persönlicher Initiativen aus. Wünsche nach Ordnung und Effizienz setzten sich nicht automatisch in autoritäre Aktionen und Reaktionen um. Die Elternhäuser der Spitzenmanager waren keinesfalls autoritäre Haushalte, in denen eine Ordnung von Befehl und Gehorsam, eine Ordnung von Anweisung und Fügsamkeit herrschte, sondern in aller Regel waren immer zugleich Grundmuster des Pluralismus, der Eigeninitiative und Selbstbehauptung in das Erziehungsmilieu eingewoben. Auf diese Amalgamierung von Bescheidenheitstugend einerseits und Chancenkultur andererseits verweist sehr treffend ein Vorstand:

> „Es war ein sehr sparsam geprägtes Elternhaus: das hat später mein Berufsleben stark beeinflusst. Es hat mich positiv beeinflusst, daß mir eine natürliche

> Sparsamkeit von Hause aus anerzogen wurde, verbunden mit vielen Freiräumen. Ich habe mich immer wieder gezwungen, selbst aktiv und selbst initiativ zu werden. Ich hatte ausreichend Freiräume, um mein Leben zu bestimmen."

Bei aller Bereitschaft zur Selbstverantwortung waren Disziplinvorstellungen verbreitete und durchgängig bejahte, als richtig akzeptierte Verhaltensweisen in den Elternhäusern der deutschen Spitzenmanager. Disziplin wurde immer noch groß geschrieben, allerdings weniger im traditionellen Sinn von Unterordnung und Gehorsam, weniger auch im ausschließlichen Sinne von Härte und Einengung. Das Ziel der Elternhäuser war vielmehr, die äußere Disziplin in Selbstdisziplin und Verzichtbereitschaft zu verwandeln oder, um eine modernere Terminologie zu verwenden: Belohnungsaufschub zu praktizieren. Unter diesen Voraussetzungen galt Disziplin weniger als eine Überlebensbedingung unter den schwierigen existenziellen Bedingungen der Nachkriegszeit, auch wenn die Not vielfach Selbstdisziplin und Verzicht diktierte, sie war vielmehr so etwas wie eine moralische Haltung oder Tugend:

> „Meine Herkunft ist ein hoher preußischer Beamten-Background. Der preußische Rock ist ja fest und hält auch warm, aber er ist schmucklos. Insofern ich bin sehr stark geprägt durch meinen Vater, der die positiven Werte des Preußischen vermittelt hat."

4.8 Pflicht, Leistung und Fleiß

Auch Ideen der Pflicht lebten im Elternhaus der heutigen Topmanager uneingeschränkt fort. Pflicht war ein moralischer Imperativ. Er bezog sich auf alle sozialen Beziehungen. Danach bedeutet Pflicht ständige Arbeit an sich selbst und an der Qualität der Aufgabenerfüllung, also Selbstkontrolle und Leistung. Leistung verstand sich von selbst. Fast alle Topmanager betonen den hohen Wert von Leistung und einer damit verbundenen Leitidee von Fleiß und Pflichterfüllung während ihrer Jugend. Pflicht beinhaltete also beides: Arbeit und sachliche Kompetenz. Man hatte seine Aufgaben gewissenhaft zu erfüllen.

Im Elternhaus der heutigen Spitzenmanager herrschte demnach eine spezifische Arbeitsauffassung: weniger Arbeit als Gehorsamkeitspflicht, sondern Arbeit als Aufgabe, als ein anvertrautes Amt des Lebens:

> „Das Leitmotiv der Eltern war eindeutig: verlaßt euch nicht einfach auf das, was euch mal vererbt wird, sondern ich will sehen, daß ihr mit eigener Leistung euch dieses alles auch verdient. Denn das ist ja die Gefahr in einer solchen Familie, daß eine Generation durch höhere Einkünfte ein Vermögen aufbaut, und sich die nächste Generation dann in ein Ruhenetz fallen läßt. Sich immer wieder durch Leistung zu bewähren, ist ein Anspruch, der sehr, sehr klar vom Großvater über meine Mutter an uns weitergegeben wurde."

4.9 Habitus des Elternhauses

Der überwiegende Teil der deutschen Spitzenmanager stammt aus arrivierten Elternhäusern. Was den Erfolg letztlich ausgemacht hat, läßt sich nicht immer in einfachen Kategorien fassen. Noch weniger ist der Erfolg im Sinne eines Bürgergeistes quantifizierbar. Bourdieu spricht in diesem Zusammenhang von einem kulturellen und sozialen Kapital der Distinktion, das unmerklich in der familiären Sozialisation verinnerlicht bzw. inkorporiert wird.[26] Diese Inkorporierung verläuft unbewußt, z. B. wenn die Kinder erfahren, wie ‚man' sich in gesellschaftlichen Kreisen bewegt, wie ‚man' soziale Netzwerke bedient, wie ‚man' die Symbole eines gehobenen Sozialprestiges verwendet. In diesem Sinn stellt der Habitus des Elternhauses einen Code dar, der die Zugehörigkeit zu einem ganz bestimmten Lebensstil und Herkunftsmilieu signalisiert.

Der Habitus ist etwas, das man besitzt, ohne es je bewußt erworben zu haben.

Er ist eine Art zweite Haut, wie Bourdieu sagt: „eine einverleibte, zur Natur gewordene Präsenz" der gesamten Herkunft[27]. Oder wie es ein Vorstandsvorsitzender sehr charakteristisch ausdrückt:

> „Was mich immer in gewisser Weise geleitet hat, ist etwas, ohne daß man darüber sprach. Diese Definition der Basis, wo man herkommt, und daß man glaubt, Zielsetzungen zu haben, ohne groß darüber sprechen zu müssen."

Das kulturelle Kapital der Elternhäuser hat maßgeblich zur Persönlichkeitsbildung der deutschen Spitzenmanager beigetragen. Und zwar auf den unterschiedlichsten Feldern: sei es ein bestimmten Sprachduktus, seien es Stil und Geschmackskompetenzen, seien es Gemeinschafts- und Selbstverantwortungswerte oder sei es gar eine bestimmte politisch gefärbte Standeskultur:

> „Es waren drei wesentliche Punkte, die mein Elternhaus geprägt haben: Sonntag früh war das Standardmeeting, da war Anwesenheit Pflicht. Da konnte man kaum Entschuldigungen nach einer durchzechten Partynacht vorbringen; man mußte anwesend sein. Das war ein Ritual: die ganze Familie hat miteinander gesprochen, die Probleme der Woche wurden diskutiert. Das war ganz, ganz wichtig: Kommunikation und miteinander reden. Zweitens der Ehrgeiz, daß aus den Kindern etwas wird, daß man es schafft. Bei aller materiellen Großzügigkeit in den wichtigen Bereichen mußte ich meine Zusatzwünsche selber erarbeiten. Also habe ich während der Schule schon immer gejobbt und

[26] Hartmann 1996, S. 16ff

[27] Bourdieu 1987, S. 98

> habe mir die Zusatzwünsche erfüllt. Und drittens war charakteristisch für mein Elternhaus dieses „Nicht-hängen-lassen“, also dieser Optimismus im Hause, eine durchaus positive Weltanschauung, sehr positiv, würde ich mal sagen, obwohl wir eine politisch Standeskultur im Hause hatten, die teilweise sehr konservativ war.“

Auch Fragen des Ehrgefühls, des Respekts und der Etikette finden ihren Niederschlag im kulturellen Kapital, das die Topmanager in ihrer Jugend erfahren haben:

> „Mein Vater war streng. Er achtete sehr auf Tischsitten, Umgangsformen und Etikette. In dieser Hinsicht war er wenig konziliant. Aber die Manieren, wie man zu der Zeit zu sagen pflegte, die haben sich schon sehr eingeprägt. Ein Beispiel: Ich bekam Nachhilfeunterricht bei der Frau eines Lehrers, eines alten, großen, imposanten Lehrers. Diese Frau war bei uns sehr verhasst. Sie war klein, buckelig, sie hatte auch irgendetwas Bösartiges. Bei dieser Dame hatte ich nun Nachhilfeunterricht. Damals war die Zeit der Kreppsohlen. Eines Tages hatte ich irgend etwas vergessen und ging wieder zurück. Ich konnte nicht gehört werden. Da stand nun dieser riesige Mann mit einem Henkelmann in der Hand, um das Abendessen aus der Küche zu holen und beugte sich über seine kleine, eher abstoßende Frau und verabschiedete sich mit einem Handkuss. Das werde ich nie vergessen. Diese Silhouette. Dieser Mann, den niemand sah, der aber diese Geste ritterlicher Zuneigung seiner Frau gegenüber zum Ausdruck brachte, das war doch tatsächlich sehr prägend für mich.“

Der eigentliche atmosphärische Kern der Elternhäuser lag allerdings in etwas anderem: in einer aus dem Erfolg resultierender Verpflichtungsethik. Daher ist es interessant zu sehen, wie sich der Erfolg der Eltern als Distinktionsgewinn bei den Spitzenmanagern niedergeschlagen, und wie er als geistiges Selbstverständnis noch heute nachwirkt. Er tat es zuerst und vor allem durch die Hingabe an den Beruf, an ein Unternehmen, an eine Aufgabe:

> „Mein Vater hat mit 86 Jahren seinen letzten Notariatsvertrag gemacht, drei Monate, bevor er seine Augen schloss. Mein Großvater hat noch mit 80 Jahren am Stehpult gearbeitet. Also, berufliche Hingabe fast calvinistischer Prägung.“

Was drängte die Väter, zeitlich aufwendige und strapaziöse Aufgaben zu übernehmen? Welche inneren Motoren sind am Werk? Machtstreben? Geltungswünsche? Ehrgeiz? Von alledem muß etwas da gewesen sein, aber weder reichen diese Motive aus, die Intensität des Engagements zu erklären, noch beschreiben sie seine besondere Färbung.

Die berufliche Hingabe gründet auf dem intrinsisch motivierten Grundsatz, eine Art Lebensaufgabe zu erfüllen, etwas weiterzutragen, was man geschaffen oder erworben hat, vorwärts zu gehen und etwas zum Blühen zu bringen. Die Topmanager sprechen von der Erwartung ihrer Eltern, etwas fortzusetzen, was Vater, Onkel, Großeltern oder die Generationen vorher geschaffen haben. Der Habitus des Elternhauses besteht in einer Verpflichtung: ehrenvoll eine Lebensaufgabe zu meisten in Verantwortung gegenüber der vorhergehenden oder nachfolgenden Generation. Beispielhaft erinnert sich ein Vorstandsvorsitzender:

> „Mein Großvater war in St. Petersburg schon ein gemachter Mann, da hat er alles aufgeben müssen. Er ging nach Riga und wurde wieder ein gemachter Mann. Er ging nach Posen, hat wieder neu angefangen. Kam dann nach Hamburg, da war er schon 60 Jahre alt und hat hier wieder angefangen. Er hat sehr viel mit Handel zu tun gehabt, sehr viel mit Südamerika, hat eigentlich bis zu seinem letzten Lebenstag immer gearbeitet. Er ist mit 84 oder 85 in der U-Bahn einem Herzschlag erlegen. Er fuhr jeden Tag für drei oder vier Stunden ins Büro in die Stadt. Eines Tages auf dem Heimweg sah irgendjemand, daß er nicht nur schlief, sondern tot war."

Im kulturellen Kapital der Elternhäuser drückt sich anderes aus als bloß das Streben nach Macht und Ansehen. Darin tritt vielmehr hervor, was man als Selbstentäußerung bezeichnen könnte: das Verlangen, an einem generationsübergreifenden Gestaltungsprozess beteiligt zu sein; das Bedürfnis, an einem Werk mitzuarbeiten, das man für bedeutender halten kann als die eigene Person; der Traum, Stolz zu empfinden auf die eigene Leistung; der Glaube an eine Verpflichtung gegenüber einem Werk oder eine Aufgabe, Dienst an einer als übergeordnet angesehenen Sache:

> „Also, auch stolz zu sein, das ist etwas, was mich geprägt hat. Ich weiß, daß viele Menschen sehr vieles besser machen als ich, aber stolz zu sein, zufrieden, mehr im Stolz zufrieden, das ist der Einfluß des Elternhauses. Ich habe etwas erreicht, genieße das, also im Sinne eines Gefühls von Stolz."

> „In den Häusern meines Großvaters lebte unter anderem die Kissinger-Familie. Der Henry ist ein alter Freund von mir aus New Yorker Zeiten. Fürth war eine Industriestadt, in der das jüdische Bürgertum eine große Rolle spielte und die Evangelischen die Mehrheit hatten. Die große Minderheit waren Juden, und die kleinste Minderheit waren wir Katholiken. Mein Großvater war der erste Mann der Katholiken in Fürth. Und in den 20er und 30er Jahren – das sage ich jetzt aus der Überlieferung, ich habe mich mit Henry Kissinger mal darüber unterhalten – wenn Fronleichnam war, dann sind die Katholiken nicht protestierend, sondern demonstrierend in der Fronleichnam-Prozession durch die Straßen gezogen. Und die Protestanten drehten sich um. Man gehörte zusammen als Deutsche. Man war getrennt, aber gleichzeitig zusammen. Man spürte eine gemeinsame Verantwortung, die mich bis heute prägt.

Mit der Verpflichtung gegenüber einem Werk oder einer Aufgabe ist auch ein klar artikulierter Verantwortungswille verbunden.

Im Habitus der Elternhäuser war ein Gefühl der fraglosen Verantwortung gegenüber einer Aufgabe oder einer Gruppe verankert. Fast nirgendwo fehlte der geistige Nährboden für verantwortungsvolles Engagement. Trotz der Umbrüche durch Vertreibung, durch wiederholten Verlust des Eigentums, durch radikalen Wechsel der politischen Systeme blieb die Denk- und Werttradition zur Verpflichtung von Verantwortung lebendig. Diese Erfahrung haben die deutschen Spitzenmanager bereits in früher Jugend in ein Verlangen nach Verantwortungsübernahme in den unterschiedlichsten Gruppen umgesetzt.

> „Einer der Lieblingssprüche meines Vaters war: handeln sollst du so, als hinge von dir und deinem Tun das Schicksal der deutschen Dinge ab. Du allein trägst die Verantwortung. So etwas behält man. Der Hintergrund ist klar: Warte nicht auf andere, du mußt es selbst tun."

> „Die Leitidee war: vieles hängt nicht von dir ab, aber du mußt dein Bestes tun und daraus kannst du auch Verantwortung übernehmen. Und dieses ‚Verantwortung übernehmen', das war eigentlich etwas, was mich unglaublich geprägt hat."

4.10 Selbstbehauptung und Unabhängigkeit

Ein weiterer Baustein des elterlichen Bürgergeistes war der Grundsatz der Durchsetzungsfähigkeit und Selbstbehauptung. Das Milieu des Elternhauses, das heißt, das oft über Generationen hinweg akkumulierte Selbstverständnis von „etwas schaffen zu können" verhalf den Spitzenmanagern zur Triebfeder für einen neuen Beginn.

> „Das Motto meines Elternhauses war klar: ihr müßt persönlich durch eigene Leistung dazu beitragen, nicht von anderen abhängig zu sein. Ihr müßt zeigen, daß ihr auch alleine euren Weg gehen könnt. Und das geht nur, wenn ihr das selbst so akzeptiert und das auch wollt. Andere werden euch da nicht helfen. Aber wir werden alles tun, um euch dabei zu unterstützen. Und das gab eine gewisse Antriebskraft."

> „Sehr früh hat sich in der Kindheit der Grundsatz herausgebildet, du willst es mal zu etwas bringen, du willst eine Karriere machen, soweit es irgendwie geht; und du willst aus eigener Kraft dir etwas aufbauen. Und das hat mein ganzes Leben sehr stark geprägt."

> „Mein Vater hat mir immer gesagt, der Ostpreuße ist derjenige, der über die Jahrhunderte gekämpft hat, um etwas zu schaffen. Und ich glaube, dieser Grundsatz ist in mir verankert. Meine Eltern, auch ich schätze mich so ein, haben nie gesagt, das, was ich habe, das horte ich, sondern man fragt, was ist der nächste Schritt? Was muß ich für die Zukunft tun?"

> „Es gab in meinem Elternhaus die grundsätzliche Haltung, daß es keine Probleme oder Ziele gibt, für die es keine Lösung gäbe, oder die man nicht erreichen könnte. Vielleicht nicht immer auf dem direktesten Weg von A nach B und vielleicht auch nicht immer konventionell. Aber letztendlich solle man sich nicht davon entmutigen lassen, daß es Hindernisse gibt, daß es Widerstände, und daß es Probleme gibt, sondern man solle davon überzeugt sein, wenn ich von A nach B kommen will, kann ich letztlich auch dorthin kommen."

Fast immer war der Grundsatz der Selbstbehauptung auch mit einem Anspruch verbunden, dem Anspruch auf Erfolg und Karriere. Die Standards in den meisten Elternhäusern waren hoch gesetzt: die Erfolgsziele, die als Sedimente in der Erziehung oft unmerklich wirkten, waren in variierenden Verbindungen von den Söhnen übernommen worden. In ihrem Denken war es wünschenswert, „von oben auf die soziale Hackordnung zu schauen":

> „Ich bin ja, wie gesagt, auf Rügen aufgewachsen, dort zur Schule gegangen. Man hat natürlich immer das Meer, die Ostsee um sich gehabt, man hat Schiffe um sich gehabt, und mein erster großer Traum war, ich wollte Admiral bei der Kriegsmarine werden, nicht etwa Leutnant oder so, Admiral wollte ich werden. Ich hatte schon einen gewissen Anspruch – wie soll ich sagen, ich hatte klare Vorstellungen, daß ich etwas im Leben erreichen wollte. Das hat sich ja dann auch realisiert."

> „Ich wollte immer Journalist werden, allerdings mindestens dann Chefreporter von ‚der Zeit' oder vom ‚Stern' oder vom ‚Spiegel'."

Das „Sich beweisen wollen" hat insbesondere in Flüchtlingsfamilien aus den ehemaligen Ostgebieten eine große Rolle gespielt.

In einer gegenüber Flüchtlingen oft feindseligen und von handfesten Auseinandersetzungen geprägten Umgebung scheint das Selbstbehauptungsprinzip ein besonderer Ansporn gewesen zu sein:

> „Ich fühlte mich sehr benachteiligt. Ich war eigentlich ein ehrgeiziger und guter Schüler und fand das nun gar nicht gut, daß ich plötzlich irgendwo hinterher hinkte. Eines Tages hatten wir einen Wandertag und rasteten. Da sagte der Klassenlehrer, einer aus der Wandervogelzeit der zwanziger Jahre: Wer kann

eine Weidenflöte machen? Ich war der einzige, und da sagte er: ‚ihr Asphaltgewächse, seht mal, der kann das!‘ Dies war eines der nachhaltigen Erlebnisse, wo mir jemand, eigentlich in der Situation, wo ich mich ein bißchen als ‚Underdog‘ fühlte, sagte: Donnerwetter, der kann das.“

„Meine Eltern sind Protestanten. Wir lebten in einer rein katholischen Gegend in Nordrhein-Westfalen sozusagen als Flüchtlinge in der Diaspora. Meine Schule war entsprechend sehr katholisch- konfessionell geprägt. Ich wurde als Protestant am ersten Schultag in der katholischen Kirche eingeschult und bin mit den katholischen Mitschülern mitgeschwommen, hatte aber innerlich das Gefühl, eigentlich gehörst du nicht dazu. Meine Eltern waren auch sehr gläubig. Wir fuhren dann stets am Sonntag mit dem Fahrrad in einen Nachbarort zur Kirche. Dabei hatte ich immer das Gefühl, du bist hier irgendwo nur geduldet, aber nicht angenommen. Man erlebte das ja als Kind in der Diskussion unter den Erwachsenen. Flüchtlinge waren damals, ich will nicht sagen Fremdkörper, aber es waren Menschen, die aufgenommen werden mußten. Und je älter man wurde, um so mehr bekam man den Eindruck: Mensch, du lebst im Grunde genommen hier auf Kosten anderer. Das hat auch in gewisser Weise mein späteres Leben sehr geprägt. Ja, nach dem Motto, du mußt dich durchsetzen und nicht von anderen abhängig sein. Und dieser Grundsatz hat sich auch durch die Erziehung meiner Eltern, die das möglicherweise ganz unbewusst gemacht haben, in uns festgesetzt: passt auf Kinder, ihr müßt einfach davon ausgehen, daß wir hier neu anfangen müssen, wir haben alles verloren.“

Das Leben der Flüchtlingseltern und ihrer Söhne als künftige Topmanager wirkt wie ein Selbsterschaffungsepos, das aus dem Zusammentreffen zweier Sphären hervorging. Hier der Werthorizont der ehemaligen Ostgebiete; dort der Geist einer Neuen Welt im ersten Jahrzehnt des Aufbaus. Gleichsam umgetopft in eine neue Diaspora mit vielen Ressentiments haben die Elternhäuser ohne den Hauch einer Illusion die Ärmel hochgekrempelt und mit großer Energie ihren Selbstbehauptungswillen vorgelebt.

4.11 Selbständigkeit

Der Grundsatz der Selbstbehauptung verband sich fast immer mit der Wertidee der persönlichen Unabhängigkeit und Selbständigkeit im Erziehungsleitbild der Elternhäuser. Die Kinder sollten lernen, selbständig zu sein und sich durchzusetzen. Und dies sollten sie durch Leistung und persönliche Anstrengungen erreichen. Im Verständnis der Eltern der heutigen Topmanager bedeutete Unabhängigkeit also nicht die Abkehr von Leistungsideen, sondern gerade die Verbindung mit Kompetenz- und Tüchtigkeitswerten.

Das Ideal „nicht von anderen abhängig zu sein", das in der Jugend der deutschen Topmanager eine so große Rolle spielte, konnte verschiedene Inhalte haben: Unabhängigkeit von sozialer Akzeptanz der Umgebung, Unabhängigkeit von Autoritäten, die das private Leben reglementierten, aber auch finanzielle Unabhängigkeit:

> „Meine Großeltern waren stolze selbstbewusste Bauern. Sie waren reich, wohlhabend, angesehen. Zum Familienbesitz gehörten unter anderem ein Sägewerk und eine Molkerei. Mein Großvater war auch Erbrichter, d. h. er hatte gewissermaßen eine Art Legislative im Ort. Von daher dieses Bild von Selbständigkeit, dieser Begriff von Unabhängigkeit in der Familie."

Etliche Spitzenmanager waren bereits in jungen Jahren auf sich selbst gestellt. Sie berichten von Schlüsselereignissen, die eine biographische Zäsur markiert haben:

> „Ein persönliches Schlüsselerlebnis in den oberen Schulklassen war sicherlich die Erfahrung des Zusammenlebens mit meiner damals todkranken Mutter. Diese nächtlichen Schreckerlebnisse, daß irgendwelche Anfälle kamen und man dann mehrere Kilometer zur Apotheke laufen mußte. Auf dem Lande gab es keine anderen Möglichkeiten. Ein Taxi konnte man sich nicht leisten, ein Fahrrad besaß ich nicht. Und dann kam natürlich die Angst hinzu, kommst du noch rechtzeitig mit dem Medikament zurück, kriegst du es überhaupt, weil man es nicht bezahlen konnte und sich anschreiben lassen mußte. All das hat mich sehr stark geprägt, besonders in der Forderung selbständig, eigenständig zu sein."

Nicht immer ist klar, welche Färbung Selbständigkeit als Erziehungsziel hatte. In erster Linie anscheinend die Fähigkeit, sich zu behaupten, eigene Rechte zu wahren und sich nicht unterkriegen zu lassen. Selbständigkeit im Verständnis der Elternhäuser der heutigen Wirtschaftselite hatte auch etwas mit Konkurrenzfähigkeit zu tun, sich mit anderen erfolgreich messen zu können. Für beides braucht man Selbstvertrauen, ebenfalls ein von der Mehrheit der Elternhäuser eindeutig in den Vordergrund gerücktes Ziel.

4.12 Verantwortungs- und Gemeinschaftswerte

Interessant ist der Befund, daß die deutschen Spitzenmanager in Elternhäusern aufwuchsen, in denen der Gemeinschaftsgedanke und die Verantwortung für eine Gruppe oder für ein übergeordnetes Wohl nicht diskreditiert war. Verantwortungs- und Bindungsbereitschaft waren im Gegensatz zu vielen Bevölkerungsschichten nicht geschwächt, obwohl sich viele Bindungen der Eltern im Nationalsozialismus als trügerisch und betrügerisch erwiesen hatten. Die Enttäuschungen der Eltern haben Selbstverständlichkeiten der Verantwortungsbereitschaft, des fraglosen Engagements nicht ausgehöhlt. In keiner Form sind die Enttäuschungen von der Elterngeneration auf die jüngere Generation übermittelt worden.

Die Spitzenmanager sind von Eltern erzogen worden, die vom Engagement an Ideen eines Gemeinschaftsgedankens, eines übergeordneten Ganzen nach der Desillusionierung jedenfalls nicht zu Haltungen des 'Ohne-mich' übergegangen sind. Darin unterscheiden sich die Elternhäuser der Spitzenmanager vom damals gängigen Selbstverständnis der Deutschen, in dem eine Tendenz zu einer eher dosierten Bindungs- und Verantwortungsbereitschaft vorherrschte.

Die große Mehrheit der Elterngeneration hielt es jedenfalls für wünschenswert, daß der einzelne persönliche Bedürfnisse den Interessen einer übergeordneten Sache oder einer Gruppe unterordnete. Man sollte sich in eine Gemeinschaft oder Gruppe einfügen, Verantwortung für die Gemeinschaft übernehmen, sei es im Pfadfinderbereich, im Sport, in der CVJM-Arbeit, in der Nachbarschaft, im Internat, im Verein etc. Die innere Logik dieser Gemeinschaftsidee ließ nur wenig Raum für individualistische Werte. Ob dic heutigen Konzernlenker als Jugendliche im elterlichen Unternehmen mitarbeiteten, als Messdiener fungierten, Kirchengruppen leiteten, als Rettungsschwimmer Verantwortung übernahmen oder auf dem Hof schon früh mithalfen, all dies wird im Rückblick nicht als Belastung empfunden, sondern als prägendes Gemeinschaftserlebnis, das bis heute fortwirkende Eindrücke gewährte.

> Mehr als 80 % der Spitzenmanager haben sich in unterschiedlichen sozialen Gruppen engagiert.

Jeder vierte Spitzenmanager war in einer kirchlichen Jugendgruppe aktiv, besonders im CVJM, fast jeder dritte war Mitglied eines Sportvereins, dazu kommt die Mitwirkung in politischen, sozialen und ehrenamtlichen Funktionen schon während der Jugend.

Die durchweg sehr religiöse Atmosphäre in den Elternhäusern der heutigen Topmanager hatte insbesondere Einfluß auf das Engagement der Söhne in der kirchlichen Jugendarbeit. Auf den ersten Blick frappiert es, in welchem zeitlichen Umfang und in welcher Intensität ein großer Teil der heutigen Wirtschaftselite an der Arbeit in christlich orientierten Pfadfindergruppen oder Jugendgruppen aktiv mitgewirkt hat.

> „Ich bin als evangelisch-lutherischer Christ in den Konfirmandenunterricht gegangen. In der Zeit habe ich mich auch aus Interesse mit dem christlichen Glauben beschäftigt. Ich bin anschließend in der Jugendgruppe geblieben, die der Gemeindepastor leitete, bis ich den Hosen des Jugendlichen entwachsen war. Dies war für mich die entscheidende Phase, wenn man die Frage nach leitenden Werten anspricht.“

> „Ich habe im kirchlichen Bereich sehr viel gemacht bis hin zum Laienprediger. Aber das war dann doch nicht meine Bestimmung. Aber es war ein wesentlicher mich beeinflussender Faktor und Bezugspunkt.“

> „Die starken kirchlichen Bindungen meiner Mutter haben mich sehr früh in die evangelische Jugend gebracht. Ich bin in der evangelischen Jugend aufgewachsen. Sie hat viele Gemeinschaftserlebnisse ermöglicht und mich wahrscheinlich am stärksten geprägt.“

> „Die zentralen Leitideen sind mir sehr früh durch die CVJM-Arbeit mitgegeben worden.“

> „Was mir sehr viel gegeben hat, war die Jungschar. Man wurde dort zu einem bestimmten Gruppenverhalten herangeführt. Es wurden Werte praktiziert: sei ehrlich, geh zu den anderen, übernimm Verantwortung, hilf den Schwächeren. Diese Dinge wurden gelehrt, und die haben mich geprägt.“

> „Beide Eltern waren sehr aus dem Pietismus heraus geprägt, das bedeutete: harte Arbeit und starke kirchliche Bindungen. Dies hat mich dann sehr früh in die evangelische Jugend gebracht. Ich bin eigentlich im CVJM und bei den Pfadfindern aufgewachsen. Diese Zeit hat viele Gemeinschaftserlebnisse ermöglicht und mich wahrscheinlich am stärksten geprägt.“

In den Elternhäusern war das Denken von der Gemeinschaft her noch lebendig. Ideen der Gruppenintegration wirkten fort. Dagegen traten Vorstellungen des Individualismus in den Hintergrund. Gleichzeitig haben die Gemeinschaftserfahrungen viele Topmanager auch auf politischem Gebiet sensibilisiert:

> „Mir war die katholische Jugendarbeit sehr wichtig. Ich war bei der so genannten Ackelmann-Gemeinde, das ist eine katholische sudetendeutsche Initiative. Die haben mich zu Schulungskursen geschickt, wo wir über die Landeszentrale für politische Bildung Filme zur Verfügung bekommen haben. Ich bin politisch sehr bewusst aufgewachsen.“

> „Wir haben in der CVJM-Zeit die ersten Jugendparlamente damals aufgebaut in Süddeutschland, z. B. in Heilbronn.“

Offenbar besteht über die Minima des elterlichen Erziehungsmilieus: Gruppenintegration, Wert der Gemeinschaft und Verantwortungswille ein breiter Konsens. Er rechtfertigt den Schluß, daß das Gros der Elternhäuser der heutigen Wirtschaftselite ein Wertarrangement bejaht hat, das ein staatbürgerliches Selbstbewußtsein mit nachdrücklichem Engagement für eine Gemeinschaft verband.

4.13 Schule und Bildungswerte

Zum Bürgergeist der Elternhäuser gehört schließlich die überaus hohe Bewertung von Bildung und Ausbildung. Kenntnisse und Wissen standen überall hoch im Kurs. Nach Auffassung der Eltern sollten ihre Söhne vielseitiges Wissen und breite Kenntnisse erwerben. Die Zustimmung zu höchsten Bildungszielen war weit verbreitet. Bildung diente nach Auffassung der Eltern der heutigen Wirtschaftselite weniger als Sprungbrett zu Karrierechancen als vielmehr als Vehikel zur Selbständigkeit und Unabhängigkeit, die als eigentliche Erziehungsziele einen Wert sui generis besaßen.

Die Zustimmung zur Bildung, die Bejahung von fachmännischen Kenntnissen verweisen auf ein weiteres Element im damaligem Erziehungsmilieu: auf die Wertidee von Selbstbewußtsein und Selbstvertrauen. Beides war an Bildung gekoppelt. Aus dieser Sicht hatte Bildung auch etwas mit der Tradierung eines Selbstverständnisses zu tun: Bildung machte die Kontinuität einer entsprechenden sozialen Höhenlage wahrscheinlicher. Bildung gewährleistete eine berechenbare Zukunft, Bildung war ein Bollwerk gegen die Gefährdungen neuer sozialer und politischer Umbrüche.

> „Meine Eltern haben das Schulgeld bezahlt, weil sie sagten, sie haben zwar nichts, aber er soll wenigstens eine ordentliche Bildung bekommen."

> „Obwohl wir nichts zu essen und zu beißen hatten, wurde ich trotzdem aufs Gymnasium geschickt, um das Abitur machen zu können. Aber der Preis war eben, daß meine Eltern beide immer gearbeitet haben."

> „In unserer Familie hat man immer gesagt, alles Geld, das wir haben, wird in die Bildung gesteckt. Die Kinder sollen die beste Erziehung bekommen, die sie sich vorstellen können, also mit dem Erfolg: Bachelor of Science of Northwestern University in Engineering, Master of Science der Stanford University, Master of Business Administration der Stanford University."

> „Meine Eltern steckten alle Investitionen in die Ausbildung der Kinder. Damals mußte ja noch Schulgeld bezahlt werden, wenn man auf das Gymnasium ging. Das war schon eine phantastische Leistung. Wir waren vier Kinder. Und alle haben eine exzellente Schulausbildung genossen. Alle haben angefangen zu studieren."

> „Trotz der nicht gerade rosigen wirtschaftlichen Verhältnisse meiner Eltern habe ich die Möglichkeit bekommen, aufs Gymnasium zu gehen, was damals kein ganz leichtes Unterfangen war. Also, ich war der erste in dieser 800-Seelen-Gemeinde, der überhaupt die Möglichkeit hatte. Ich war neun Jahre lang jeden Tag 20 km unterwegs, um überhaupt zu diesem Gymnasium zu kommen, fünf Kilometer mit dem Rad und dann noch mal 15 Kilometer mit dem Zug. D. h. es

hieß bereits ab 11 Jahren für mich, um fünf aufzustehen, um pünktlich in der Schule zu sein."

Das humanistische Gymnasium

Einen überraschend hohen Stellenwert nahm in vielen Elternhäusern die humanistische Bildungsidee ein. Jeder achte Topmanager besuchte ein altsprachliches Gymnasium.

„Ich bin Altsprachler mit allem, was dazu gehört. Die alten Sprachen, die Philosophie und die Brücke zu modernen Sprachen, zur Kunstszene und Musikszene haben mich auf der Schule sehr geprägt. Also musisch-humanistisch in der Prägung."

„Wo meine Eltern meines Erachtens entscheidenden Einfluß ausgeübt haben – das ist etwas, was ich bis heute als sehr positiv sehe – war die Schulausbildung, die ich am humanistischen Gymnasium in Bayern genossen habe und noch dazu bei den Benediktinern, die ja ihrem Grundsatz „ora et labora" folgen. Von daher eben die fundierte Allgemeinausbildung – wo kommt eigentlich die abendländische Kultur her? Geprägt haben mich die Grundsätze, die das Lateinische und Altgriechische mit sich bringen und die Disziplin, die mit dem Erlernen der alten Sprachen verbunden ist."

Bildungsbiographien wie neun Jahre Latein und sechs Jahre Alt-Griechisch verlangen einen Prozeß der Entsagung und der Selbstdisziplin, Grundsätze, die mit dem Selbstverständnis der traditionellen Elternhäuser aufs engste korrespondierte. Die humanistische Bildung bedient sich auf besondere Weise einer disziplinierenden Aneignung. Gleichzeitig eröffnet sie offenbar ein analytisches Instrumentarium, das hilft, die Prämissen der modernen politischen und ökonomischen Komplexität aufzudecken. Sie vermittelt eine Art vernetztes Überblicksdenken, das dazu beiträgt, die Sinnzugänge zur sozialen Welt aufzuschließen und sie geistig zu ordnen – und gerade nicht, fragmentarisches Praxiswissen zu vermitteln.

„Altgriechisch habe ich gelernt, und je weiter ich mich an Jahren von meiner Schule, meiner Penne entferne, um so höher wird meine Einschätzung. Ich habe in wildem Streit mit den Paukern gelebt, weil ich diesen altertümlichen Laden – ich bin in Aachen aufgewachsen, Kaiser-Karl-Gymnasium – als sehr verkrustet, furchtbar empfand. Ein Laden, der damals schon 380 Jahre alt war, das war ein enormes Selbstverständnis. Und dann habe ich mit Mühe und Not mein Abitur geschafft und bin dann zwanzig Jahre dort nicht mehr gesehen worden. Später wurden die Abiturarbeiten geöffnet und dann kamen wir erstmals wieder hin. Seit ich die 40 überschritten habe, merke ich auf einmal, was für eine tolle Ausbildung das war. Wir haben an Fakten nicht allzu viel gelernt, aber die humanistische Ausbildung schuf die Fähigkeit, die Dinge in ihrer Komplexität zu erfassen, auf den entscheidenden Punkt zu kommen, sich nicht mit schnellen Erklärungen zufrieden zu geben. All das hat mir sehr geholfen und hilft mir heute noch. Muß ich wirklich sagen."

„Ich sage es mal so, das ist jetzt nicht irgendwie wissenschaftlich formuliert, aber die Leitidee ist sicherlich: die humanistische Bildung spielt eine große Rolle, wenn Sie aus einer Familie kommen, die so eine Tradition hat, die auch beim 20. Juli aktiv beteiligt war."

Ansonsten blicken nur wenige Spitzenmanager auf philosophische und philologische Bildungsinhalte zurück. Die Beschäftigung mit Musik, Theater, Literatur und Kunst gehörte eher zur Ausnahme. Im Vordergrund stand vielmehr ein eher positivistisch geprägtes Bildungsideal der Eltern.

Die Rolle der Internatserziehung

Neben dem humanistischen Gymnasium haben auch Internate, meist in kirchlicher Trägerschaft, als Erziehungsinstitution eine besondere Rolle gespielt. Jeder achte Topmanager besuchte ein Internat, das bedeutet, etwa knapp ein Viertel der gegenwärtigen deutschen Wirtschaftselite hat entweder ein Internat oder ein altsprachliches Gymnasium besucht, im Bevölkerungsdurchschnitt extrem selten besuchte Bildungseinrichtungen. In den Internaten haben neben Gemeinschaftserlebnissen vorrangig konservativ-christliche Grundsätze das Leben bestimmt. Die Manager wurden mit klaren ethisch-moralischen Maximen, einem Ehrenkodex und rigiden Regeln konfrontiert. Wesentliche Prägungen erwarb man sich auch im Wettbewerbsverhalten: Selbstbehauptung und Durchsetzungsfähigkeit waren gefragt, nach dem Leitmotiv ‚part of the group or outsider'.

„Dabei-Sein-Wollen in einem Internat disponiert Sie in der Weise, daß Sie zwei Chancen haben. Entweder Sie sind part of the group, oder Sie sind outsider. Die Gruppe gibt Ihnen da keine andere Möglichkeit. Ich weiß nicht, ob Sie den Film „Oliver Twist" gesehen haben oder ähnliche Dinge. Es gibt eine unglaubliche Gruppendynamik in einem Internat. Sie haben nur zwei Chancen. Und ich habe immer nur die Dinge dann weiter verfolgt, in denen ich Erfolg gespürt habe. Ich habe mich sofort aus allem zurückgezogen, wenn ich gemerkt habe, da bringst du nichts. Und dieses Austesten so immer neuer Dinge war dann auch später im beruflichen Bereich ein Thema."

„Die Internatserfahrungen behält man im Kopf. Was mich geprägt hat, ist die Disziplin und in gewisser Weise, wenn Sie es so wollen, diese tägliche Routine. Wir mußten jeden Morgen um sechs aufstehen. Um 6:30 Uhr wurde studiert, um 7:30 Uhr gefrühstückt, um 8:00 Uhr begannen die Schulklassen. Und das schob sich durch das ganze junge Leben. Ich habe mal ein Buch über Giuseppe Verdi reingeschleppt. Und wurde hinterher vom Pfarrer vernommen, weil das doch etwas schmuddelig sei mit den ganzen Opern und so weiter. Es waren eben ganz andere Zeiten. Ich glaube nicht, ich würde das in dieser Form meinem Sohn so weitergeben, absolut nicht. Die Rigorosität des Lebens war damals ganz anders als heute. Und sie hat mir im Leben in vielem geholfen, in sehr vielem."

„Ich glaube, der stärkste Eindruck meiner Jugend war das Internat, in dem ich war. Ein Internat, das damals noch sehr hohe Wertmaßstäbe anlegte. Es war ganz selbstverständlich, daß, wenn Schularbeiten geschrieben wurden, der Lehrer rausgehen konnte und daß nicht abgeschrieben wurde. Das war ein Ehrenkodex. Oder wenn irgendwas ausgebüchst wurde, z. B. eine Fensterscheibe zu Bruch gegangen war, dann mußte sich der Internatsleiter abends nur auf diese kleine Empore nach dem Abendessen stellen und fragen, wer das getan hat. Es war ganz selbstverständlich, daß man sich meldete. Man wäre bei den Gleichaltrigen auch völlig unten durch gewesen, hätte man das nicht getan. Das hat mich sicherlich stark geprägt."

„Das ist ein wichtiger Punkt in meinem Leben, daß die Internatserziehung, die bereits in sehr frühem Alter begonnen hat, aus meiner Sicht sehr prägend war. Sie hat mich sofort in eine Gruppe gebracht, die einem gewissen Wettbewerb unterlag. Internatszöglinge kann ich Ihnen heute auch unter den Vorstandsvorsitzenden verschiedener Unternehmen nach fünf Minuten Gespräch auf die Nase zusagen. Weil die ein anderes Verhältnis zu bestimmten Dingen haben."

„Das Internat in Hohenschwangau, ein heute noch renommiertes Internat direkt unter dem Schloss von König Ludwig II., diesem herrlichen Kitsch-Schloss, war für mich sehr wichtig, weil ich dort in eine Gruppendynamik geraten bin, bei der ich schon als Junge versucht habe, mich in einer Gruppe durchzusetzen, zum Teil über meine Talente hinaus. Ich wollte Spielführer einer Fußballmannschaft sein, ohne schon Fußball spielen zu können."

Im Bildungshintergrund der deutschen Spitzenmanager verbinden sich Sachkompetenzen mit Verantwortungs- und Gemeinschaftsideen, Kulturwerte mit Persönlichkeitswerten. Es gibt kaum einen Vorstand in Deutschland, der sich nicht mit seiner Schulbildung identifiziert. Besonders ausgeprägt ist die Identifikation jener Manager, die ein Internat oder ein altsprachlich-humanistisches Gymnasium besucht haben. Die einstige Distanz zu den als verkrustet empfundenen Gymnasien hat sich in eine Hochachtung gegenüber den dort empfangenen Denkkulturen gewandelt. Die frühere Abweisung bestimmter Routinen wird jetzt als Quelle von nachhaltig verankerten Gemeinschafts- oder Selbstdisziplinerfahrungen gedeutet. Die frühere bloß passive Duldung weicht heute einer expliziten Wertschätzung der geistigen Formung in der Schulzeit.

4.14 Der Sportverein als Schule von Fairness- und Wettbewerbsprinzip

Fast jeder dritte Spitzenmanager bilanziert im Rückblick, durch die Mitgliedschaft in einem Sportverein und durch die Ausübung einer sportlichen Aktivität prägende Einflüsse aufgenommen zu haben. Insbesondere betonen sie, Erlebnisse der Gemeinschaft, Fairness und Disziplin erfahren zu haben, die für sie Richtschnur des Verhaltens im späteren Leben Bedeutung erlangten. Darüber hinaus waren sie auch gefordert, Konkurrenz als Leistungsprinzip anzuerkennen, sich Wettbewerb und Leistungsanforderungen bewußt zu stellen.

> „Mein Vater hat in seiner unaufdringlichen Art und Weise einfach Angebote gemacht und mich, da ich ein relativ sensibles Kind war, einmal zum Judo mitgenommen, als ich noch ein Steppke war. Das habe ich dann gemacht, bis ich mindestens dreißig war. Mein Engagement im Judosport hat sicherlich einen sehr prägenden Einfluss auf mein heutiges Verhalten ausgeübt. Im Judo gibt es eine Gemeinschaft. Judo ist ja nicht wie Fußball, es hat vielmehr auch eine mentale Komponente, die einen Einfluss auf die psychische Entwicklung hat, wenn man das von klein auf macht."

> „Mich hat der Sport sehr geprägt. Wir hatten noch einen aus der Nazi-Ära kommenden, aber ganz ausgezeichneten Sportlehrer, der selber deutscher Meister und Studentenweltmeister über 400 Meter Hürden war, und der uns sehr für den Sport begeistert hat. Der Sport bringt einem ja bei, nicht nur zu siegen, sondern auch Niederlagen hinzunehmen; was genau so wichtig oder noch wichtiger ist. Die Gemeinschaft, die dadurch entsteht: das war eine sehr schöne, sehr wichtige Erfahrung in meinem Leben."

> „Bei mir hat der Sport eine große Rolle für meine Entwicklung gespielt: Ich war ein ausgesprochen aktiver Sportler und habe sehr viel Sport in Mannschaften getrieben und habe dabei ein gewisses Gefühl für Fairness entwickelt. Ich glaube, Disziplin, der Umgang mit Leistung und die Fairness gegenüber anderen sind ein prägendes Element gewesen, das sich dann später in anderen Situationen des privaten und des beruflichen Lebens immer wieder bewährt hat."

> „Im Leistungssport, den ich eine gewisse Zeit betrieben habe, versucht man natürlich ein bißchen besser zu sein als die anderen. Das ist zumindest für einen Typ wie mich gut. Denn dies ist mir nicht in die Wiege gelegt worden. Der Sport hat natürlich schon einen gewissen Willen gefordert, Mensch, jetzt werden wir dies auch noch "packen". Durch den Sport hat man doch eines gelernt: ganz im Durchschnitt darfst du nicht hängen bleiben."

„Im Sport lernen Sie Grenzen kennen und lernen, es ist alles nur befristet. Man ist zwei, drei Jahre gut und dann kommt es bitter. Das macht jeder durch. Diesen Lernprozess habe ich auch, natürlich nicht auf Weltmeisterbasis oder so, aber doch auf Baden-Württembergischer Ebene durchgemacht. Ich glaube schon, daß mich das geprägt hat, daß ich die eigenen Grenzen erkannt habe, und daß ich gewusst habe, es geht alles nur eine gewisse Periode. Dann kommt etwas anderes. Darauf muß man sein Unternehmen auch einstellen."

Der Sport als Erfahrungsraum.

In der Rückschau werden Konkurrenzerfahrungen, Grenzerfahrungen sowie Erfahrungen des „Packen Könnens" als Sediment des Karriereerfolgs interpretiert. Durchsetzungswille, Leistung und Fairness als ständige Herausforderung an sich selbst gelten den Managern als Imperativ. Auch die Erfahrung des Engagements in einer Gruppe hat prägend gewirkt. Der Gedanke, der einzelne habe sich zugunsten des gemeinsamen Erfolgs dem Team-Spirit unterzuordnen, wird empathisch verstanden. Gleichzeitig wird mit dem Sport ein mentaler Effekt verbunden: Selbstbewährung und die Erfahrung von Niederlagen münden in einer für eine Karriere voraussetzungsvollen Selbstbescheidung.

4.15 Der Geist des Elternhauses

Im ganzen herrschte in der Atmosphäre des Elternhauses der heutigen wirtschaftlichen Führungselite eine Erziehungskonzeption vor, in der individualistische Werte tendenziell niedriger rangierten als Gemeinschaftswerte. Obwohl Ziele der Selbständigkeit und des Selbstvertrauens gegenüber Anpassungsideen die Oberhand gewonnen haben, waren die älteren preußischen Orientierungen nicht ausgelöscht. Es dominierten nach wie vor Imperative der Pflicht und des Fleißes, der Selbstkontrolle und christlicher Tugenden. Christliche Erziehungsgrundsätze sind im biographischem Selbstbild tief verankert.

Die betont religiöse Atmosphäre der Elternhäuser avancierte zu einem entscheidenden Faktor im Identitätsrahmen der geistigen Entwicklung der deutschen Spitzenmanager. Im Verständnis der Eltern bedeutete die Religion die Grundlage für eine angestrebte Wertkontinuität. Insofern waren Glaubenswerte den Erfordernissen des Nachkriegsdeutschlands in besonderer Weise adäquat. Amalgamiert war dieser Wertehorizont mit Vorstellungen der eigenen Verantwortungsübernahme, der Selbstbehauptung und der Forderung, das eigene Schicksal selbstbewusst in die Hand zu nehmen. Trotz materiell schwieriger Lebensumstände hat die Elterngeneration in ihrer Mehrheit der heutigen Wirtschaftselite einen Habitus vermittelt, der als symbolisches

Kapital und Distinktionsgewinn den Weg zu Führungspositionen zumindest erleichtert hat.[28] Damit zeigt sich, daß für das Elternhaus weder das einfache Fortleben älterer Identitätsideen noch der völlige Bruch mit ihnen charakteristisch ist, sondern die Verbindung von tradierten und neuen Zielsetzungen. Interessant daran ist nicht zuletzt, daß Eltern, die selbst noch nachdrücklich zu einem traditionellen Lebensstil angehalten wurden, für ihre eigenen Kinder weniger Restriktionen wünschten und damit den heutigen Spitzenmanagern freiere Entfaltungschancen ermöglichten.

Deutschland verfügt über eine wirtschaftliche Führungselite, deren Wertorientierungen einer eigentümliche Symbiose unterliegen: einerseits durch traditionelle Leitbilder einer Elterngeneration geprägt, die aus der Weimarer Republik fortwirkten, andererseits durch Wertorientierungen beeinflusst, die aus den Erfahrungen einer demokratischen Ordnung und den Bedingungen eines stabilen wirtschaftlichen Wachstums stammen. Gewiß gab es bei allen Topmanagern im einen oder anderen Punkt Abweichungen und sicher waren die Vorstellungen der Elterngeneration nicht so einheitlich wie die generalisierende Darstellung erscheint. Denn die heutige Führungselite kommt aus sehr heterogenen Milieus. In den Grundrissen entsprachen sie aber diesem Bild.

Wenn man die häusliche Erziehungsatmosphäre als möglichen Karrierefaktor interpretiert, dann lautet die klare Botschaft: es sind weniger persönliche Eigenschaften der Spitzenmanager, die die Karriere befördert haben, sondern vielmehr die Verbindung von sieben Leitprinzipien, die das Milieu des Elternhauses gekennzeichnet haben:

- Klares religiöses Wertprofil
- Selbstbehauptung und Selbstvertrauen,
- Selbständigkeit und Verantwortungsgeist
- Kultureller Habitus des Optimismus, des Ehrgefühls und Selbstrespekts
- Gemeinschaftsgeist und Familiensinn
- Ethos der Selbstdisziplin, des Pflichtgefühls und Sparsamkeit
- Wettbewerbsgeist

[28] vgl. Hartmann 1996, S. 206

5 Die Lehr- und Wanderjahre der deutschen Spitzenmanager

5.1 Die Legende von Karriereplänen

Die Lebensgeschichten der deutschen Spitzenmanager enthalten Antworten auf Fragen, ob sie zielstrebig auf ihren Erfolg hingearbeitet haben, ihre Karrieren eher zufällig verlaufen sind oder ob sie Umwege eingeschlagen haben, die dann zu Prozessen der Selbstfindung geführt haben. Gewiß sind die Antworten, die aus den Lehr- und Wanderjahren abgeleitet werden können, nicht ohne weiteres generalisierbar; gleichwohl machen die unterschiedlichen biographischen Etappen typische Karrieremuster in der Wirtschaft sichtbar.

Im Rückblick nehmen sich die Lebensgeschichten durchaus nicht wie ruhige, stetige, geradlinige Entwicklungen aus. Auch die ersten beruflichen Schritte verliefen nicht in gesicherten, vorgezeichneten Bahnen. Im Gegenteil: Einen zielgerichteten Karriereplan hat es nur bei einer Minderheit der deutschen Wirtschaftselite gegeben. Nur jeder sechste Topmanager bekundete, sich sehr früh klar darüber gewesen zu sein, Unternehmer zu werden.

> Die übergroße Mehrheit der heutigen Spitzenmanager hatte indes bis zum Abitur noch keine Vorstellung davon, wohin sie ihr Weg führen, welche Richtung oder welchen Beruf sie anstreben sollte.

Einzelne haben ihr Studiengebiet über eine Negativauswahl getroffen, andere ihr Fach eher als Verlegenheitswahl beschrieben oder sich für ein Fachgebiet entschieden, das ihnen möglichst viele Optionen offen hielt. Oder sie haben die Entscheidung hinausgezögert, um einfach Zeit für die richtige Wahl zu gewinnen. Während des Studiums war ohnehin nur für die Hälfte der deutschen Topmanager der Weg in die Wirtschaft vorgezeichnet, die andere Hälfte ist eher ungeplant auf die Karriereleiter gestiegen.

Von einem geordneten Karrierestart als typischem Muster der Berufsentwicklung kann daher nicht die Rede sein. Für die gegenwärtige Wirtschaftselite war das Terrain keinesfalls so geebnet wie für ihre Kollegen in Frankreich oder den Vereinigten Staaten. Überhaupt scheint es, als spielte der Zufall eine nicht unerhebliche Rolle: Insgesamt haben mehr als 40 % der Spitzenmanager darauf hingewiesen, daß sie durch

Gelegenheit, Glück oder reinen Zufall in ihre berufliche Karriere eingeschwenkt sind. Vielfach sind die Ziele mit den jeweils erreichten Positionen mitgewachsen, oder es haben sich einfach Situationen ergeben, die die Karriere entscheidend beflügelt haben. Hierzu zählen auch Tips, Ratschläge oder Ideen von Verwandten, Kollegen, Mentoren oder der massive Einfluß des Vaters, der darauf drängte, eine entsprechende Laufbahn einzuschlagen.

> „Ich gehöre noch zu denjenigen, die mit 18, 19 Jahren beim Abitur nicht klar gewusst haben, wohin der Weg führen soll – weder im beruflichen noch künstlerischen Sinne, da ich sehr ausgeprägte musische Neigungen besaß. Das war, wie es wahrscheinlich auch typisch für mich ist, eine pragmatische Entscheidung zwischen Psychologie, Jura und Ökonomie. Ich habe mich dann für den Hauptstrom Ökonomie entschieden, habe aber die anderen Felder während des Studiums mitbelegt und mitgehört."

> „Ja, mit Sicherheit gab es bei mir eine Orientierungsphase. Sagen wir mal, bei mir war es in der Zeit zwischen 18 bis 22 Jahren. Da wollte ich einfach ausbrechen, wollte raus, was Neues machen; was überhaupt bisher nicht getan wurde. Dann kam die Bundeswehrzeit, wo man sich neu orientieren mußte. Und da hat man dann schon überlegt: ist man denn überhaupt auf dem richtigen Weg? Ich hatte eigentlich immer die Vorstellung, etwas Kaufmännisches zu lernen. Wenn man dann mit den anderen Kollegen zusammen war während der Bundeswehrzeit, dann haben wir schon mal gefragt, ist das der richtige Beruf, ist das der richtige Weg, oder findet man auch andere Ideale? Soll man nicht besser andere Dinge tun?"

> „Ich hatte bis etwa ein halbes Jahr vorm Abitur vor, Tierarzt zu werden. War auch schon viel mitgefahren. Dann haben wir mit der Klasse eine Reise mit der Bundesbahn gemacht. Tolle Reise. Nach der Reise habe ich gedacht, du wirst Ingenieur! Einfach so. Wahrscheinlich dachte ich, wenn ich Tierarzt werde, muß ich immer an Heiligabend im Schweinestall liegen, weil die Sau grad am Heiligabend ferkelt. Also beschloss ich, Ingenieur zu werden. Ich hatte dafür eigentlich keine wirkliche Begabung. Ich wäre sicher genauso gut Jurist geworden. Machte dann mein Praktikum auf der Werft und kam nach Hannover zum Studium."

> „Gerade als ich meinen ersten Job hatte, da geriet ich doch in ernsthafte Zweifel, ob ich den richtigen Weg eingeschlagen hatte. Da war ich für ein Wirtschaftsprüfungsunternehmen tätig, das primär kommunale Unternehmen beriet. Nach anderthalb Jahren merkte ich: Mensch, also deine Perspektive ist wahrscheinlich die kommunale Wirtschaft, und das fand ich nun nicht attraktiv. Da habe ich mich dann mal woanders beworben, bekam auch ein Angebot von der BP, damals nannte man das Operations Research, heute würde man sagen:

Unternehmensentwicklung. In der Zeit überfielen mich Zweifel: Mensch, hast du aufs richtige Pferd gesetzt?"

„Meine Karriere waren eigentlich Zufälle, und der Erfolg kam im Grunde daher, daß ich versucht habe, die Dinge so ordentlich zu machen, wie ich es konnte. Das hat mir dann auch Spaß gemacht."

Die anfängliche Unsicherheit über den Berufsweg hat eine deutliche Mehrheit der Spitzenmanager geeint. Viele sind Umwege gegangen, haben sich wieder neu orientiert, sind über Schlüsselerlebnisse zu neuen Weichenstellungen gekommen oder haben sogar eine Auszeit genommen. Eher selten verlief der Berufsweg mit einer gewissen Stetigkeit, zwar nicht losgelöst von Zweifeln, aber doch in voraussehbaren Bahnen. „Mein Leben hat sich immer in einer gewissen Stetigkeit entwickelt. Ich habe viele verschiedene Dinge gemacht. Aber eines hat sich aus dem anderen entwickelt. Es sind immer kontinuierliche Übergänge gewesen, nicht im eigentlichen Sinne ein Bruch."

5.2 Umwege

Etwa ein Drittel der heutigen Spitzenmanager hatte zumindest einmal zu Beginn der Lehr- und Wanderjahre ein Fachgebiet oder eine Beschäftigung ausprobiert, die nicht der späteren Berufsentwicklung entsprach – vor allem unter den nach 1945 geborenen Managern. Dabei handelte es sich weniger um Selbstfindungsprozesse als vielmehr um ein bewusstes Austesten von Möglichkeiten. Manche hatten auch ihren Berufseinstieg zunächst mit einem inneren Vorbehalt gestartet. Sie haben sich dann gänzlich neu orientiert, meist durch einen Zufall oder eine Begegnung mit einem Mentor, der ihnen neue Impulse vermittelte.

Andere wiederum haben nach einem Umweg über Politik, Universität oder Bundeswehr eine pragmatische Entscheidung getroffen, mit dem Ziel, sich eine solide Basis für die Zukunft zu schaffen. Rückblickend nehmen sich die Umwege wie Selbstverständlichkeiten aus, wie Schritte auf einer vorgezeichneten Bahn. Faktisch waren sie jedoch mit beträchtlichen Ungewißheiten verbunden. Jeder Schritt hätte auch zu einer völlig anderen Berufskonstellation führen können.

„Ich war der zweite Jahrgang, der 1959 in die neue Bundeswehr eingezogen wurde. Und ich glaube, es war ein Schlüsselerlebnis für mich, daß ich auf die Frage: „sind Sie bereit, die Reserveoffizierslaufbahn einzuschlagen?" Ja geantwortet habe und nicht wie viele andere gesagt habe: ach, ich reiße meine zwölf Monate hier ab, mache meinen Dienst und das war's. Ich wollte einfach mitmachen und gefordert werden."

> „Während meiner Bundeswehrzeit begann eine Orientierungsphase: bleibst du bei der Bundeswehr, versuchst du da eine Fliegerlaufbahn? Ich kam dann sehr schnell zu der Überlegung, daß ich ein Studium machen würde und aus der Bundeswehr ausscheiden würde."

Etwa 15 % der heutigen Spitzenmanager sind Reserveoffiziere geworden. Sie interpretieren die Bundeswehrzeit heute als Lehrjahre in Sachen Führung. Sie haben den Eindruck gewonnen, daß der Dienst in der Bundeswehr ihre Führungsfähigkeiten auf eine natürliche Art und Weise entwickelt hat. Der Ersatzdienst spielte dagegen für die heutige Wirtschaftselite kaum eine Rolle. Nur 3 % der deutschen Spitzenmanager haben einen Ersatzdienst geleistet.

Sehr viel auffälliger ist dagegen die Lehrzeit als Assistent an einer Universität. Knapp 15 % der Topmanager waren vor ihrer eigentlichen Managementkarriere wissenschaftliche Mitarbeiter an einem Lehrstuhl, teilweise durchaus mit der Absicht zu habilitieren und eine Universitätslaufbahn einzuschlagen. Im Rückblick scheint jedoch die Assistentenphasen die weichenstellende Entscheidung für eine Tätigkeit in der Praxis eher beschleunigt zu haben:

> „Ich war ein paar Jahre wissenschaftlicher Assistent. Ich habe sehr gern mit Studenten gearbeitet. Ich habe weniger die Forschung geschätzt, sondern eher die Lehre. Das habe ich richtig gerne gemacht. Ich war auch dabei, mich zu habilitieren. Ich hatte nun eine Zeitlang gelehrt, hatte geforscht, hatte meine Arbeiten geschrieben und hatte dann eine Leere. Gut, ich hatte ein Buch geschrieben, das auch veröffentlicht wurde. Aber ich wollte gerne dieses Gefühl des Zimmermanns kennenlernen, der am Abend einen fertigen Tisch vor sich sieht und sagt, der ist nun fertig und kann in den Verkauf gehen."

> „Ich saß mit einem guten Bekannten, Assistent an der Uni in Köln, an einem Abend zusammen und der sagte mir: ‚du bist verrückt, wenn du in die Wirtschaft gehst, da bist du einer von vielen. Wir haben in Köln einen Professor Hansmeier, der in einem kommunalwissenschaftlichen Forschungszentrum in Berlin nebenher tätig ist, und der jemand sucht, der auf dem Forschungsfeld Kommunalfinanzen arbeiten will.' Und dann hat er mir das in so glühenden Farben ausgemalt, daß ich den Vertrag bei Henkel sausen ließ und an diesem Institut im Januar 1971 angeheuert habe. Jetzt stellen Sie sich vor, die 68er Bewegung war drei Jahre vorbei. An Köln war sie weitgehend vorbeigegangen, an Berlin aber nicht, und da erwartete mich schon ein ziemlicher Kulturschock. Die Berliner haben natürlich diesen Kölner Menschen, ich rede von mir, eigentlich nur mit Verachtung betrachtet, denn aus dem Blickfeld eines gestandenen Berliner Soziologen oder Architekten mit dem großen Blick nach der 68er Bewegung war man von der, sagen wir mal, altväterlichen Kölner Uni, so sah das in Berlin aus, völlig fehl am Platze."

Etwa 10 % der Topmanager in Deutschland haben politische Erfahrungen gesammelt, den Bereich der Politik zumindest in irgendeiner Funktion gestreift oder sich sogar ganz bewußt in der Politik versucht und sind dann doch in die Wirtschaft gewechselt. Hier spielte eine wesentliche Rolle, daß sie lieber ‚die Praxis' gestalten, über Sach- und Fachlagen entscheiden, als sich mit dem politischen Aushandeln von Interessen in eher als wenig rational empfundenen Abläufen und Konstellationen herumschlagen wollten.

„Ich habe lange damit geliebäugelt, mich politisch zu engagieren. So war ich als junger Mann im Kabinett von Walter Hallstein in Brüssel 1965/66 und habe dort Kommissionssitzungen, Ministerratssitzungen usw. immer wieder vorbereiten und die ganze Grundarbeit leisten müssen. Mich hat der politische Alltag innerhalb allerkürzester Zeit davon überzeugt, daß eine solche Tätigkeit für mich überhaupt nicht in Frage kommt. Sachliche Entscheidungen, die aufgrund der Faktenlage sinnvoll schienen, wurden nämlich vollkommen in den Hintergrund gedrängt von opportunistischen, politischen Aspekten, so daß die Basis für Entscheidungen einfach ein ständiger Kuhhandel von Interessen war. Das hat mich schnell davon kuriert. Daher habe ich mich für die Wirtschaft entschieden. Und als ich dann mal in der Wirtschaft war, da habe ich früh gewusst, was ich wollte."

„Ich war als Student in den 60er Jahren in Berlin Vorsitzender des RCDS an der FU. Ich habe noch Seminararbeiten von Dutschke vorkorrigiert, habe mich mit Dutschke auseinandergesetzt und mit der ganzen APO-Bewegung. Aus meinem Erfahrungshintergrund konnte ich nicht verstehen, wie junge Menschen, also Gleichaltrige, sich mit Mauer und Stacheldraht abfinden konnten und mit dem kommunistischen System; daß man Mao verherrlichen konnte, während die Kulturrevolution lief und Millionen Menschen starben. Das habe ich alles nicht verstanden. Ich habe mich entschieden, dagegen vorzugehen, dagegen zu kämpfen. Wir waren eine Minderheit. Ich habe gesagt, es war damals mutiger, auf unserer Seite zu stehen. Wir Studenten, die damals im RCDS zusammen waren, haben uns hingesetzt, haben Marx und Engels und Lenin gelesen, haben sogar Mao gelesen, haben diesen ganzen Schwachsinn gelesen, nur um uns mit den anderen auseinandersetzen zu können."

„Klimmt (der dann Minister im Saarland und in Berlin wurde) und ich haben so in einer Art Putsch, alles legal, alles unter voller Ausnutzung der Geschäftsordnung, die Macht im Studentenparlament übernommen. Wir waren der so genannte Ältestenrat, der eigentlich nur die Übergänge sicherstellen sollte. Dann haben wir ein Jahr lang die Geschicke der Hochschulpolitik bestimmt. Wir sahen, daß die Hochschulpolitik in zwei Extreme ging: die einen, die sagten, letztlich müssen wir kooperieren, wenn wir etwas vorwärts bringen wollen – und die anderen waren die 68er Generation, absolute Opposition.

Und da war dann der Punkt, wo ich sagte, ich gebe auf. Und dann kam Klimmt und sagte: sei doch nicht blöd, wir haben Optionen und Möglichkeiten – er war immer schon etwas politischer als ich – laß uns das zusammen machen. Dann haben wir Nächte gesessen und diskutiert und dann kamen andere und sagten: du Schwein, du verrätst uns hier und so etwas. Diese Anfeindungen waren sogar ein bißchen gefährlich bis hin in den physischen Bereich. Trotzdem war das hochinteressant, eine wichtige Lernphase für mich.“

Entscheidungen für Lernphasen in Politik, Wissenschaft oder Bundeswehr sind bewußte Akte. Gleichgültig, ob sie sich hinterher als richtig oder falsch erweisen, sie werden bewußt getroffen. Was im Einzelnen bei der damaligen Suche der Manager nach dem richtigen Weg den Ausschlag gegeben hat, kumulierte sich letztlich zu Weichenstellungen für den Aufstieg in der Wirtschaft.

5.3 Schlüsselerlebnisse und Zäsuren

Die Mehrheit der Spitzenmanager (ca. 80 %) stellt im Rückblick auf ihr bisheriges Leben fest, daß es für sie Schlüsselerlebnisse oder Grenzsituationen gab, die eine Zäsur markiert haben.

> Sie berichten von tiefgreifenden Ereignissen, die eine weichenstellende Wirkung hatten.

Meist waren es Erfahrungen mit existentieller Reichweite. Oder es waren Ereignisse, die die Manager im Augenblick ihres Auftretens nicht selten mit Streß, Schmerz, Scheitern oder Demütigung verbunden haben. Aber auch besonders positive, herausragende Erfahrungen markieren mitunter entscheidende Etappen der Lebensreise. Im Rückblick verbinden sie mit ihnen die Erkenntnis, zu neuen Einsichten gelangt oder in irgendeiner Weise in Bewegung gesetzt worden zu sein.

Die Mehrheit der Spitzenmanager berichtet von persönlichen Grenzerfahrungen und sehr persönlichen „Nackenschlägen“, die sich fast ausnahmslos in der privaten Lebenswelt ereigneten. Für etwa ein Drittel von ihnen spielen Unfall, Krankheit und Tod im privaten Bereich eine prägende Rolle. Jeder fünfte Spitzenmanager erlebte partnerschaftliche Entwicklungen, die mit Leid verknüpft waren. Knapp ein Viertel verbucht schmerzhafte Ereignisse unter das persönliche Kapitel ‚Allgemeine Lebenserfahrungen‘. Auch die erlebten Kriegs- und Nachkriegswirren sind für viele eine explizit formulierte Negativerfahrung.

Es gibt aber nicht nur „störende Momente“, Ereignisse, die als krisenhaft wahrgenommen worden sind, sondern auch positiv gewendete Momente des Staunens und der Überraschung im Leben der heutigen Vorstände. Beispielhaft gehören dazu:

infolge einer gravierenden Auseinandersetzung mit dem Inhaber einer Firma den Weg in die Selbständigkeit gewählt zu haben; als Jahrgangsbester einer Bankenfachschule eine internationale Karriere starten zu dürfen, vom Vater von der Schule genommen zu sein, etc.

> „Ich habe hier in Rheinland-Pfalz am Landeswettbewerb „Jugend forscht" teilgenommen, habe auch den ersten Preis gewonnen und kam dadurch in Kontakt mit der Industrie. Das war ein ganz entscheidender Punkt, eine weichenstellende Situation für mich."

> „Für mich war die entscheidende Wegmarke im Leben, daß mein Vater gesagt hatte, als ich 14 war: Der Kerle soll runter von der Oberschule und soll was schaffen, nicht auf der Schulbank rumrutschen; denn wenn mir was passiert, ist niemand da, der Bescheid weiß. Und das war die einzig richtige Entscheidung. Denn dann hatte ich noch fünf Jahre Zeit, mit ihm zusammen zu arbeiten. Danach war ich doch einigermaßen gerüstet, diesen Zwei-Mann-Betrieb zu übernehmen. Und heute sind es eben 35 000 Mitarbeiter und zehn Mrd. Umsatz."

> „Es war Praxis der Deutschen Bank, daß der Lehrling, der der beste in der Bankenfachschulenprüfung in Bayern war, sich aussuchen konnte, wohin er gehen will, oder was immer er machen möchte innerhalb der Organisation. Das war damals die große Attraktion der Deutschen Bank. Und ich war dann der Erste in Bayern. Da habe ich sofort gesagt, Zentrale in Frankfurt. Ich hatte mir vorgenommen, erstens raus aus Augsburg. Zweitens dorthin, wo die Führungsebene der Bank war, und wo sie auch heute noch ist: nach Frankfurt, um dann in die gesamte internationale Welt einzutauchen. Das war eine Zäsur. Und das war meine eigene Entscheidung."

Etwa 10 % der Spitzenmanager erwähnen schmerzhafte Grenzerfahrungen im beruflichen Bereich. Sie führen berufliche Extremsituationen und Krisen, Konfrontationen mit dem leitenden Management an, die tiefgreifend gewesen sind, schließlich aber gemeistert wurden, ohne daß es für den eigenen Berufsweg zu einem völligen Neuanfang gekommen ist. Von einer tatsächlichen Richtungsänderung war nur in Ausnahmefällen die Rede.

> „Weil ich sehr gerade heraus bin und meine Meinung sehr deutlich sage, bin ich halt auch mal in eine Breitseite hineingelaufen. Da habe ich ernsthaft überlegt, ob ich die Company nicht verlassen soll. Aber am Ende des Tages habe ich dann letztlich beschlossen, dabei zu bleiben, weil die Wiese auf der anderen Seite des Zaunes auch nicht immer grüner ist."

> „Beruflich gab es einmal eine Situation, die mich, begleitet von gesundheitlichen Belastungen, dazu geführt hat, mich intensiv zu fragen, ob ich hier in der richtigen Gesellschaft bin. Das dauerte einige Monate, also kein abruptes

> Ereignis, sondern es war ein Prozess, der zu sehr grundsätzlichen Fragen geführt hat. Ich bin dann aber im Unternehmen geblieben."

> „Es hat eine Auseinandersetzung gegeben, die, ich würde sagen, unter der Gürtellinie war, weil der Vorstand laut wurde, mich angeschrieen hat und völlig ungerecht Anschuldigungen erhoben hat. Er hat mir vorgeworfen, ich würde ihn nicht informieren, und ich würde Anweisungen im Betrieb geben, die nicht richtig wären, usw. Ja gut, also der Laden ging nach oben, die Gewinne gingen nach oben, der Vorstand fühlte sich, weiß ich nicht, ausgegrenzt. Und dann habe ich meine Jacke genommen und habe gesagt, ich gehe, bin die Treppe runtergegangen und habe gedacht, was hast du jetzt gemacht? Ich habe mir dann gesagt, was du hier machst, kannst du auch selber machen."

> „Ich hatte die ganze Malaise auszubaden, wurde im Konzern wie jemand behandelt, der aus allen Löchern stinkt. Man merkte so richtig, daß sich ein freier Raum um einen bildete. Vorher wurde ich als künftiger Vorsitzender gehandelt. Dies war offenkundig nun nicht mehr eine Option, und auf einmal war ich eine Unperson. Das war schwierig, da bin ich in ein wirklich tiefes Loch gefallen."

Die deutschen Spitzenmanager haben früh Herausforderungen angenommen.

Sie ließen nicht locker, diesen Herausforderungen zu begegnen. Sie paßten sich den wechselnden Gegebenheiten in immer neuen Anläufen an. Häufig ging dies nicht ohne persönliche Blessuren ab. Viele von ihnen haben Lehrgeld gezahlt, doch der Grundlinie blieben sie treu: Selbstverantwortung zu praktizieren. Dadurch haben sie sich gehäutet, sind agiler und handlungsfähiger geworden. Entscheidend war in diesen Fällen die kreative Bewältigung der Krisen, entscheidend war ihre Initiative zu Konsequenzen und erneuernden Aktivitäten. In diesem Sinn bekennt ein Vorstand:

> „Man hat sicherlich mit zunehmendem Lebensalter erkennen müssen, daß man nicht in einer idealisierten Welt lebt, sondern daß diese Welt auch viele Ecken und Kanten hat. Ich bin eigentlich meiner Linie immer treu geblieben und habe auf die eine oder andere berufliche Entwicklungschance verzichtet, weil sie einfach nicht in Einklang zu bringen war mit dem, was ich mir selbst vom Leben erwünscht und vorgestellt habe."

5.4 Auszeiten und Umbrüche

Jeder fünfte Topmanager in Deutschland hat nach dem Abitur Auszeiten genommen, Brüche in der Entwicklung akzeptiert oder bewußt gestaltete Zeiträume für eine

Selbstfindung im engeren Sinn gesucht. Sei es, daß sie ihr Studium abgebrochen haben, sei es, daß sie ausgewandert sind, durch die Welt gereist sind oder sich zu meditativen Exerzitien zurückgezogen haben, sei es, daß sie sich in der Politik engagiert oder sich der Philosophie gewidmet haben: es sind lauter biographische Etappen, die der Vorstellung planvoller Karriereschritte entgegenstehen.

> „Ich habe mein Studium nach vier Semestern unterbrochen und bin ins Ausland gegangen für ein Jahr. Ich bin nach Südafrika ausgewandert. Und die Erfahrung, erstmals wirklich auf eigenen Beinen zu stehen und sich da jetzt durchzuschlagen, tat mir eigentlich sehr gut. Ich hatte genug Geld, habe gearbeitet und bin dann von da unten ein Vierteljahr durch Afrika getrampt. Also nach Hause praktisch. Daß ich allein dieses Jahr in Afrika war, und was ich da erlebt habe, war für mich eine wirkliche Auszeit. Ich habe dann später noch zwei längere Auslandstouren gemacht. Das hat mich, glaube ich, sehr geprägt."

> „Ich habe, was in meiner Jugend sehr ungewöhnlich war, sehr viel Exerzitien im Rahmen der kirchlichen Jugendbewegung gemacht. Das habe ich im übrigen sehr lange durchgehalten. Vor zehn Jahren bin ich noch einmal in ein Kloster gegangen. Leute, die mich nicht kannten, die nur meinen Vornamen wussten, haben drei Tage in einem Kloster bei den Karthäusern mit mir gelebt. Sie haben mir dann ein Spiegelbild von mir vorgehalten und auch Ratschläge gegeben, woran ich mich orientieren sollte."

> „Ich habe ein gutes dreiviertel Jahr in Indien verbracht, habe in zwei Klöstern und einer Koranschule gelebt, habe mich also intensiv mit dem Hinduismus und Buddhismus, aber auch mit dem Islam auseinandergesetzt. Ich hatte sogar Zutritt bis zu Nehru selber. Das heißt, ich war völlig herausgehoben und herausgelöst aus meiner europäischen Verwurzelung und habe mich mit völlig anderen Menschen, anderen Sichtweisen, teilweise schockierend anderen Sichtweisen auseinandergesetzt und habe da erst einen Weg zu einem eigenen europäischen Christentum gefunden, was nicht unbedingt im konfessionellen Sinn verstanden werden muß. Aber ich habe durch diese Zeit und diese Erfahrungen eine ganz andere persönliche Beziehung zur Religion gefunden."

> „Ich habe lange Zeit darüber nachgedacht, Theologie zu studieren. Dann habe ich einen Schritt vollzogen und bin eine zeitliche Strecke aus dem Erwerbsleben ausgeschieden. Ich habe ein Kolleg besucht, mit der Zielsetzung, Pastor zu werden. Schließlich habe ich die Theologie dann doch nicht studiert – weil ich der Überzeugung war, ich kann meiner Kirche besser dienen, wenn ich den Bezug zur Realität, zum normalen Leben nicht verliere, und wenn ich gerade nicht den herkömmlichen Werdegang nehme in einer formierten Gesellschaft – das sind nun mal Studenten- und Predigerseminare."

„Ich habe auf den Rat meiner Eltern hin angefangen, Neuphilologie zu studieren mit der Ausrichtung Lehramt, also Englisch und Französisch. Ich habe dann aber relativ schnell festgestellt, daß das eigentlich nicht mein Weg war. Ich habe während dieser Zeit zwar noch meine Frau kennen gelernt, die auch Englisch- und Französischlehrerin ist, habe mich aber dann entschlossen, erst einmal alles hinzuschmeißen, für ein Dreivierteljahr nach Australien zu gehen und mich dann wieder neu zu sortieren. Nachdem ich dann zurückgekommen bin, habe ich begonnen, Betriebswirtschaft zu studieren."

„Ich nehme nicht eine Auszeit wie ein Sabbatjahr und lasse die Füße und die Seele baumeln am Strand von Mauritius oder Island oder sonstwo. Vielmehr hatte ich immer das Bedürfnis, zwischenzeitlich länger allein zu sein, meine Ruhe zu haben und völlig anders als sonst zu leben. Auch wo ich für niemanden erreichbar bin. Aber das sind nie so Fristen, wo ich das Gefühl habe, ich muß jetzt ein halbes Jahr weg, sonst breche ich zusammen."

Die Lehr- und Wanderjahre der Spitzenmanager dokumentieren vor allem eines:

Sie sind nicht immer geradeaus gegangen.

Sie hatten nicht immer ein klares Ziel vor Augen, es gab nicht nur den Managertyp, der langsam und zäh wie ein Zahnrad nach vorne ging. Es gab auch Seitensprünge, Abweichungen vom traditionsgebundenen, stromlinienförmigen Karriereaufbau, es gab schließlich Ausschläge nach dieser und jener Seite: Formen von Lebensentwürfen, die einem professionellen Personalmanager die Falten auf die Stirn treiben würden. Trotzdem haben diese Topmanager die biographischen Hürden genommen und haben rasch den Schwerpunkt ihrer Anstrengungen auf klare Karriereperspektiven verlagert.

5.5 Karrierefaktoren in der Lehr- und Wanderzeit der deutschen Spitzenmanager

Rückblickend und als Außenstehender ist man versucht, die Erfolgsgeschichten der deutschen Spitzenmanager für unkompliziert zu halten: Bildungshintergrund, Weichenstellungen des Elternhauses und blühende Konjunktur in den 70er Jahren hatten sicherlich daran teil. Aber die Erfolgsgeschichten waren nicht unkompliziert. Wie günstig auch die Umstände gewesen sein mögen, selbst die beste Ausgangssituation ist keine Rolltreppe, die man nur betreten muß, um nach oben zu gelangen. Auch in einer guten Konjunktur scheitern viele Karrieren, auch unter förderlichen Gesamtbedingungen treten andere auf der Stelle. Daß es steil aufwärts ging, hat, wenn nicht schon allein, so doch auch mit bestimmten gemeinsamen Karrierefaktoren zu tun, die die biographischen Etappen der Spitzenmanager in ihren Lehr- und Wanderjahren kennzeichneten.

Vor allem vier Karrierefaktoren charakterisieren die Startbedingungen der deutschen Spitzenmanager:

- Führungserfahrung und -verantwortung
- Selbständigkeit und Wagnisfreude
- Auslandserfahrung
- Weichenstellungen von Mentoren

5.6 Führungserfahrung und -verantwortung

Frühe Führungserfahrungen haben den Boden für die späteren Karrieren bereitet. Die deutschen Topmanager haben in ihrer überwiegenden Mehrheit (ca. 65 %) bereits früh gelernt, welche Ideen realisiert werden können, welche verworfen werden sollten. Ihre eigenen Initiativen schufen Voraussetzungen für die innovative Kreativität von Dritten. Sie haben gelernt, Verantwortung zu übernehmen. Und sie haben gelernt, was Vertrauen bedeutet, wie die Mitglieder einer Gruppe zu Einsichten fähig werden, und wie schließlich die persönlichen Bedürfnisse in einer Gruppe und die eigentlichen Gruppenziele immer wieder ausbalanciert werden müssen. Führungserfahrungen in der Jugend bedeuteten für viele Spitzenmanager das allmähliche Hineinwachsen in die Rolle eines fachkundigen, mit allen wichtigen Funktionen vertrauten Generalisten.

> „Ja, ich war der jüngste damals in unserem Kirchenkreis, ich glaube sogar in der Hannoverschen Landeskirche und bin dann beizeiten zum Vorsitzenden gewählt worden. Ich war in der Region lange Zeit stellvertretender Vorsitzender des Kirchenkreisvorstandes und vorübergehend auch der Landessynode. Die Verbindung zur Kirche und zum kirchlichem Engagement in den unterschiedlichsten Ausprägungen habe ich nie abgebrochen. Ich habe die ganze Zeit im Kirchenkreis praktisch als ehrenamtlicher Personalchef gearbeitet. Und darüber hinaus, aus beruflichen Gründen geht das jetzt nicht mehr sehr intensiv, bin ich Prädikant. Prädikant ist jemand, der in einer Kirche das Recht zur freien Wortverkündigung hat, ohne Theologie studiert zu haben. Dieses Amt übe ich bis heute aus. Nicht mehr ganz so intensiv wie das früher einmal der Fall war, aber das hängt mit meinen beruflichen Verpflichtungen zusammen."

> „Ich bin sehr aktiv gewesen im Roten Kreuz, war jüngstes Vorstandsmitglied in Baden-Württemberg, habe aktiv im Krankenhaus gearbeitet. Ich wollte

etwas Soziales tun. Letztendlich habe ich Kranke gepflegt auf der Pockenstation, habe Sterbende – was schlimm war – begleitet."

„Ich habe Jugendlager geleitet und bin dort ganz stark mit christlich geprägten Menschen zusammengekommen. Mein Jugendpfarrer war z. B. der spätere Landesbischof. Das war eine tiefe Prägung, die hatte einfach ein großes Stück Gott- und Selbstvertrauen gegeben."

„Ich war immer als Jugendgruppenleiter tätig, habe darüber hinaus die Jugendarbeit in Gremien wie Stadtjugendring vertreten, bin dann in den Kirchenvorstand gewählt worden und war im Kirchenvorstand fast 25 Jahre, bis ich es aus beruflichen Gründen nicht mehr konnte."

„Ich glaube, durch mein früheres Leben habe ich sehr viel Sozialkompetenz erworben: ich war Gruppenführer von 20 Jungen, ich war nur zwei Jahre älter als die Jungen, bin mit ihnen durch ganz Europa mit dem Fahrrad gefahren. Das hat mich unglaublich geprägt, wie nichts anderes."

„Ich war, durch meinen Vater initiiert, im Christlichen Verein junger Männer. Als Zehnjährige kamen wir da rein und haben eine starke Prägung erfahren. Vom 10. bis 20. Lebensjahr war ich aktiv als Jugendleiter. Ich habe dort Verantwortung übernommen."

„Im letzten Jahr vor dem Abitur war ich im wesentlichen nur noch politisch tätig als Bezirksvorsitzender der Jungen Union, und, ach Gott, das waren unglaublich viele Ämter, die es mir gar nicht mehr möglich machten, regelmäßig zur Schule zu kommen – was meine Lehrer auch nicht immer erfreute."

„Ich habe sehr früh Führungsaufgaben übernommen, als Jugendlicher Jugendgruppen geführt, bin als Oberministrant aktiv gewesen und war auch in der Schule aktiv. Ich habe sehr schnell Verantwortung übernommen- das war gar nicht meine persönliche Initiative, die anderen sind auf mich zugekommen und haben gesagt, mach das, übernimm das und so."

„Ich habe schon mit 14 Jahren Führungsaufgaben übernommen. Dies war für mich sehr wichtig, weil ich in der Jugendarbeit die Jugendlichen mit den Erfahrungen der Nazigeschichte und des Holocausts konfrontiert habe. Ich habe als 16jähriger oder 17jähriger in Tegernsee die Tegernseer mit dem Film „Nacht und Nebel" konfrontiert; das ist ein grauenhafter Dokumentarfilm über die Befreiung des KZ in Polen. Das hat dazu geführt, daß viele Erwachsene und Ältere die Aula des Gymnasiums empört verlassen haben."

„Der Diakon hat irgendwie erkannt, daß ich gut im Führen von Gruppen war. Und die Arbeit im CVJM – damals gab es kein Fernsehen und was weiß ich – war äußerst intensiv. Wir hatten in unserem Dorf von vielleicht 1.000 Einwohnern eine Jungschar – so nannten sie das – von 80 Leuten. Die Jungschar haben im

Grunde genommen wir beide, der Diakon und ich betreut, wir haben Zeltlager organisiert und anderes. Dort sind sicherlich bestimmte Führungseigenschaften, die vielleicht schon in uns wohnten, entwickelt worden."

„Ich habe in dem Internat den Versuch gemacht, wahrscheinlich unbewusst, sowohl im Sport wie in Theatergruppen oder in sonstigen Aktivitäten eine Führungsrolle zu spielen. Und wenn es möglich war, versuchte ich, eine Art ‚Leadership' daraus zu entwickeln."

Zwei Drittel der deutschen Spitzenmanager haben in ihrer Jugend oder in ihren Lehr- und Wanderjahren Führungskompetenzen erworben und Führungsverantwortung wahrgenommen.

Im Gegensatz zur Majorität ihrer Altersgenossen haben sie ihr Führungsengagement als wichtig angesehen. Geprüft werden muß allerdings, welche Inhalte mit der hohen Bewertung von Führung in diesem Zusammenhang verbunden sind. Werden Führungsaufgaben als wichtig angesehen, weil sich aus ihr soziale Akzeptanz herleitet? Ist Führung das unentbehrliche Mittel für individuellen Erfolg? Oder heißt Führungsverantwortung in jungen Jahren, daß die Übernahme von Führungsaufgaben ein Stück des essentiellen Selbstverständnisses ausmacht, das dem kulturellen Geist der Elternhäuser entstammt? Ist Führung eine Betätigung, die in sich selbst einen Wert besitzt?

Führung verfügt über beides. Charakteristisch für den hohen Stellenwert von Führung ist eine Kombination verschiedener Einstellungen. Utilitaristische Auffassungen verbinden sich mit Deutungen, die stärker die intrinsischen Aspekte der Führungsverantwortung betonen. Beides schließt sich nicht aus. Entsprechend der geistigen Atmosphäre der Elternhäuser haben die deutschen Topmanager in ihrer Jugend die Führungsverantwortung auf der einen Seite als eine Art moralische Tätigkeit aufgefaßt. Führungsaufgaben wahrzunehmen, wurde als eine Gemeinschaftspflicht empfunden, als ein keiner weiteren Begründung bedürfender Imperativ. Führungsverantwortung bedeutete für die Manager Quelle der Selbstachtung, war Indiz eines elterlichen Leitbildes. Der kulturelle Habitus des Elternhauses ebnete den Weg zu einem Identitätsrahmen, in den die fraglose Übernahme von Führungsaufgaben nahtlos eingepaßt war.

Zugleich war Führung mehr als das. Führung in jungen Jahren haben die Spitzenmanager auch als individuelle Chance zur Selbstdurchsetzung empfunden; Führung verstanden als persönlicher Erfahrungs- und Möglichkeitshorizont, sich zu häuten, gegen den Widerstand anderer Dinge zu initiieren und Einfluß auszuüben. Für sich genommen spielten diese individuellen Aspekte der Führungsverantwortung keine so große Rolle wie die kulturellen Komponenten, aber weil sie zugleich im Dienst zentraler Leitideen des Elternhauses standen wie etwa der Selbständigkeit, wurden sie über ihre bloße Nützlichkeit hinaus geschätzt. In dieser Fusion kultureller und individueller Wirkungsfaktoren avancierte die frühe Führungsverantwortung zu einem wichtigen Mechanismus für den Aufstieg auf die Karriereleiter und für die Integration der deutschen Spitzenmanager in die entsprechende soziale Höhenlage.

5.7 Selbständigkeit und Wagnisfreude

Ein weiterer Karrierefaktor, der die moderne Wirtschaftselite eint, ist ihr starker Drang nach früher Selbständigkeit. Der Wunsch nach Unabhängigkeit war bei 66 % der Spitzenmanager so stark, daß man fast versucht ist, von einem typischen, organischen Karrierefaktor zu sprechen. Wohlgemerkt fast, denn der Wille zur Selbständigkeit ist kein selbstverständlicher Schritt. Auch aus dem gut vorbereiteten Boden wächst er nicht eigenständig hervor.

Der innere Motor der frühen Selbständigkeit sind sicherlich nicht Motive wie Geltungswünsche, Ehrgeiz oder Machtstreben. Solche Faktoren spielen immer eine Rolle, aber sie reichen nicht aus, die Intensität des Selbständigkeitswunsches zu erklären noch seine besondere Färbung zu beschreiben. Charakteristisch für die Spitzenmanager in ihren Lehr und Wanderjahren ist vielmehr ein spezifischer Gestaltungswille und damit verbunden die Kraft voranzugehen. Darin drücken sich auch kreative Neigungen aus, etwa das Verlangen, an einem wirtschaftlichen Gestaltungsprozess eigenverantwortlich beteiligt zu sein. Insofern sind die Spitzenmanager in ihrer Mehrheit schon zu ihrem Berufsstart Exponenten eines Unternehmergeistes, der individuelle Initiativen prämiert.

> „Mein Streben war, so schnell wie möglich in eine gewisse Unabhängigkeit zu kommen und aus der Unabhängigkeit heraus zu handeln. Ich sage auch heute immer wieder zu meinen Mitarbeitern: Liebe Leute, in meiner Karriere habe ich immer, wenn was gelaufen ist, was mir nicht gepasst hat, zumindest eine Faust in der Tasche geballt und habe gesagt, wenn ich an die Regierung komme, wird das geändert."

> „Ich trat in das väterliche Unternehmen ein und war auf einmal mit 26 Jahren der Chef, weil mein Vater nach sechs Monaten Zusammenarbeit starb. Zwei Gesellschafter, die wahrscheinlich unter mir litten, versuchten mich auszubooten, und so entschied ich mich noch im gleichen Jahr, mich selbständig zu machen – gegen Wettbewerber, die mir wörtlich erklärten, sie würden mich ruinieren und auf meiner Beerdigung tanzen."

> „Mir wurde die Stelle als Geschäftsführer mit 27 Jahren angeboten. Das war eine Riesenherausforderung, die ich angenommen habe. Ich habe dann innerhalb von zweieinhalb Jahren den Umsatz des Unternehmens verdreifacht, weil

ich Tag und Nacht gearbeitet habe. Ich habe Spaß an der Arbeit gehabt, und daß ich Erfolg hatte, das motivierte mich zusätzlich."

„Ich habe meine Karriere im Marketingbereich begonnen, war später in der Unternehmensberatung, habe dann in jungen Jahren, um unabhängig zu sein, mein eigenes Unternehmen aufgebaut, in einem Umfeld, wo man permanent dazulernen mußte. Deshalb gehört Mut ohne Frage dazu. Wenn Sie defensiv mit den Dingen umgehen in dieser Welt, dann können Sie so etwas nicht tun, wie ich das mache. Oder Sie verzweifeln daran."

„Wissen Sie, die Welt hat sich natürlich inzwischen für mich vollkommen geändert. Ich habe mit elf Jahren angefangen zu arbeiten. Ich habe damals Zeitungen verkauft – also es ist wirklich so wie bei diesem amerikanischen Tellerwäscher – es gibt genügend Geschichten, wie ich immer unter dem Ladentisch verschwinden mußte, wenn einer der Lehrer in den Laden kam. Ich war sehr, sehr früh auf mich allein gestellt."

Der Selbständigkeitswille ist ein wesentlicher Karrierefaktor der deutschen Topmanager. Zu ihm gehört die Überzeugung, daß sie die Fähigkeiten und die Pflicht haben, etwas eigenständig zu schaffen, gleichsam eine Stadt auf einen Berg zu bauen. Wo immer Hindernisse auftreten, begreifen sie sie als Herausforderung. Die Selbständigkeit ist gepaart mit einem schaffenden Aktivismus. Dieser offensive Geist wendet sich gegen Werte der Sicherheit und Verläßlichkeit, gegen eine Mentalität der Null-Risiko-Ideologie.

Kaum ein Wert rangiert im frühen Selbstbild der Spitzenmanager so weit oben wie die Werte der Wagnisfreude und des Risikogeistes.

Mut und ein Schuß Innovationslust charakterisieren ihr Selbstverständnis. Sie distanzieren sich von der in Deutschland verbreiteter Neigung, das, was ist oder was man hat, zu bewahren. Sie schätzen vielmehr ein Leitbild des Schaffens, der Eigenverantwortung und Unabhängigkeit – und dies möglichst im Komparativ. Im Zweifel wählen sie den schwierigeren Weg, wenn er entsprechende Chancen bietet. Der Individualismus der Topmanager ist ein Individualismus der Eigenverantwortung. Wo verbreitet in Deutschland ein Individualismus der Selbstbezogenheit dominiert, herrscht unter ihnen ein Individualismus der Selbstbewährung.

Charakteristisch für die Lehr- und Wanderjahre sind demnach die Triebkräfte, die dem Wunsch nach Veränderung, dem Drang nach Neuem, nach Herausforderungen entspringen. Insbesondere der Versuch, alle Formen von Einseitigkeit zu vermeiden und die Karriere auf eine möglichst breite Basis zu stellen, eint die Wirtschaftselite in Deutschland. Im Kern ist ihr Selbstverständnis schon in jungen Jahren im Schumpeterschen Sinne unternehmerisch: außerhalb der vertrauten Fahrrinne navigieren, bei sich selbst den Widerstand gegen das Gewohnte überwinden. Damit verbunden ist ein starker Pragmatismus in den eigenen Zielsetzungen. Viele Spitzenmanager verfolgen schon zu Beginn ihrer Karriere so etwas wie einen heimlichen Plan, ihre Lebensziele immer wieder neu zu definieren und weiterzuentwickeln.

> „Mein ganzes Leben würde ich als Experimentierphase begreifen. Ich war in vielen anderen Unternehmen und bin jetzt einer der ganz wenigen Quereinsteiger im Vorstand. Die Veränderung ist eigentlich die einzige Konstante in meinem Leben, wobei die Triebkraft weniger die Unzufriedenheit mit den jeweils gegebenen Zuständen war, sondern eher der Drang, immer wieder Neues zu probieren. Vielleicht hat mich ja auch die Studienzeit geprägt. In den späten 60er Jahren war an den Hochschulen eine Umbruchsituation im Gange, und da habe ich mich an vielen Veranstaltungen beteiligt."

> „Ich habe früh die Entscheidung getroffen, in die Industrie zu gehen. Ich wollte etwas machen, etwas Neues. Ich wollte etwas entwickeln, entweder Produkte besser machen oder neue Produkte entwickeln, die einen Nutzen bringen. Zu anderen Menschen hingehen und sagen, vielleicht haben wir etwas gefunden, was Ihnen nützt."

> „Ich bin sicher ein sehr starker Pragmatiker, ich habe viele (...) Vorstellungen, aber letztendlich prägt mich die Vorstellung, zum Ziel kommen zu wollen, nicht als: der Zweck heiligt die Mittel, das meine ich damit gar nicht. Ich habe in keiner Weise irgendwelche dogmatischen Vorstellungen, sondern ich will etwas bewirken, will ein Resultat erzielen, und welcher Weg dorthin führt, ist mir relativ wurscht. Es kommt heute nicht mehr vor, daß mir irgendjemand sagt: das hier geht nicht, und daß ich das akzeptieren würde. Nach meiner Erfahrung im Leben kann ich nur sagen: es geht grundsätzlich alles."

> „Wenn irgendwo eine Chance war, habe ich sie genutzt. Ich habe natürlich, das muß man ganz offen sagen, auch viel Glück gehabt. Das gehört dazu. Wir können nicht alles immer nur planen. Wir müssen auch manchmal Entscheidungen zu einem Zeitpunkt treffen, wo wir nicht genau wissen, wie das ausgeht. Im nachhinein haben sich viele Entscheidungen als absolut richtig erwiesen: zum Beispiel nach London zu gehen. Ich habe zwar nicht in allen, aber in den meisten Fällen immer zum richtigen Zeitpunkt zugepackt. Das war auch cine Frage der schnellen Entscheidung. Ich habe nie lange gefackelt und trotzdem noch Glück gehabt. Das hängt wohl mehr damit zusammen, zum richtigen Zeitpunkt die Chancen, die da waren, zu ergreifen."

Chancen ergreifen, etwas Neues machen, Experimentieren, zum richtigen Zeitpunkt zupacken: das ist der Imperativ der deutschen Spitzenmanager in ihren frühen Berufsjahren. Zu ihrem übergreifenden Selbstverständnis gehört die Idee des Machens. Überdies werden Ziele der Selbstdurchsetzung verfolgt. Aufs Ganze gesehen scheinen die Spitzenmanager Werte des Aktivismus, der Wagnisfreude und Eigenständigkeit verinnerlicht zu haben. Sie bedingen pragmatische Urteils- und Entscheidungsdispositionen. Wer früh auf sich allein gestellt ist, wer bereit ist, immer wieder etwas zu probieren, und wer Herausforderungen fraglos akzeptiert, hat wenig Sinn für vordefinierte Daseinsweisen und Rollenanmutungen. Wer sich gleichsam im Vorhof steiler Karrierewege befindet, immunisiert sich nicht gegen alternative Chancen, Risiken und Selbständigkeitsideale. Er hat auch wenig Sinn für vorgegebene Strukturen. Daher neigen die Spitzenmanager in ihren jungen Berufsjahren immer wieder dazu, neue Ansatzpunkte für subjektiv als sinnvoll erlebbares volles Engagement zu suchen. Sie tendieren dazu, sich an wechselnde Herausforderungen anzukristallisieren und sie mit Mut zu Entscheidungen zu bewältigen.

5.8 Auslandserfahrungen

Gut die Hälfte der deutschen Spitzenmanager (52 %) ist schon in frühen Jahren im Ausland gewesen. Insbesondere die jüngeren Jahrgänge unter den Topmanagern, die mit ihren Eltern eine bestimmte Zeit im Ausland gelebt haben, bewerten diese Zeit als besondere Bereicherung: Sich in einem zuvor unbekannten kulturellen Umfeld zu bewegen, hätte ihnen nachhaltig Weltoffenheit, Liberalität und Toleranz vermittelt.

Die Auslandserfahrungen haben insbesondere die Anpassungskompetenzen der Spitzenmanager gestärkt. Sich bereits in jungen Jahren immer wieder auf neue Umgebungssituationen einzustellen, sich neu zu beweisen, sich auf andere Menschen, auf andere Herausforderungen einzustellen, hat die heutige Wirtschaftselite für ihr ganzes spätere Leben geprägt. Die Integration in fremde Mentalitäten bedeutet immer zugleich, aus den hergebrachten Denkstrukturen herauszuwachsen und sich der Chancen anderer kultureller Entwürfe in immer wieder neuen Anläufen zu vergewissern.

> „Zum Beispiel habe ich schon mit 20 in Paris gearbeitet, drei Monate ganz alleine in solch einer Riesenstadt mit all den Verlockungen, die es da gibt. Ich war relativ früh hinausgegangen in die Welt, ob Paris oder Brüssel oder London und dann später nach New York. Das hat mich geprägt. In meinem Leben spielt der Wechsel eine sehr große Rolle. Möglicherweise bin ich schon sehr frühzeitig durch diese permanent anstehenden Anpassungsnotwendigkeiten in meiner Mobilitätsbereitschaft geprägt worden.“

> „Ich glaube, mich hat insgesamt sehr geprägt, ein Jahr in Südafrika gelebt zu haben. Man wird weltoffener, man erweitert natürlich seinen Gesichtskreis, man lernt ganz andere Menschen und auch Kulturen kennen. Und man wird in der Bewertung von anderen Menschen in einer gewissen Weise offener, auf der anderen Seite auch unsicherer, weil nicht alles so selbstverständlich richtig oder falsch ist, wie es scheint. Aber man wird wirklich erfahrener.“

5.9 Weichenstellungen von Mentoren

Eine erstaunlich große Rolle für die spätere Karriere der Spitzenmanager haben Mentoren gespielt. Sie haben Berufswege angeregt, gefördert und Wege eröffnet. Sie haben aber vor allem Ideen hervorgebracht, manchmal auch nur Blaupausen von Ideen, die sich unmerklich zu einem Karrierevorschlag zusammenfügten. Für immerhin 89 % der deutschen Topmanager haben identifizierbare Einzelpersonen einen erheblichen Einfluß auf ihre Entwicklung genommen – für die Mehrheit eher im Sinne einer weichenstellenden oder als Vorbild fungierenden Funktion, für eine Minorität von 20 % allerdings auch durch eine gezielte aktive Unterstützung. Hier haben sich die jeweiligen Mentoren persönlich um die Entwicklung der Spitzenmanager gekümmert. Dabei kristallisierte sich vor allem die motivierende Aufgabe als die eigentliche Primärfunktion des Mentors heraus: die künftigen Spitzenmanager zu innovativen Karriereschritten zu ermutigen, den Blick auf Alternativen zu lenken und den einzelnen auch direkt zu fördern.

Einen Sonderfall bilden die eigenen Väter als Mentoren. Eine Minderheit von immerhin 10 % der deutschen Spitzenmanager ist durch den direkten Einfluß des Vaters auf die Karriereleiter gestiegen. Der atmosphärische Kontext des Elternhauses war offenbar so prägend, daß für die Söhne kein anderer Weg in Frage kam; ein Umstand, der zu einer relativ hohen Selbstrekrutierungsquote auf der obersten Führungsebene beiträgt.

Jeder fünfte deutsche Spitzenmanager fand einen Mentor im Familien- und Verwandtschaftskreis. Stellvertretend für viele andere betont ein Vorstandsvorsitzender das charakterliche Vorbild eines Familienangehörigen:

> „Der erste Mentor war mein Großvater. Mein Großvater war ein ganz großes Vorbild für mich. Er war zwar „nur" Bäckermeister, hat aber dort die Innungsbücher geführt. Er war unglaublich fleißig, hat uns Kinder aufgenommen und nach dem Krieg für uns gesorgt. Er war sehr religiös und hat mit mir sehr viel darüber geredet. Nachher, als seine Frau gestorben war, und ich mit ihm immer in einem Zimmer schlief, habe ich eine sehr enge Beziehung zu ihm gehabt. Überhaupt habe ich ihm immer alles erzählt. Er war ein großes Vorbild für mich, weil er ein ganz geradliniger Mensch war. Und er war mehr als nur ein Handwerker. Er konnte gut schreiben, hatte eine klare Meinung. Er ist mit wenig ausgekommen und trotzdem ein glücklicher Mensch gewesen. Das hat mir immer imponiert. Je älter ich werde, um so mehr denke ich darüber nach."

Für einen anderen Spitzenmanager war das internationale Berufsprofil seines Onkels prägend:

„Mein Patenonkel ist im Hinblick auf meine Karriere sehr entscheidend gewesen. Er war international tätig nach dem Zweiten Weltkrieg. Er war der erste deutsche Direktor der Weltbank in Washington. Und wenn Sie sich überlegen, er war Privatbankier in Düsseldorf und ist jede Woche von Düsseldorf nach Washington geflogen und das sind damals noch sieben Stopps gewesen." Charakteristisch sind auch soziale Weichenstellungen: „Mein Schwiegervater war Freimaurer. Ich konnte damit zunächst überhaupt nichts anfangen, war dann aber doch fasziniert von einem Satz: Wenn Sie sich nicht vorstellen können, mit Ihrem schlimmsten Feind in Frieden an einem Tisch zu sitzen, sind Sie hier nicht willkommen. Und das hat mir einen Ruck gegeben. Die Freimaurerei ist inzwischen zu 99 % von normalen Vereinen auch nicht mehr zu unterscheiden und von ihren Idealen ist genau so viel auf der Strecke geblieben wie bei Millionen anderer philosophischer Haltungen."

Die meisten Spitzenmanager sind ihren Mentoren auf dem Berufsweg (45 %) begegnetet, jeder dritte bekundet sogar, daß es die eigenen Vorgesetzten waren, die einen nachhaltigen Einfluß ausgeübt haben:

„Mein fördernder Mentor war ein amerikanischer Personalberater. Er suchte eigentlich Leute, die nicht unbedingt einen Ph.-D. Grad (Doktortitel im angelsächsischen Raum) haben, sondern die einen sogenannten „psd" haben, also poor, smart and driven, d. h. Leute, die aus relativ bescheidenen Verhältnissen kommen, wo Solidarität eine Grundnotwendigkeit ist, die zugleich eine gewisse innere Unruhe mitbringen, und die dann auch noch einen Kopf auf den Schultern haben."

„Der Chef einer Sparkasse spielte eine große Rolle. Er hat mich als 18jährigen als rechte Hand eingesetzt. Ich durfte damals schon in den Gremien vor dem Bürgermeister und vor dem Gemeindedirektor vortragen. Und da ist bei mir der Knoten geplatzt. Ich habe dann schnell Juristerei zu Ende studiert, habe schon in der Referendarzeit über Kreditsicherungsrecht promoviert und wollte auf dem schnellsten Wege Sparkassendirektor werden. Das bin ich dann auch geworden, schon mit 27 Jahren."

Auch für einen anderen Vorstand waren die begleitenden Mentorenfunktionen von zwei Menschen eine grundlegende Erfahrung:

„Ich bin eigentlich geprägt von zwei Menschen, die mir persönlich sehr geholfen haben: Zum einen der Vorsitzende einer Bank. Das war jemand, der mich gerade in den Anfangsjahren als Unternehmer sehr kritisch, aber fair begleitet hat. Der hat immer den Finger in die Wunde gelegt und wenn es mir auch weh tat, er hat mir gezeigt, daß es sonst mit dem Unternehmen eine falsche Entwicklung nimmt. Später hat sich dann daraus sogar eine Freundschaft entwickelt. Der andere war der „Senior", der war eine Vaterfigur, vor dem hatte ich

> ungeheuren Respekt, weil er sehr früh ein Talent von mir erkannt hat, auf Menschen zuzugehen, mit Menschen zu verhandeln. Er hat mich sehr schnell in die Verbandsaufgaben mit eingebunden und mich unheimlich gefördert."

Andere Mentoren haben eher eine weichenstellende Wirkung im Sinne einer beruflichen Zäsur ausgeübt:

> „Ich habe, nachdem ich mit dem zweiten Staatsexamen und der Promotion fertig war, zunächst ein Jahr als Anwalt gearbeitet. Allerdings, sehr international ausgerichtet. Während des Jahres habe ich mir dann überlegt: kann das auf Dauer eine Perspektive für einen jungen Anwalt sein? Da gibt es ja nur noch zwei Beförderungsstufen, das ist einmal der Juniorpartner und dann der Seniorpartner Dann verdient man sicher etwas mehr, das Büro wird größer; aber sonst bleibt ja doch alles wie es ist. Das konnte ich mir für meine Zukunft nicht vorstellen. Das war der eine Punkt. Der andere Punkt: Es lief mir dann ein Arbeitsdirektor bei einer Veranstaltung über den Weg und der hat mich ein paar Monate akquiriert. Dann habe ich mir gesagt, gut, ich probiere das mal, bin Assistent der Geschäftsleitung und von da an hat sich alles Weitere schnell abgezeichnet."

Etwa jeder fünfte Manager nennt Schullehrer oder akademische Lehrer als Vorbilder und geistige Mentoren:

> „Unser Deutschlehrer war ein außergewöhnlicher Mann, der uns mit allen Themen konfrontiert hat, die die Suche nach dem Sinn und nach den Werten zum Gegenstand hatten. Wir haben enorm viel gelesen und auch sehr viel diskutiert über philosophische Fragestellungen."

Ein anderer Vorstand weist auf die ethische Weichenstellung durch seinen akademischen Lehrer hin:

> „Sehr geprägt hat mich mein Doktorvater, den ich – mein Gott, wann habe ich studiert, – seit 25 Jahren kenne. Er hat übrigens seine Diplomarbeit als Werksstudent bei meinem Vater geschrieben. Er ist ein sehr gläubiger und ethischer Mensch, der mich stark auf Unternehmensethik und -kultur gedrillt hat, vielleicht dies auch nur unterbewusst getan hat."

Meist waren es besondere Eigenschaften, etwa Humor, aber auch Wärme oder Willenskraft, die etwa bei jedem dritten heutigen Vorstand großen Eindruck hinterließen. Jeder vierte Topmanager erwähnt die Vermittlung von Fachkenntnissen und Führungsqualitäten. Einige schätzen an ihren Mentoren, daß sie kritisch und hilfreich die Leistungen kommentierten oder ihren Blick auf Menschen schärften. Und nicht wenige erinnern sich, daß sie ihren Mentoren besondere Interessen verdanken, die diese mit ihrer Begeisterungsfähigkeit in ihnen geweckt hätten.

Auch gab es Mentoren, die durch ihre geistig-ethischen Interessen, ihre kulturelle Identität oder einfach durch ihr Charisma nachhaltigen Einfluß auf die Spitzenmanager ausgeübt haben:

> „Es gab vielleicht einen Mentor, das war der pakistanische Justizminister in Indien. Das war der höchstbezahlte Jurist Asiens und war ein Phänomen. Der ging nie ins Gericht mit diesen großen Holzkisten voll Büchern. Wenn der einmal etwas gelesen hatte, dann hatte er ein fotografisches Gedächtnis. Er hatte den westöstlichen Diwan gelesen und konnte fast jede Seite auswendig aufsagen. Einfach phänomenal. Er war ein Moslem, aber eigentlich oberhalb der Religionen. Und Gespräche mit ihm waren kolossal anregend und zugleich faszinierend. Er war irgendwo auch ein Mystiker und passte natürlich prima nach Indien in die damalige Zeit hinein.“

Mentoren haben also für viele heutige Spitzenmanager als Navigationshilfe für den eigenen beruflichen Kurs fungiert. Dabei handelte es sich weniger um eine sorgfältig vorbereitete, systematische Förderung als vielmehr um eine gedankliche oder argumentative Weichenstellung. Insofern sind die Impulse des Mentors ein ganz zentrales Moment in den Lehr- und Wanderjahren der deutschen Spitzenmanager gewesen. Das spiegelt sich nicht nur im Einfluß von Sachverstand und Erfahrungen, sondern vor allem auch in der persönlichen Nähe zwischen Mentor und Mentee wider. Der Mentor bot Gelegenheiten, berufliche Probleme in einen größeren Kontext zu stellen, abweichende Sichtweisen kennenzulernen und neue Einschätzungen einer Situation vorzunehmen. Insofern haben die Mentoren dazu beigetragen, eigenen Karriereblindheiten vorzubeugen, Lebenserfahrungen anderer für den eigenen Weg nutzbar zu machen und die eigenen Perspektiven zu erweitern.

5.10 Fazit: Erfolgsfaktoren des Aufstiegs in die höchsten Positionen der Wirtschaft

Die Erfahrungen der Lehr- und Wanderjahre erlauben die Konstruktion eines Mosaiks gemeinsamer Erfolgsfaktoren in den Karrieren der deutschen Topmanager. Einen zielgerichteten Karriereplan hat es im Regelfall nicht gegeben. Die Unsicherheit über den Berufsweg hat eine deutliche Mehrheit der Spitzenmanager geeint. Viele sind Umwege gegangen, haben sich wieder neu orientiert, sind über Schlüsselerlebnisse zu neuen Weichenstellungen gekommen. Früh haben sie zudem Herausforderungen angenommen.

Der charakteristische Spitzenmanager in Deutschland hat bereits in jungen Jahren Führungserfahrungen gewonnen. Daher verdankt er seinen Erfolg selbst gestalteten Führungsinitiativen, die die für die Karriere förderlichen Denk- und Verhaltensdispositionen in überdurchschnittlicher Weise bereitstellte. Er hat zudem gelernt,

Verantwortung zu übernehmen. Die Lehr- und Wanderjahre vermittelten dem heutigen Topmanager die klare Vorstellung, daß nur über Selbstverantwortung Aufstiegsideen möglich sind. Kernelement seiner frühen Identität war ein im Elternhaus bereits vorgelebter und in den ersten Berufsjahren praktizierter Geist von Selbständigkeit und Unabhängigkeit.

Charakteristisch für ihn war zudem ein überdurchschnittlicher Gestaltungswille, verbunden mit einem starken Pragmatismus in den eigenen Zielsetzungen. Der typische Spitzenmanager verfolgte schon zu Beginn seiner Karriere den Plan, seine Lebensziele immer wieder neu zu definieren und weiterzuentwickeln. Er hat eine bestimmte Zeit im Ausland gelebt und hat gelernt, sich in einem zuvor unbekannten kulturellen Umfeld zu bewegen. Die Auslandserfahrungen haben insbesondere die Kompetenz der heutigen Vorstände gestärkt, sich bereits in jungen Jahren immer wieder auf neue Umgebungssituationen einzustellen. Ein erstaunlich wichtiger Karrierefaktor sind Mentoren gewesen. Sie haben meist im Hintergrund im Sinne einer weichenstellenden Funktion Bausteine einer kulturellen Identität entwickelt oder direkt zu innovativen Karriereschritten ermutigt.

6 Die Werte der deutschen Spitzenmanager

Im Rahmen unserer Studien haben wir untersucht, welche sozialen Güter die Topmanager heute als wünschenswert erachten, welche Werte eine hohe und welche eine eher niedrige Priorität einnehmen. Obwohl sich die heutige Führungselite mit der Rebellion der studentischen Opposition gegen das Establishment und seinen Prinzipien aktiv auseinandergesetzt hat, ist ihr heutiger Werthorizont nicht abgeschnitten von den Traditionen der Elterngeneration. Die Auffassungen des Elternhauses wirken latent fort. Über alle Differenzen hinweg blieben zentrale Wertprinzipien unangefochten: die hohe Wertschätzung von Gemeinschaftswerten und der Kanon jener Werte, die gemeinhin unter dem Begriff der ‚preußischen Tugenden' subsumiert werden.

Die Frage ist also, welche Werte sind charakteristisch für die heutige Wirtschaftselite. Wo bestehen Kontinuitäten, wo Diskontinuitäten? Was ist vor dem Hintergrund früher Haltungen heute anders? Zur Ermittlung der Wertorientierungen haben wir ein doppeltes Verfahren angewendet: zum einen gering strukturierten Leitfaden, der keine festen Frageformulierungen enthielt, sondern den Spitzenmanagern gestattete, nach eigenem Ermessen zum Thema Werte Stellung zu nehmen, zum anderen eine strukturierte Werteskala, die die Manager selbst ausfüllten.

Im Rahmen unserer Problemstellung interessieren zunächst jene Wertkonzeptionen, die die Vorstände von sich aus angesprochen haben. Dabei ging es um Fragen wie: Welche sozialen Beziehungen und Zustände sind ihnen so wertvoll, daß sie um sie ringen? Was sind die bei ihnen vorherrschenden Bilder von einer wünschenswerten wirtschaftlichen und sozialen Ordnung? Was sind die allgemeinen Richtlinien, an denen sich ihre Vorstellungen von persönlichen Lebenszielen und wünschenswertem Verhalten orientieren?

In erster Linie betonen die deutschen Topmanager Humanitätswerte. Als wünschenswert gelten insbesondere Werte wie Menschenachtung, Menschlichkeit, Gerechtigkeitssinn und Fairness. Daneben spielen Akzeptanzwerte wie Pflichtbewußtsein eine wichtige Rolle. Auch Authentizitätswerte wie Gradlinigkeit, Offenheit und Glaubwürdigkeit genießen weiterhin eine hohe Wertschätzung. Der Stellenwert dieser Tugenden ist ausgeprägt und unter der großen Mehrheit der Führungselite in Deutschland verbreitet. Sie erlauben den Schluss, das die Vorstände der großen Unternehmen bewusst oder unbewusst Humanitätswerte vor ökonomische Werte wie Leistungs- und Erfolgsorientierung stellen.

Erwähnt werden muß auch, was im Mehrheitsbild der wirtschaftlichen Führungselite fehlt bzw. im Hintergrund bleibt: Selbsterfüllungswerte, Hingabe an Ideale, Gehorsamkeitsdispositionen und Macht. Das Wertprofil der Spitzenmanager ist bürgerlich in der Hochschätzung von Familie und Akzeptanzwerten, es ist nachbürgerlich in der relativ hohen Bedeutung von Authentizitätswerten. Bei aller Verschiebung der Akzentsetzungen im Vergleich zu ihren Elternhäusern ist daher klar, daß die deutsche Wirtschaftselite hinsichtlich ihrer Wertgrundsätze in westliche Ideenströme eingeschwenkt ist.

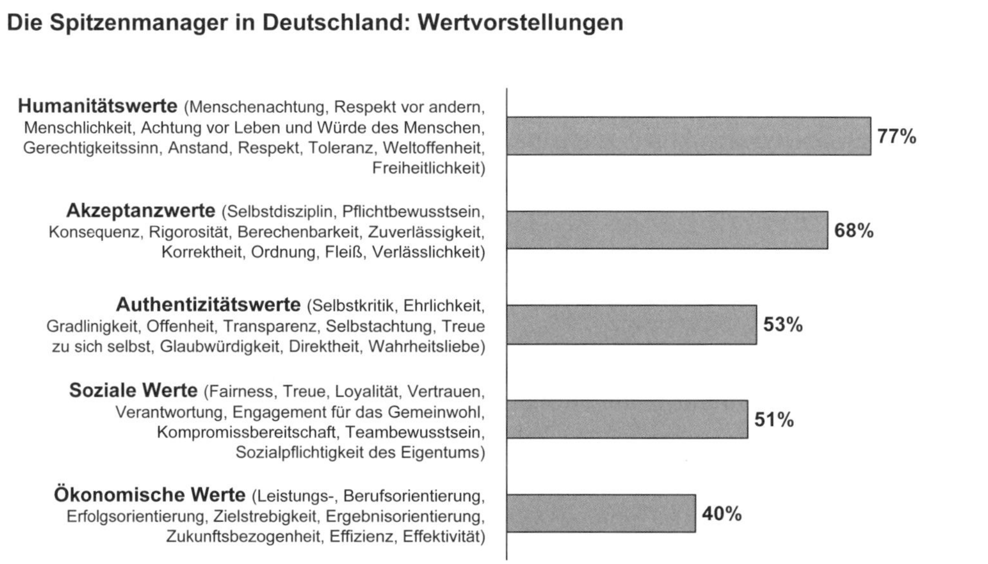

Abb. 16: Wertvorstellungen der deutschen Spitzenmanager (n = 61, Mehrfachnennungen)

Angesichts des Wertepluralismus, der aus den Gesprächsprotokollen der deutschen Topmanager ablesbar ist, wäre es nicht angebracht, die deutsche Wirtschaftelite als eine Art Kaste mit einem gemeinsamen Wertekanon wahrzunehmen.

Diese Feststellungen sollen in folgendem weiter differenziert und begründet werden.

6.1 Humanitätswerte

Einen überragenden Stellenwert nehmen für die Spitzenmanager die Humanitätswerte ein. Symptomatisch hierfür sind die hohe Bedeutung von Gerechtigkeitssinn, Toleranz, Menschlichkeit sowie Achtung vor dem Leben.

„Humanitätswerte, d. h. das Leben und die Würde des Menschen haben für mich einen extrem hohen Stellenwert. Das überlagert alle andere Thematiken. Also eine sehr positive Wahrnehmung des Menschlichen. Das ist eigentlich das, was mich geprägt hat und prägt."

„Ich habe im angelsächsischen Umgang gelernt, jeden zu respektieren, ob er ein Portier ist oder die Sekretärin oder der Sprecher des Vorstandes oder ein großer Spezialist."

„Es ist völliger Unsinn zu glauben, daß es nur eine richtige Art zu leben gibt, nämlich gerade so, wie wir leben oder wie es unser Wertesystem nahe legt. Wenn ich dazu beitragen kann, das Verständnis auf Unternehmensebene für fremde Ansichten, für fremde Lebensweisen zu fördern, dann kann ich meinen Beitrag leisten. Wenn alle global operierenden Unternehmen dies ebenso machten, wäre das aus meiner Sicht ein direkter Beitrag zur politischen Bewältigung von sozialen Konflikten. Und das wäre für mich sehr wichtig."

„Durch eine interkulturelle Sichtweise ist man einfach besser in der Lage, Dinge auch aus anderen Blickwinkeln zu sehen, geographisch, kulturell, in jeder Hinsicht. Das ist eine ganz, ganz wichtige Erfahrung. Wir leben letztlich nicht auf einer Insel, sondern in unserem Geschäft muß man in ganz starkem Maße weltweit zusammenarbeiten. Je stärker man in der Lage ist, sich auch in andere Menschen, Kulturen, Situationen hineinzuversetzen, desto erfolgreicher kann man die eigenen Ziele verfolgen."

Die Mehrheit der Spitzenmanager versteht ihre Rolle als kulturellen und humanen Auftrag und nicht nur als Sachwalter von Effizienz und Ergebnisorientierung. In ihrem Bild von einem verantwortungsvollen Unternehmensleiter herrscht nicht das Primat des reinen Organisationsinteresses, sondern seine Gleichstellung mit humanen Werten. Zumindest in ihren Konzeptionen des Wünschenswerten haben Achtung, Respekt und Gerechtigkeit die gleiche Bedeutung wie die wirklichen oder vermeintlichen Organisationsinteressen. Insofern sind für die Führungselite Menschlichkeitswerte stärker in den Vordergrund getreten und haben Bilder, die Macht oder Härte als Unternehmertugend idealisieren, abgelöst.

6.2 Leistungs-, Pflicht- und Akzeptanzwerte

Auf der Werteskala der wirtschaftlichen Führungselite nehmen die traditionellen Disziplintugenden nach wie vor einen bedeutenden Rang ein. Die vergleichsweise hohe Einschätzung bedeutet jedoch nicht, alle mit den sogenannten preußischen Akzeptanztugenden verbundenen Werte würden gleichermaßen hoch gehandelt. Auffällig ist, daß innerhalb der Akzeptanzwerte eine Verlagerung stattgefunden hat: die Wertschätzung von Pflichtbewusstein, Korrektheit, Disziplin und Ordnung verbindet sich nicht zugleich mit traditionellen Fügsamkeits- und Bescheidenheitsidealen. Sie hat auch nichts mit Härte, Strafe und Einengung zu tun. Äußere Disziplin hat sich vielmehr inzwischen in innere Selbstdisziplin verwandelt.

Gleichwohl bleibt die Frage, worin die Bedeutung der Disziplintugenden für die Wirtschaftselite liegt. Werden Pflicht- und Korrektheitsvorstellungen nur als wichtig angesehen, weil diese Werte das unentbehrliche Mittel zur Verwirklichung des Unternehmenserfolgs sind? Oder sind Disziplintugenden für die Majorität der Wirtschaftselite wichtig, weil sie einen Rahmen darstellen, der in sich selbst einen Wert besitzt? Haben Akzeptanzwerte in den Augen der Wirtschaftselite eine autonome Qualität, oder dienen sie allein Erfolgs- oder Effizienzzielen?

Für die Vorstände der größten deutschen Unternehmen ist Pflichtbewusstsein offenbar ein keiner weiterer Begründung bedürfender ethischer Imperativ.

> „Das Thema Pflichterfüllung im Sinn der preußischen Tradition hat eine ganz große Bedeutung. Ich habe nie ein Problem gehabt mit der Frage, mich selbst zu motivieren oder das, was ich als meine Pflicht ansehe, zu tun. Das heißt dann eben auch, zwölf oder vierzehn Stunden zu arbeiten. Preußische Tugenden sind ja zum Teil verunglimpft worden, weil sie mit dem Dritten Reich verbunden wurden. Sie sind für meinen Geschmack durch zu viel Beliebigkeit ersetzt worden. In den letzten Jahren ist das Pendel vielleicht wieder ein bißchen zurückgegangen."

> „Wenn Sie in mein häusliches Arbeitszimmer hineinkommen, werden Sie sehr viel lesen von unserem guten Friedrich und den preußischen Tugenden. Sie sagen mir sehr viel – auch in Bezug auf Korrektheit und Arbeitseinstellung. Diese ganzen Dinge sind mir schon ganz wichtig."

> „Ich halte Selbstdisziplin für absolut wichtig. Lafontaine hat einmal in diesem Zusammenhang verächtlich von Sekundärtugenden gesprochen. Ich halte eine solche Aussage für eine unglaubliche Arroganz. Ich glaube, daß man nur eine Persönlichkeit werden kann, wenn man selbstdiszipliniert ist, und wenn man Maßstäbe, wirkliche Maßstäbe für sein eigenes Handeln hat. Was wir heute vielfach erleben, sowohl in der Politik wie in der Wirtschaft, ist diese Beliebigkeit in den Positionen. Daß wir nicht mehr wissen, woran orientieren sich diese Menschen? Und das ist das Grundübel."

> „Pflicht ist für mich kein Schimpfwort, sie steht ganz obenan. Für mich gehört sie zu den Tugenden. Sie ist für mich, und das habe ich auch meinen Kindern immer wieder gepredigt, ein absolutes Muß. Sie ist nichts, was zu verteufeln ist."

> „Ich bin geprägt worden durch die 68er, obwohl ich nicht einer der Radikalen oder von der Vorfront war. Aber die althergebrachten Tugenden wie Disziplin und Pünktlichkeit, die man als die Tugenden eines KZ-Wärters angesehen hat,

hat man natürlich in jener Zeit schon in Frage gestellt. Disziplin war damals wirklich ein Schimpfwort. Heute sage ich, eine Organisation oder eine Gruppe von Menschen braucht eine bestimmte Disziplin in ihrem Verhalten, anders wird es zum Chaos."

Pflicht- und Disziplintugenden dienen für die deutschen Spitzenmanager als Kriterium für die soziale Bewertung. Aus ihrer Sicht bilden sie einen wichtigen Mechanismus für die Integration der Menschen in ein Unternehmen. Pflicht integriert, Disziplinlosigkeit isoliert. Untermauert wird diese Haltung zudem dadurch, daß Werte wie ‚unbeschwert Leben', ‚das Leben genießen' einen denkbar niedrigen Stellenwert bei ihnen einnehmen.

6.3 Authentizitätswerte

Auf den Wichtigkeitsskalen der heutigen Wirtschaftselite nehmen Authentizitätswerte einen sehr hohen Stellenwert ein. Die Mehrheit der Manager, die Authentizität als wichtiges Gut ausgeben, schwankt um etwa 53 %. Gradlinigkeit, Aufrichtigkeit und Integrität gelten als grundlegende Prinzipien der eigenen Identität. Wie stark sie das Handeln beeinflussen, demonstrieren Aussagen wie beispielsweise:

„Ehrlichkeit und Offenheit ist etwas, was man unbedingt haben muß. Ein absoluter Wert für mich ist, daß man Fehler eingestehen kann. Das ist etwas, was ich bei vielen Führungskräften nicht mag: wenn sie mal daneben lagen, daß sie dann nicht die Größe haben zu sagen: okay, da habe ich schief gelegen. Also, auch in schwierigen Situationen Ehrlichkeit und Fairness zu praktizieren, das ist ein Minimum, das man heute als Führungskraft aufbringen muß."

„Ich vertraue prinzipiell jedem meiner Mitarbeiter. Wenn er etwas falsch macht, kein Problem. Aber wehe, er manipuliert und ist nicht offen; das heißt, er gibt keine Fehler zu, ist unehrlich gegenüber sich selbst und mir: dann geht das Vertrauen sofort verloren."

Die Hochschätzung von Authentizitätswerten ist nicht neu unter der Führungselite. Man kann davon ausgehen, das auch die Vorgängergeneration der heutigen Wirtschaftselite sie für wünschenswert gehalten hat. Neu und anders als bei der Vorgängergeneration ist die nachdrückliche Aufwertung unverfälschter face to face Beziehungen. Dafür gibt es vier Gründe:

Auffallend ist zunächst, daß die Topmanager Kategorien wie Aufrichtigkeit und Offenheit deutlich aufwerten. An die Führungsposition gebundene Rollen- und Loyalitätspflichten rangieren nach ihrem Verständnis nicht mehr wie selbstverständlich vor Ehrlichkeit, Transparenz und Gradlinigkeit. Bejahung der Vorstandsposition beinhaltet demnach nicht zugleich Bejahung der damit verbundenen Rollenpflichten um jeden Preis. Die eigene Identität rangiert im Zweifel vor den Positionsanforderungen – so der Tenor der Mehrheit der Topmanager. Ihrer Auffassung nach habe man sich zwar auf die Aufgaben zu konzentrieren, trotzdem dürfe man dabei nicht sein Selbstbild aus dem Blick verlieren. Sie bleiben Individuen und wollen auch um ihrer Individualität willen geschätzt werden.

Die hohe Wertschätzung von Authentizitätswerten bedeutet zweitens, daß die deutschen Top- Manager eine Selbstverständlichkeit besonders ernst nehmen: sie erheben den Anspruch, den Mitarbeitern und Kollegen ihre Überzeugungen vorzuleben. Worte und Taten sollten im Einklang stehen. Ihnen ist es wichtig, diese Einheit zu verkörpern, auch wenn es nicht immer gelingt. Es geht dabei um ein gutes Stück von Selbstoffenbarung.

Authentizität hat drittens etwas mit Persönlichkeitstreue zu tun. Shakespeare sagte einmal: „Die ganze Welt ist eine Bühne und alle Frauen und Männer bloße Spieler." Trotzdem darf das Rollenspiel nach Auffassung der deutschen Spitzenmanager nicht unaufrichtig sein. Sich treu zu bleiben, ist für sie eine eherne Maxime. Es erscheint ihnen nicht akzeptabel, sich für jemand auszugeben, der er nicht ist.[29]

Die Bedeutung von Authentizität liegt viertens schließlich darin, eine Balance zwischen Individualität und Umfeld herzustellen. Die Spitzenmanager wägen nach ihrem Bekunden vermehrt ab, welche Seiten ihrer Persönlichkeit mit den vorherrschenden Normen in Konflikt geraten können. Zu viel Konformität würde pure Anpassung bedeuten, zu wenig könne den einzelnen Manager isolieren. Authentische Führungskräfte versuchen daher, ein Gleichgewicht zwischen ihrer Persönlichkeit und den Funktionserfordernissen des Amtes herzustellen. Deshalb kombinieren sie ihre Maxime von Ehrlichkeit und Direktheit mit hochentwickelten sozialen Antennen: sie streben danach, sich mit den Facetten ihrer Persönlichkeit auf ihre Umgebung offen einzustellen.

6.4 Soziale Werte

Jeder zweite Spitzenmanager mißt sozialen Werten einen hohen Rang zu. Verantwortung, Kompromißbereitschaft und Engagement für übergeordnete Gemeinschaftsziele gelten ihnen als wünschenswerte Handlungsziele in den Unternehmen. Für die deutschen Vorstände ist zudem klar, daß die innere Ordnung eines Unternehmens eine Ordnung der Gegenseitigkeit von Rechten und Pflichten zu sein hat. Sie bejahen die enge Kooperation und den Teamgedanken. Dahinter steht ein Bild vom Unternehmen als vertrauensvolle Leistungseinheit, in der alle Mitarbeiter ihre Eigeninteressen der Loyalität und der Verantwortung gegenüber der gemeinsamen

[29] vgl. Goffee, R. u. G. Jones 2006, S. 65

Aufgabe hintanstellen. Ist die Hochschätzung dieser Werte auch alles andere als neu, so haben sich für die Spitzenmanager doch die Akzentuierungen in doppelter Hinsicht verschoben:

Erstens: Soziale Werte haben eine individualistische Färbung angenommen. Sie betonen das Recht, eigenverantwortlich und selbständig an den Prozessen im Unternehmen beteiligt zu sein. Sie baut auf Durchlässigkeit der Hierarchien und zwischen den Ressorts. Verantwortung heißt nun, Bedingungen zu schaffen, die dem einzelnen Gelegenheit zur Nutzung seiner Kompetenzen geben, ohne den Teamgedanken zu gefährden. Das soziale Prinzip respektiert die Mitarbeiter als Individuum mit besonderen Bedürfnissen, die dort ihre Grenzen finden, wo sie mit den Interessen der anderen Mitarbeiter kollidieren.

Bejahung des Teamgedankens ist zweitens keine Bejahung um jeden Preis. Das Mehrheitsbild der Spitzenmanager von sozialen Werten ist stets verwoben mit den Ansprüchen nach einer klaren Erfolgsorientierung. Aus der Sicht der Spitzenmanager haben soziale Werte nicht allein den Zweck, übermäßige persönliche Ambitionen in Schach zu halten und Statusfragen zu begrenzen. Sie dienen auch dazu, Loyalitätsverpflichtungen gegenüber dem Unternehmen zu stärken. Schließlich aber verspricht sich, wer soziale Werte hochschätzt, einen weiteren ‚Gewinn'. Er hofft auf gegenseitige Stützung in Problemlösungsprozessen und auf Beistand der persönlichen Entfaltung von Kompetenzen zum Wohl des Unternehmens. Mit dieser Haltung wenden sich die Spitzenmanager gegen Normen, die individuelle Karriereambitionen prinzipiell über kooperative Regeln stellen. Und sie wenden sich gegen Haltungen, die den wirklichen oder vermuteten Bedürfnissen des einzelnen Mitarbeiters den Vorrang über das gemeinsame Interesse einräumen.

6.5 Ökonomische Werte

Auf der Wertskala der Topmanager in Deutschland nehmen ökonomische Werte niedrigere Plätze ein als Humanitäts- und Authentizitätswerte. Die vergleichsweise niedrigere Einstufung bedeutet jedoch nicht, sie würden gering geschätzt. Es scheint vielmehr, als werden Leistungs- und Erfolgsorientierung, Effizienz und Zielstrebigkeit als selbstverständlich vorausgesetzt.

Das Verhältnis der Spitzenmanager zur Leistung ist ungebrochen. Leistungswerte bilden ein hohes Gut. Die Hochschätzung von Leistung und die Hochschätzung von preußischen Pflichttugenden scheinen für die Topmanager in einer inneren Verbindung zu stehen. Sie bilden ein Syndrom, in dem das eine das andere stützt. Pflichtgefühl erhöht das Leistungsbewußtsein und Leistungsbewußtsein stärkt das Pflichtgefühl.

„Bei uns ist es klar, ob die Katze weiß, schwarz, gestreift oder grau ist, ist völlig irrelevant – Mäuse fangen muß sie. Und das ist das Kriterium. Das weiß hier jeder. Eine klare Leistungsorientierung nimmt jede Subjektivität aus den Urteilen heraus, sie verhindert Günstlingswirtschaft und undurchsichtige Entscheidungsprozesse. Alles Leistungsfeindliche ist tabu. Ich würde es in meinem Umfeld auch nicht ertragen und anderen zumuten. Die transparente offene Leistungsbezogenheit ist ein ganz wichtiger Wert für den Umgang mit Mitarbeitern und Kollegen."

Fazit:

Mehr als zwei Drittel der Spitzenmanager in Deutschland bekennt sich zu Tugenden, die dem Kanon der protestantischen Arbeitsethik entstammen. Man trifft hier auf ein Spektrum von handlungsleitenden Vorstellungen, die eng miteinander verwoben sind: Pflichtgefühl, harte Arbeit, Leistungsbewußtsein sind gekoppelt mit Werten der Offenheit, Loyalität und Kooperationsbereitschaft. In dieser spezifischen Werteamalgamierung ist ein wesentlicher Pfeiler der Identität der deutschen Spitzenmanager verankert.

Das Bild eines ‚moralischen' Managers ist aus ihrer Sicht das eines Menschen, der zuverlässig, korrekt und selbstdiszipliniert arbeitet. Die Aufgabe verpflichtet zu einer Daseinsweise, bei der niemand die Arbeitsstunden zählt und niemand die verausgabten Kräfte mißt. In diesem Punkt ist die Haltung der deutschen Wirtschaftselite von einer hohen Kontinuität geprägt.

Neu aber – und darin liegt eine Diskontinuität – ist, daß der Wert der Pflicht mit sozialen und moralischen Wertideen durchwoben ist. Galt noch vor einer Generation Pflicht als getreue Erledigung von Aufgaben, der andere Werte wie etwa Authentizitätswerte untergeordnet wurden, so hat sich diese Auffassung gedreht. Pflicht gilt nicht mehr als eine Tugend, unabhängig von ihren Resultaten. Pflicht muß aus Sicht der deutschen Führungselite auch nicht mehr unter Verleugnung persönlicher Humanitätswerte verrichtet werden. Und Disziplin ist nicht mehr Inbegriff einer Moralordnung, in der Leistungswille und Fleiß bloß um ihrer selbst willen zentrale Plätze einnehmen.

Die traditionelle Auffassung von den Akzeptanzwerten tritt somit in der deutschen Wirtschaftselite zurück. Dafür gibt es zahlreiche Belege. Aufschlussreich ist zunächst die relativ hohe Stellung von Humanitäts- Authentizitäts- und sozialen Werten auf den Wichtigkeitsskalen der Topmanager. Die hohe Bedeutung von Authentizitätswerten zeigt an, daß Selbstdisziplin und Pflicht nicht als Kernwerte des Arbeitslebens verstanden werden, denen alle anderen Werte nachgeordnet sind. Die Mehrheit der Topmanager schätzt zudem Werte wie Verantwortungsbereitschaft,

Selbstständigkeit, freien Willen und Zivilcourage, die mit Pflicht und Disziplintugenden durchaus kollidieren können.

Die Abkehr von Ideen, die Pflicht und Disziplin als fraglosen Selbstwert verstehen, ist eindeutig. Charakteristisch für die Haltung der Topmanager ist eine Kombination verschiedener Einstellungen. Individualistische Auffassungen verbinden sich mit Deutungen, die die intrinsischen Aspekte von Pflichtwerten betonen. Beides schließt sich nicht aus. Für die Wirtschaftselite in Deutschland sind die zentralen Disziplinwerte zwar eine schiere Notwendigkeit und unersetzbares Mittel für den Unternehmenserfolg; aber nur in Verbindung mit Humanitätswerten und Authentizitätsansprüchen sind sie zugleich Quelle der Selbstachtung, Grundlage von Ansehen, Weg zur moralisch legitimierter Identität.

Typisch für die deutschen Spitzenmanager scheint demnach eine Art „Ideenfusion" zu sein, derzufolge sich die Wertschätzung von Selbstdisziplin und Leistung mit dem Bekenntnis zu Humanitäts- und Authentizitätswerten verbindet. Erst diese Kombination von Erfolgswerten einerseits und Bejahung von Respektswerten andererseits, von Dispositionen der Effizienz einerseits und dem Wunsch nach Humanität andererseits kennzeichnen die spezifischen Akzente im Werthorizont der deutschen Wirtschaftselite.

6.6 Die Wertehierarchie der deutschen Wirtschaftselite

Auf die Frage: ‚Was ist das Wertprofil der deutschen Topmanager?' kann man auch über einen weiteren Weg Aufschluß erhalten. Wir wollten wissen, welche Bedeutung die Spitzenmanager einer Reihe von Werten beimessen, die immer wieder im Zusammenhang mit der Postmaterialismusdebatte diskutiert werden. Zu diesem Zweck haben wir den Vorständen eine Skala von Werten vorgelegt, deren jeweiliges Gewicht sie beurteilen sollten. Herausgekommen ist ein Ranking, das die frei geäußerten Wertprioritäten in mehreren Facetten ergänzt.

Aus diesen Materialien geht hervor, welche Werte den Spitzenmanagern als besonders wünschenswert, und welche ihnen als nachgeordnet erscheinen. In erster Linie streben sie nach Werten der Gestaltung. Als wünschenswert gelten vor allem Ehrlichkeit, Phantasie, Kreativität und Dinge zu bewegen. Offenbar sehen die Spitzenmanager die Essenz ihrer Identität nicht in den klassischen Managementtugenden wie Selbstbeherrschung, Härte, Durchsetzungswille, sondern in der Fähigkeit, aktiv und kreativ zu mobilisieren unter Wahrung ihrer Authentizität. Erwähnt werden sollte auch, was im Mehrheitsbild der Wirtschaftselite fehlt, bzw. im Hintergrund bleibt: Darstellungsgeschick, Intellektualität, Härte und Macht. Im ganzen dominiert ein pragmatisches, eher demokratisch orientiertes unautoritäres Führungs- und Gesellschaftsideal.

Frage: In welchem Maß haben die folgenden Werte eine Bedeutung für Ihr Selbstverständnis?

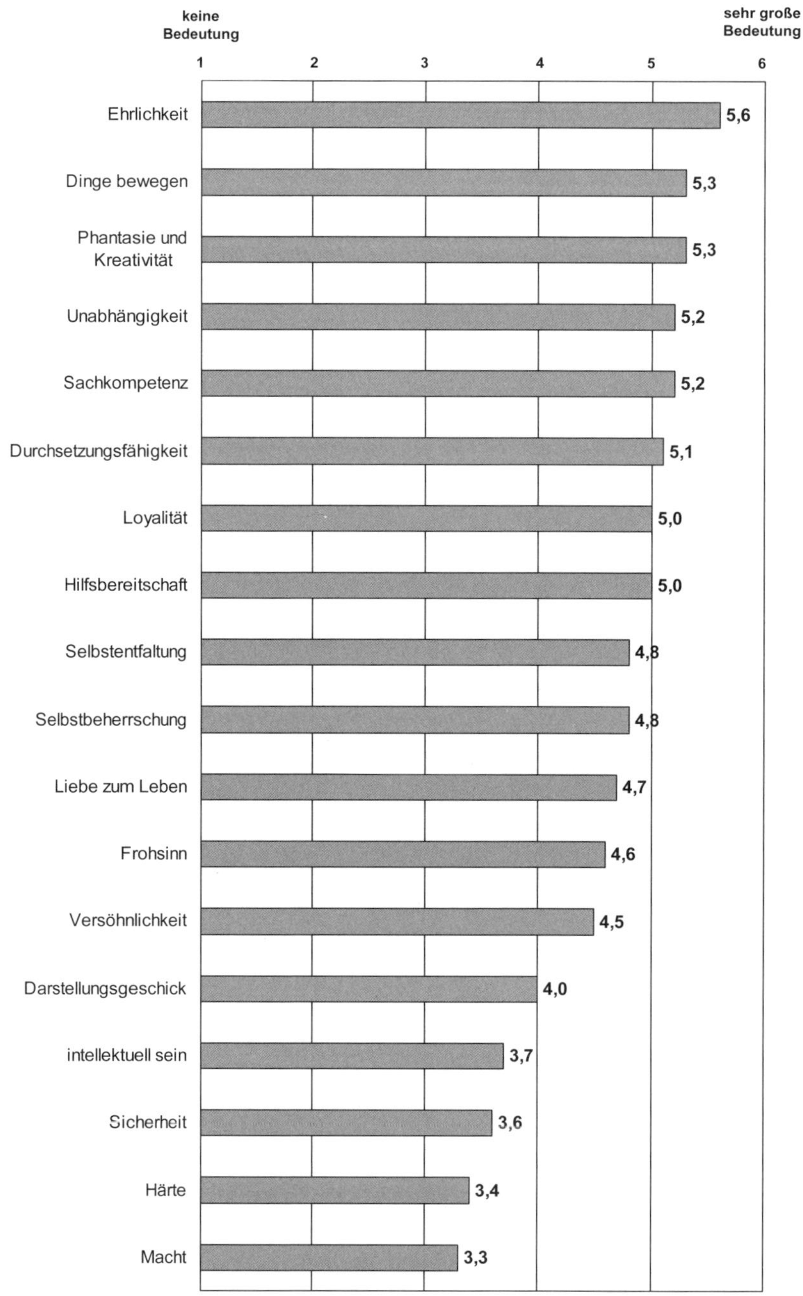

Abb. 17: Die Werte der Spitzenmanager (n = 41)

Die Mehrheitsideen der deutschen Spitzenmanager überraschen, in mehrfacher Hinsicht:

1. Wer an der Spitze von Deutschlands Großunternehmen steht, verspricht sich von der Position vor allem die Chance zu freier Gestaltungsfähigkeit. Er versteht seine Position als Gestaltungsraum unter absolut offenen, transparenten Rahmenbedingungen und nicht als hierarchische Ordnung, in der mit Härte und Machtbefugnissen die Entscheidungsprozesse bestimmt werden. In seinem Bild von der Top-Position dominieren Kreativität und Initiativgeist. Solche Bilder machen natürlich die Top-Positionen anfälliger für offene Konflikte, aber sie belegen auch, daß phantasievolle und kreative Initiativen höher bewertet werden als herkömmliche Karrieremuster.
2. Die Wertehierarchie der deutschen Spitzenmanager signalisiert auch, daß offenbar solidarische Werte vorgedrungen sind sowohl in die Domänen der Privatheit wie auch in das Berufsleben. Ihre Verwirklichung wird zwar nicht mit dem gleichen Nachdruck und der gleichen Entschiedenheit betrieben. Aber bei fast allen Spitzenmanagern haben sie Werten wie Willen zur Macht oder Härte den Rang abgelaufen. Auffallend ist jedenfalls, wie stark Ziele der Hilfsbereitschaft, Loyalität und Versöhnlichkeit in den Vordergrund getreten sind. Als Leitsätze werden entsprechend kooperative, auf Gemeinsinn und Dienst an der Gemeinschaft orientierte Werte formuliert wie etwa: „Zeit haben für die Leute, sonst wird man kalt“.
3. Nach dem Willen der deutschen Wirtschaftselite sollen sich solidarische Werte mit Durchsetzungserfordernissen verbinden. Auch gegenüber diesem Schwerpunkt sind ältere Tugendideen der reinen Erfolgsorientierung verblasst. Im Einklang mit dem Selbstideal der Spitzenmanager steht offenbar der Wunsch, Veränderungsprozesse nicht zu Lasten der Schwächeren in der Gesellschaft zu initiieren.
4. Die Verbindung von Unabhängigkeitszielen mit einer hohen Bewertung von Loyalität ist interessant. Sie zeigt nämlich, daß die Mehrheit der Spitzenmanager ein Mindestmaß an Ordnung und Disziplin prämiert, obwohl sie sie nicht bei diesem Namen nennt. Ohne Loyalität ist Ordnung nicht gewährleistet. Wer Loyalität und Sachkompetenz hoch schätzt, bejaht damit zugleich ein Mindestmaß an Selbstdisziplinvorstellungen. Anders als in früheren Epochen sollen Loyalität und Sachkompetenz aber nicht mehr im Dienste einer höheren Sache stehen. Sie sollen vielmehr dem moralischen Individuum dienen und werden von den Spitzenmanagern als Instrumente der Selbstentfaltung, Selbstbeherrschung und Selbstdurchsetzung gesehen.
5. Wo also individualistische Orientierungen der Unabhängigkeit und Durchsetzungsfähigkeit vorherrschen, werden zugleich anspruchsvollerer Verfahren in den höchsten Positionen verlangt: Diskussion, Argumentation, also flexiblere Urteilsbildung und größerer Fachkompetenz. Die Werte der Unabhängigkeit und des freien Gestaltungswillens tragen insoweit auch dazu bei, Zielkonflikte im

Top-Management zu verschärfen. Eine davon ist der Dauerkonflikt zwischen Durchsetzungsfähigkeit und Loyalität; oder der Konflikt zwischen Unabhängigkeit und Solidarität. Die Spitzenmanager sind Anwälte des Durchsetzungswillens und der Effizienz. Gestaltungsfähigkeit und Durchsetzungsfähigkeit gehören nach ihrem Selbstverständnis zu ihren primären Funktionen. Damit geraten sie aber leicht in Widerspruch zu Partizipations- und Loyalitätsansprüchen, die ebenfalls nach ihrem Werteverständnis einen hohen Rang einnehmen.

6. Diese Haltung der deutschen Wirtschaftselite wendet sich gegen Entwicklungen, die den ausschließlichen Vorrang individualistischer oder ökonomischer Interessen unterstellen. Sie richtet sich zugleich gegen den Anspruch anderer, die eigene Unabhängigkeit zu Gunsten fragloser Loyalität aufzugeben. Im Zweifelsfalle rangiert die innere Unabhängigkeit des Spitzenmanagers vor der Loyalität und damit vor der Bindung an eine bestimmte Ordnung.
7. Die Mehrheitsideen der deutschen Spitzenmanager von einer wünschenswerten sozialen Ordnung rufen schließlich neue Spannungen in ihnen selbst hervor. Nicht nur in der Gesellschaft selbst halten viele Menschen Selbsterfüllung, Selbstentfaltung, harmonische Familie, die Liebe zum Leben und Frohsinn für erstrebenswert. Auch die deutsche Wirtschaftselite hängt ähnlichen Ideen an. Symptomatisch sind Aussagen wie: „Ein bißchen mehr Zeit für sich selbst gewinnen, zwar seine Pflicht tun, aber auch mehr Zeit zum Nachdenken, auch zum Genießen der angenehmen Seiten im Leben, Reisen zu machen, Musik zu hören, auch ein bißchen Musik zu machen, nur für mich selber."
8. Also, auch bei den deutschen Spitzenmanagern gibt es offenbar Vorstellungen vom erstrebenswerten Leben, von Werten wie Muße, Gestaltungsspielraum oder Frohsinn – Vorstellungen, die von denen der Mehrheit gar nicht so weit entfernt sind, aber mit dem Selbstbild von der täglichen Dienst- und Geschäftsrealität nicht immer in Einklang zu bringen sind. Ihre Position verlangt den Spitzenmanagern eine asketischere Daseinsweise ab: Dauerkonzentration auf Sachaufgaben, hoher Zeitaufwand dafür, sehr wenig Privatheit, ständige Selbstdisziplin sowie die Bereitschaft, Konflikte zu akzeptieren und durchzustehen. Die deutsche Wirtschaftselite gerät damit in einen partiellen Widerspruch zu einigen neuen Orientierungen – und weil sie von diesen ebenfalls beeinflusst sind, auch in Widerspruch zu einem Teil ihres Selbst. In mancher Weise sind die neuen Orientierungen menschlicher, humaner als die Dienstrealität der herausgehobenen Position. Dies spüren natürlich auch die Spitzenmanager und so entstehen Konflikte in ihnen selbst.

Fazit:

Wenn man resümiert, fällt vor allem die wachsende Ambivalenz im Wertselbstverständnis der deutschen Wirtschaftselite auf: Einerseits sind Orientierungen eines wachsenden Individualismus im Sinne der Gestaltungsfreiheit und Unabhängigkeit vorgedrungen, sie gehen aber gleichzeitig Hand in Hand mit solidarischen Werten wie Loyalität, Hilfsbereitschaft und Versöhnlichkeit; einerseits verstehen die Spitzenmanager unter Führen 'Vorangehen im unwegsamen Gelände', andererseits suchen sie gleichzeitig partizipative Formen des Konsens; einerseits beugen sich die Spitzenmanager den Disziplinanforderungen der Führungspositionen, andererseits fällt die innere Abkehr von einer rein auf die Geschäfts- und Dienstrealität bezogene Daseinsauffassung auf. Was sie im Rückblick auf ihre Elterngeneration mit Recht als asketische Tugenden beschrieben haben, scheinen sie zumindest teilweise in ihrem Selbstbild überwunden zu haben. Stattdessen sind Orientierungen einer neuen Form von Selbstentfaltung und Liebe zum Leben in den Vordergrund gerückt, auch wenn sie sich in der Alltagswelt nur in den seltensten Fällen umsetzen lassen.

6.7 Erziehungswerte und Erziehungsziele

Ebenso wie der eigene Wertekanon sind Erziehungsziele Indikatoren umfassender Wertvorstellungen. In ihnen drücken sich grundlegende Konzeptionen vom richtigen Verhalten, von wünschenswerten Fähigkeiten und von guten Beziehungen aus. Erziehungsziele der heutigen Wirtschaftselite können daher ebenfalls als Auskünfte über einen tiefer greifenden Identitätsrahmen herangezogen werden.

Die Rangskala bietet einige Überraschungen. Denn die Erziehungsideale bilden keineswegs einen bloßen Reflex jener Wertvorstellungen, die die Spitzenmanager in ihrem eigenen Elternhaus erfahren haben. Die Erziehungsziele, an denen sich die Topmanager orientieren, enthalten Elemente von Kontinuität, aber auch von Diskontinuität. Hält man sich allein an ihre Aussagen, gewinnt man den Eindruck, daß offenbar Diskontinuitäten überwiegen. Mit Blick auf die Erziehungsziele ihrer Kinder ist die Orientierung sehr viel stärker an den so genannten neuen Werten (Primärtugenden) als an den alten Werten (Sekundärtugenden) ihrer Elterngeneration ausgerichtet. Sie appellieren weniger ausschließlich an Pflichtgefühl und preußische Tugenden, stellen vielmehr Ich-Stärke, Eigeninitiative, freie Entfaltung und Mut gepaart mit Toleranz, Einfühlungsvermögen und Kommunikationsfähigkeit in den Vordergrund – Eigenschaften also, die als soziale Kompetenz gelten.

Im Mittelpunkt der Erziehungsideen der deutschen Wirtschaftselite stehen Verantwortung, Leistungsbereitschaft und Selbständigkeit.

Kinder sollen vor allem lernen, in verantwortungsvoller Weise selbstständig zu sein.

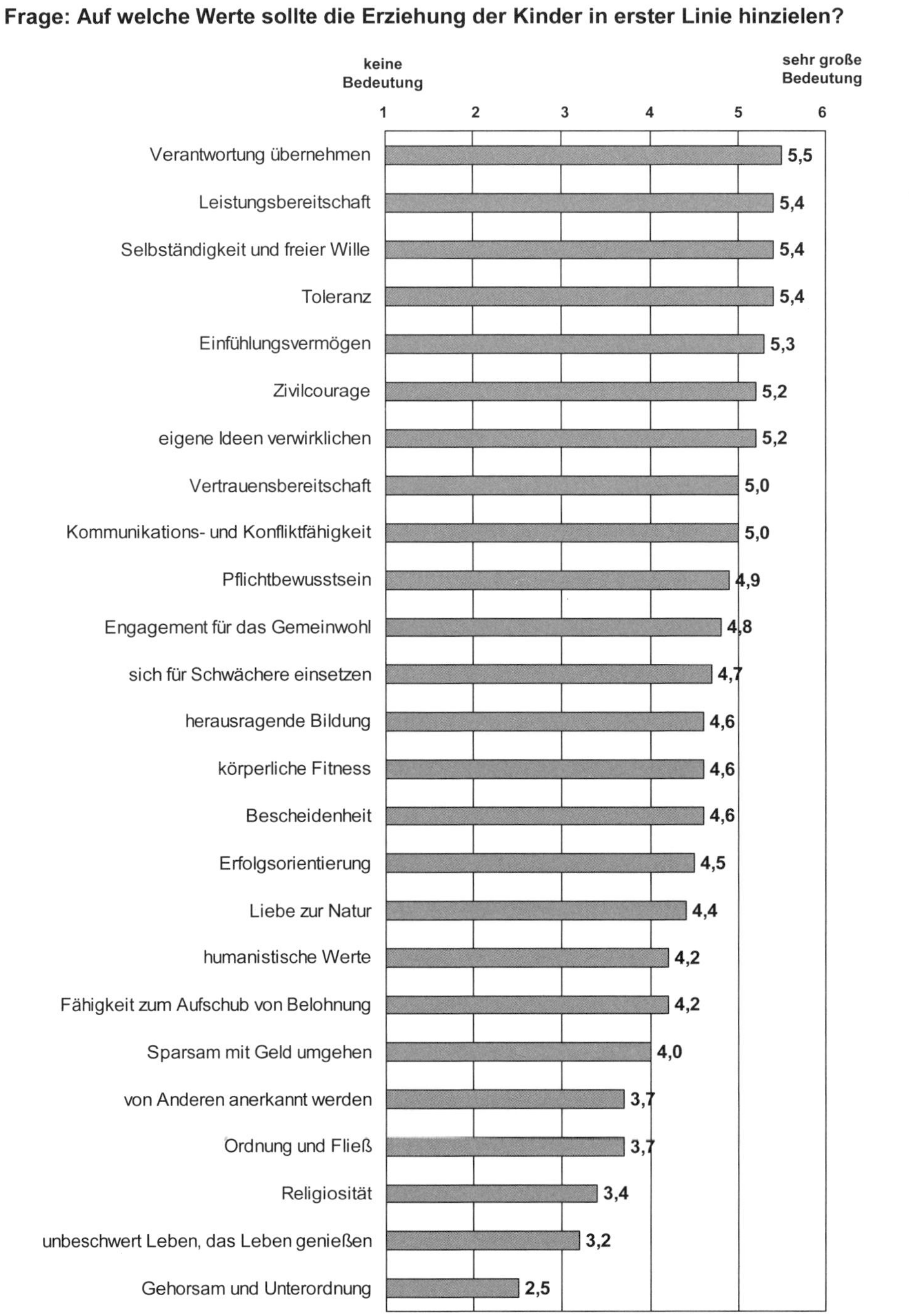

Abb. 18: Die Erziehungsziele der Spitzenmanager (n = 40)

Dieses Ziel stimmt mit dem Selbstideal der meisten Spitzenmanager nur partiell überein. Auch sie hegen für sich den Wunsch nach Unabhängigkeit, aber er ist stets gekoppelt mit einer überragenden Bedeutung von Pflicht- und Gemeinschaftswerten.

Nicht ganz klar wird, welchen Inhalt die Idee der Selbstständigkeit als Erziehungsziel hat. In erster Linie anscheinend die Fähigkeit, sich zu behaupten, Zivilcourage zu zeigen, eigene Ideen zu verwirklichen und aktiv Verantwortung zu übernehmen. Selbstständigkeit schließt ferner Kritikfähigkeit ein – ein ebenfalls von der Mehrheit der Spitzenmanager eindeutig in den Vordergrund gerücktes Ziel. Vor allem aber hat Selbstständigkeit etwas mit Verantwortungswille und Leistungsbereitschaft zu tun. Die Hochschätzung von Verantwortungswille und Leistungsbereitschaft scheint für die Wirtschaftselite in einer inneren Verbindung zu stehen. Verantwortung stärkt die Leistungsbereitschaft und Leistungsbereitschaft fördert wiederum das Verantwortungsempfinden. Dieses Selbstständigkeitsprimat in Fusion mit Werten wie Zivilcourage, eigener Ideenverwirklichung und Erfolgsorientierung bilden die oberste Stufe in der Rangliste der Erziehungsziele der heutigen Wirtschaftselite.

In einem weiteren Wertekomplex, der hinter den Selbständigkeitszielen rangiert, fungieren die so genannten sozialen Kompetenzen. Dieser Befund überrascht, spielt er doch im Selbstbild der Spitzenmanager nicht den gleichen hohen Stellenwert, den sie dem Erziehungsziel ihrer Kinder zuweisen. Als Erziehungsgrundsätze haben Einfühlungsvermögen und Toleranz eine sehr große Bedeutung. Auch Kommunikations- und Konfliktfähigkeit stehen hoch im Kurs. Fast alle Spitzenmanager halten es für wichtig, daß gleich neben der Selbstständigkeit soziale Kompetenzwerte rangieren. Sie werden häufiger herausgestellt auf der Skala wünschenswerter Beziehungen und deutlich höher eingestuft als in ihrem eigenen Elternhaus.

Erst hinter diesen so genannten weichen Wertbildern folgen die traditionellen Tugenden wie Pflichtbewusstsein, Bescheidenheit oder herausragende Bildung. Gegenüber den Schwerpunkten der Selbstständigkeit und der sozialen Kompetenzen sind die klassischen preußischen Tugenden im Erziehungsleitbild in den Hintergrund getreten. Ordnungsliebe, Sparsamkeit, Belohnungsaufschub gelten nicht mehr als Tugenden, die in den Familien der Wirtschaftsführer vorrangig einzuüben sind. Zwar sind Ordnung und Pflicht nicht ausrangiert, aber sie werden doch auf vergleichsweise niedrigere Ränge verwiesen.

Ähnlich verhält es sich mit Fleiß und Gehorsam bzw. Unterordnung. Sie rangieren ganz am Ende der Werteskala. Diese Umorientierung ist sicherlich schon älter, hat sich aber in der jüngsten Vergangenheit noch weiter verstärkt. Interessant ist daran nicht zuletzt, daß die heutigen Spitzenmanager, die selbst noch zu eiserner Disziplin und Pflichtbewusstsein angehalten wurde, für ihre eigenen Kindern erheblich weniger Restriktionen wünschen, daß sie freiere und selbstverantwortlichere Beziehungen zwischen den Generationen begrüßen. Offenkundig legen die eigenen Erziehungserfahrungen im Jugendalter die künftigen Reaktionen nicht von vornherein fest.

Obwohl die Ziele der Selbstständigkeit und Verantwortungsübernahme gegenüber Anpassungsideen die Oberhand gewonnen haben und Sparsamkeit, Ordnungsliebe etc. allenfalls nachrangig angestrebt werden, sind nicht alle älteren Orientierungen ausgelöscht. Das geht aus der unter den Spitzenmanagern verbreiteten Hochschätzung von Bildung, Wissen und Leistungsbereitschaft hervor. Wissenserwerb setzt Selbstkontrolle voraus. Ohne sie ist die von den Managern hoch bewertete Sachkompetenz nicht erreichbar.

Kompetenz ist ein wichtiges Erziehungsziel geblieben. Zugleich hat dieses Erziehungsziel jedoch eine andere Funktion als früher. Wie die hohe Bewertung von Selbstständigkeit demonstriert, sollen Kompetenzwerte aus Sicht der Spitzenmanager vor allem im Dienste des Erfolges ihrer Kinder stehen und nicht im Dienste einer übergeordneten Sache, etwa im Dienst eines wie auch immer definierten Gemeinwohls oder des Erfolgs einer Organisation.

Fazit:

Kompetenz ist ein traditioneller Wert, nicht traditionell ist seine Verbindung mit Werten der persönlichen Unabhängigkeit. Bildung und Kompetenz werden von den Managern als Instrumente der Selbstdurchsetzung gesehen, nicht als Mitgift, die es dem einzelnen ermöglicht, seine Pflicht zu tun. Das skizzierte Wertprofil der Spitzenmanager bedeutet, daß Werte der Mitsprache, der Selbstdurchsetzung und sozialen Kompetenz in ihren Erziehungsleitbildern vorgedrungen sind. Beinahe bei allen haben sie den älteren Ordnungswerten den Rang abgelaufen.

Die klassischen Tugenden, die die große Mehrheit der deutschen Spitzenmanager für sich noch als verbindliche Richtschnur erfahren haben – verbindlich im Sinne einer Norm des eigenen Handelns und wohl auch eines Stils, den man nicht ohne weiteres zu wechseln imstande ist – diese klassischen Tugenden rangieren im Erziehungsziel ihrer Kinder deutlich tiefer. Hier einen Identitätsbruch zu vermuten, ist falsch. Mit Blick auf den strukturellen Wandel in der Gesellschaft ist man zur Einsicht gelangt, daß sich die Zeit irreversibel gewandelt hat, und daß man diesen Wandel mitvollziehen sollte, wenn man weiterhin seinen Anspruch auf eineLeitbildfunktion erheben will. Gemessen an dem eigenen Wertekanon und dem eigenen Moralkodex scheint es gerechtfertigt, die hier betrachtete deutsche Führungselite als eine Managergeneration im Übergang zu bezeichnen, die dabei ist, ihr eigenes Weltbild zu relativieren.

6.8 Wertkonflikte im Unternehmensalltag

Gemeinsame Grundüberzeugungen sind Ausdruck der kollektiven Identität der Spitzenmanager. Sie sind aber nicht gleichbedeutend mit den praktischen Handlungsnormen im Unternehmensalltag. Werte kandidieren allenfalls für die Richtung von Unternehmensentscheidungen, sie decken sich aber nicht in jedem Fall mit den realen Handlungsmöglichkeiten. Grundüberzeugungen dürfen daher nicht mit Interessen oder „Sachzwängen" verwechselt werden. Wenn Manager beispielsweise Entscheidungen über Standortschließungen zu treffen haben, so ist damit noch nichts über ihre sozialen Grundüberzeugungen gesagt. Allenfalls könnte man folgern, es gäbe gar keine potentiellen Rollenkonflikte zwischen der Managerfunktion und den eigenen Grundüberzeugungen. Bei der Frage, ob Sachanforderungen der Unternehmensführung auch schon einmal mit persönlichen Grundüberzeugungen kollidieren, bekundet immerhin knapp die Hälfte der befragten Topmanager „Ja, das kommt vor".

Bemerkenswert ist, daß es in der überwiegenden Mehrzahl der Fälle um Personalentscheidungen geht, die den Führungskräften – durchaus nicht nur Personalvorständen – innere Konflikte bereiten:

> „Das ist schon ein Glück der Position, die man hat. Es gibt relativ wenige Situationen, in denen Sachzwänge mit meinen Überzeugungen kollidieren. Man kann schon gestalten. Klar, wir haben hier Leute entlassen müssen – eine der schwersten Entscheidungen, die man sich vorstellen kann. Das sind natürlich Situationen, wo man hin und her geworfen wird und sagt: Mensch, du greifst hier in Schicksale ein, in Lebensplanungen. Da hat man dann schon ein schlechtes Gewissen."

> „Nicht alle Entscheidungen, die man treffen muß, fallen einem leicht. Insbesondere Entscheidungen, die mit Menschen zu tun haben, also ganz konkret: Man schließt einen Standort, wie das ja vorkommt."

> „Jeder Manager wird irgendwann einmal vor die Frage gestellt, Personal abzubauen. Das ist eine der unangenehmsten Aufgaben, die man zu bewältigen hat. Aber man muß auch hier sagen: die Gesellschaft sucht sich ihr System selbst aus, sie will es so haben. Insofern ist man zwar exekutierendes Organ, aber im tiefsten Inneren bleibt dann schon ein großes menschliches Bedauern oder Mitleid für die Leute, die es dann trifft."

Wo Entscheidungen getroffen werden müssen, die mit den eigenen Wertüberzeugungen kollidieren, suchen die Spitzenmanager zumindest auf der Stilebene nach einem Weg, die innere Balance zu wahren:

> „Zunächst einmal ist wichtig, daß man Entlassungen, vor allem die Fälle, die man persönlich behandelt, menschenwürdig gestaltet. Das mag natürlich der Betroffene oder die Betroffene anders sehen, aber wichtig ist, daß man wirklich versucht, alles zu tun, um das so zu gestalten, daß man dem Menschen, auch wenn es vorbei ist, noch in die Augen schauen kann."

Frage: Haben Sie den Eindruck, dass die Sachanforderungen, die Ihre Position mit sich bringt, manchmal mit Ihren eigenen Überzeugungen kollidieren?

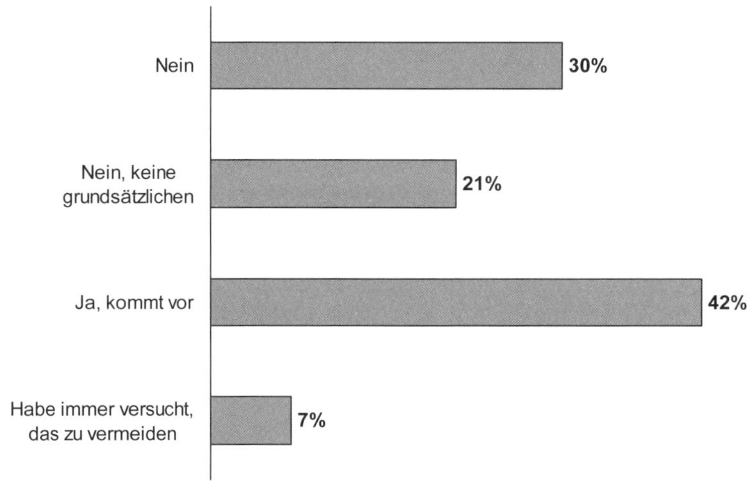

Abb. 19: Konflikte zwischen Sachanforderungen und Grundüberzeugungen (n = 42)

> „Na ja, ich versuche, wenn ich eine Chance sehe, den Konflikt zwischen meinen Grundüberzeugungen und Sachzwängen durchzustehen und dran zu bleiben. Wenn ich keine Chance mehr sehe, eine Balance herzustellen, sage ich, dann mußt du hier um der höheren Ziele willen auch mal mit Knurren klein beigeben."

Aber auch radikale Konsequenzen werden in extremen Situationen nicht ausgeschlossen:

> „Ich glaube, das kriege ich ganz gut hin. Wenn ureigenste Überzeugungen mit Sachanforderungen nicht übereinstimmen, dann kann ich sie auch nicht erfüllen."

Gut ein Drittel der Topmanager ist der Auffassung, sie seien (bislang) mit solchen Kollisionen zwischen ihren eigenen Überzeugungen und den Sachzwängen ihrer Managerrolle überhaupt nicht oder zumindest ‚fast nie' bzw. ‚in der großen Linie nicht' konfrontiert worden. Sie empfinden die Ermessens- und Gestaltungsspielräume ihrer herausgehobenen Position als Chance, Werte und Rollenzumutungen in Übereinstimmung zu bringen. Viele würden aber für den – meist als höchst hypothetisch angenommenen – Fall einer schwerwiegenden Kollision zwischen der Unternehmenspolitik und den eigenen Wertorientierungen sehr grundsätzliche Konsequenzen ziehen:

„Wenn sie kollidieren, dann wird gegen die Sachanforderung entschieden. Aber im Grundsatz ist es fast immer möglich, meine Überzeugung und die Sachanforderungen in Übereinstimmung zu bringen. Also, ich versuche jetzt einfach einmal, hypothetische Fälle zu konstruieren. Es kommt natürlich vor, daß gewisse Geschäfte gebunden sind an Zumutungen, aber die Zumutungen dürfen nur eine marginale Bedeutung erreichen. Und wenn sie eine höhere Bedeutung erreichen, dann verzichten wir auf das Geschäft."

„Also, ich würde hier keine Entscheidung fällen, vertreten und umsetzen, von der ich nicht zutiefst überzeugt bin. Ich mache nichts gegen meine Überzeugung, wobei ich mir meine Überzeugung nicht leicht mache. Aber es ist eine Frage der Glaubwürdigkeit gegenüber mir selbst."

Die Bereitschaft zum konsequenten Austragen grundlegender Konfliktsituationen darf nicht als sture ‚Prinzipienreiterei' gewertet werden. Potentielle Gegensätze zwischen unternehmenspolitischen Entscheidungsnotwendigkeiten und eigenen Grundüberzeugungen lassen die Topmanager nicht fahrlässig eskalieren, sondern suchen zunächst einmal dialog- und konsensorientiert im Unternehmensinteresse nach gangbaren Wegen, auf denen ein Nachgeben keine unverzeihliche persönliche Niederlage bedeutet:

„Wenn ich einen Konflikt sehe mit meiner persönlichen Auffassung, dann versuche ich, unser Unternehmen in Richtung meiner Denke zu bringen. Wenn das nicht möglich ist, dann bin ich auch bereit, meine persönliche Überzeugung hinten anzustellen und im Interesse des Unternehmens voranzugehen. Ich bin noch nie auf einen Konflikt gestoßen, der so substantiell ist, daß ich gesagt habe, ich verlasse die Firma."

„Natürlich gibt es auch Dinge, bei denen man sagen muß: gut, die übergeordnete Perspektive ist ausschlaggebend. Und dann muß ich mich damit identifizieren. Das ist ein schmerzhafter Prozess. (...) Ich halte nichts davon, wenn man das hinter den Kulissen boykottiert. Eine Organisation, ein starkes Unternehmen kann nur funktionieren, wenn es gemeinsam getragene Entscheidungen gibt, die vorher hart diskutiert werden."

6.9 Wertprobleme in Deutschland

Deutschland ist zweifellos nicht frei von Erscheinungen der Desintegration. Die Abkehr von übergreifenden Ideen und die damit einhergehenden Werte eines neuen Individualismus beunruhigen die Topmanager. Übergreifende, über die persönlichen Interessen hinausreichende Ideen, Ideen der Loyalität zu Lasten des eigenen Vorteils, Ideen des Verzichts für einen Gemeinschaftswert haben in Deutschland keine Heimat. In diesem Sinn besteht für die Topmanager ein geistiges Vakuum. Sie kritisieren, daß breite Mehrheiten verstärkt dazu neigen, materiellen Bedürfnissen und persönlichen Interessen den Vorrang zu geben. Die Abwesenheit einer Verpflichtungsethik schaffe Probleme. Dazu gehören ihrer Auffassung nach die Aufweichung von moralischen Grundsätzen, wachsender Materialismus, Sattheit und Sinnprobleme. Die Abkehr von Gemeinschaftsideen einschließlich ihrer Institutionen wurde so gründlich vollzogen, daß es an Ansatzpunkten für ein subjektiv als sinnvoll erlebbares Engagement fehle. Deshalb sei auch in Zukunft – so die Meinung der Majorität der Vorstände – selbst bei fortdauernder Prosperität mit Phänomenen der Desintegration zu rechnen. Ein zentraler Faktor, der dem Wirtschaftsstandort Deutschland auf lange Sicht zu schaden vermag.

Die deutschen Spitzenmanager sind der Meinung, daß eine wachsende Tendenz zum Individualismus, bzw. zur Verfolgung eigener Ziele auszumachen ist.

Wertewandel – Welche Hauptprobleme die Spitzenmanager in Deutschland wahrnehmen

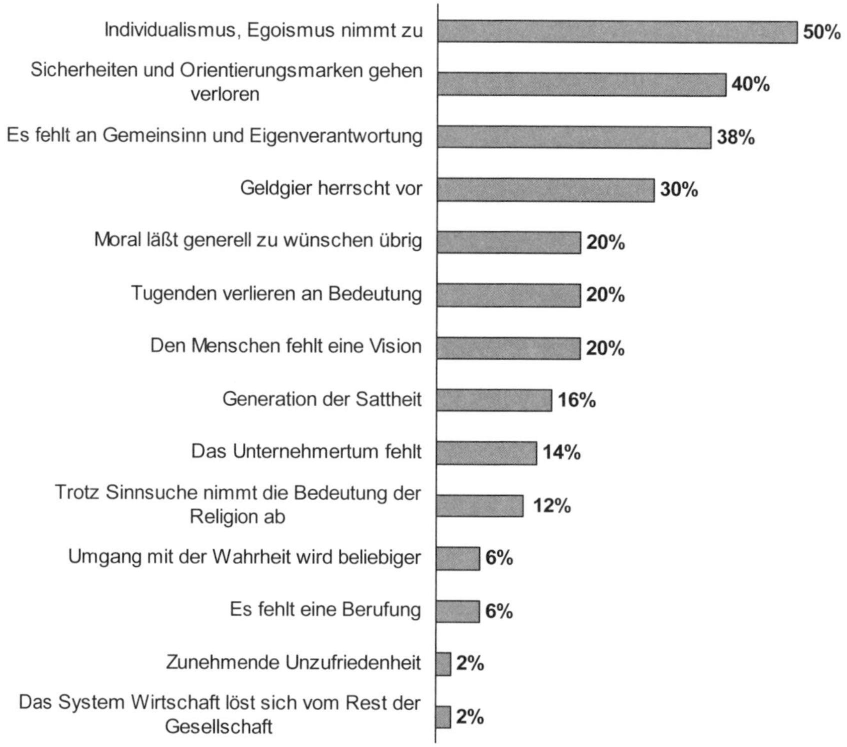

Abb. 20: Die deutschen Spitzenmanager: Werteprobleme in Deutschland

Sie kritisieren den Verlust an Subsidiarität und Gemeinsinn in der Gesellschaft.

Manche vermissen auch den Mut zur Risiko- und Wagnisbereitschaft, ferner den Willen, sich an der Geschichte zu orientieren und daraus für die Zukunft zu lernen. Dabei sind dies aus ihrer eigenen Erfahrung wichtige Stützelemente für das Funktionieren eines Gemeinwesens. Als möglicher Grund erscheint vielen Befragten der hohe materielle (ererbte) Wohlstand. Sie sprechen u. a. von einer Generation der Sattheit, die keine Mangelerlebnisse, keine Grundängste mehr kennt – ganz im Gegensatz zur Generation, die die Jahre während bzw. unmittelbar nach dem Zweiten Weltkrieg miterlebte.

Damit kritisieren die Topmanager den modernen Trend zur überzogenen Selbstdarstellung und zur Selbstgerechtigkeit. Sie sehen die Gefahr, daß auf diese Weise soziale Kompetenzen auf der Strecke bleiben, sowohl im Unternehmen als auch in der Verantwortung gegenüber unserem Gemeinwesen. Anstoß nehmen sie in ihrer Mehrheit überdies an einem überbordenden Materialismus sowie an Prinzipien der Selbstentfaltung und Selbstbezogenheit, die dem Lebensgenuss mehr abgewinnt als der Bereitschaft zum fraglosen Engagement oder zur öffentlichen Verantwortung.

> „Also, es sind zwei Dinge, die kommen mir mehr und mehr sauer hoch. Ich merke das auch im Kollegenkreise. Erstens der Hang zur individuellen Selbstdarstellung, die heute in der Tendenz schon etwas über das ausgewogene Prinzip hinausgeht. Und zweitens der doch sehr starke Materialismus. Dies ist für mich immer wieder erstaunlich."

> „Ich bin sehr negativ berührt, gerade auch in meiner Position, von diesem amerikanischen Turbo-Kapitalismus. Das setzt mir zu. Ich glaube auch nicht, daß die westlichen Demokratien dies auf die Dauer so durchhalten."

> „Ist diese Amerikanisierung der Welt eigentlich wirklich ein Naturgesetz oder gibt es eine Alternative? Darüber grüble ich."

> „Hier hat es große Veränderungen gegeben. Einerseits spielt die Ich-Bezogenheit, die Selbstverwirklichung für viele eine große Rolle. Besonders für jüngere Menschen. Das sind Fragestellungen, auf die man nach dem Krieg überhaupt nicht gekommen wäre. [...] Die Selbstverwirklichung läßt außer Betracht, daß der Mensch in ein soziales Umfeld eingebunden ist. Selbstverwirklichung ist Egoismus par excellence."

Der Individualismus steht den Spitzenmanagern zufolge für die vorbehaltslose Durchsetzung der eigenen Interessen. Gegenüber dem Gemeinsinn und dem Dienst an übergeordneten Institutionen dominiert ihrer Ansicht nach in Deutschland ein Individualismus der Selbstbezogenheit. Breite Mehrheiten neigen dazu, ihren persönlichen Interessen Vorrang gegenüber Gemeinschaftswerten zu geben.

Das Problem der Entwicklung liegt den Vorständen zufolge darin, daß in Deutschland sinngebende und legitimationsstiftende Institutionen fehlen, die die Tendenzen des Individualismus in Schach halten. Damit fehlen zugleich die notwendigen Navigationsmarken, die Orientierung und Sicherheit bieten. Der Mangel an Gemeinsinn ist für die meisten Manager Ausdruck eines nachhaltigen Integrationsdefizits: Es fehlt an Identifikationschancen, an Verantwortungsbereitschaft und sinngebenden Visionen.

> „Das „Ich“ steht immer mehr im Vordergrund. Es gab schon lange keinen Krieg mehr, daher so hohe Scheidungsraten und andere degenerative Elemente unserer Gesellschaft. Es fehlen die Grundängste. Die Rolle der Gemeinschaft wird heute als weniger wichtig angesehen.“

> „Man spricht nicht zufällig von der „Erbengeneration“. Das Geld ist einfach da, niemand muß es sich selbst erarbeiten.“

Der moderne Individualismus in seiner Schattierung als Selbstbezogenheit ist aus Sicht der Spitzenmanager aber nicht nur eine Frage von gesamtgesellschaftlicher Relevanz, auch für die Unternehmen der deutschen Wirtschaft sehen sie hier konkrete Herausforderungen. Die Wirtschaftslenker diagnostizieren etwa eine abnehmende Loyalität der Mitarbeiter an ihr Unternehmen, aber auch eine fehlende Vorbildfunktion seitens der Führungskräfte.

Besonders kritisch sehen die deutschen Spitzenmanager die bewußte Dosierung von Verpflichtungen und Loyalitäten, die der einzelne eingeht. Mit dieser Haltung wendet sich der Deutsche gegen jene Normen, die fraglose Verantwortung über das wie immer verstandene Glück des einzelnen stellen. Loyalitäten werden nur dann akzeptiert, wenn sie in den Dienst eigener Interessen oder des eigenen Selbsterfüllungsanspruches gestellt werden können. Leisten sie dies nicht, weist man sie schlichtweg zurück. Und genau darin, in dieser dosierten Loyalitäts- und Verantwortungsbereitschaft, liegt für die deutschen Topmanager ein massives Wertproblem.

> „Die Loyalität zu einem großen Unternehmen wie unserem wird in Zukunft schwieriger – aber auch die Loyalitäten zum Staat. Ich kann mir vorstellen, daß ein Unternehmen, das die Mitarbeiter nicht zu binden versteht, in Zukunft Schwierigkeiten haben wird mit der Loyalität. Damit werden auch die Probleme der Mitarbeiterabwanderung zunehmen. Wir brauchen nicht nur einen Vorrat an Werten, sondern an gelebten Werten – das ist ganz entscheidend. Darin sehe ich ein wichtiges Bindungsmittel.“

> „Was ich als kritisch bezeichnen würde, ist die Überhöhung des Ich im Gegensatz zur Findung des Wir. Was wir haben, sind Werte in Richtung: was kriege ich von der Firma statt: was kann ich für die Firma tun, wie gestalten wir gemeinsam die Firma. [...] Ich glaube, da haben wir in Zukunft viel zu tun. Die Loyalitäten zu Unternehmen lösen sich immer weiter auf.“

6.10 Quellen des Erfolgs

In der Reflexion über die Grundlage für ihre erfolgreiche Karriere sehen die Topmanager in erster Linie zwei Erfolgsfaktoren: Ihre Fähigkeit zur Eigenmotivation und zum Optimismus sowie ihre kommunikative Kompetenz. Die eher traditionellen Tugenden wie Zielstrebigkeit, Tüchtigkeit und Leistungsbereitschaft einerseits, Pflichtbewusstsein und Disziplin andererseits, stehen demgegenüber deutlich zurück.

Die deutschen Spitzenmanager: die Quellen ihres Erfolgs

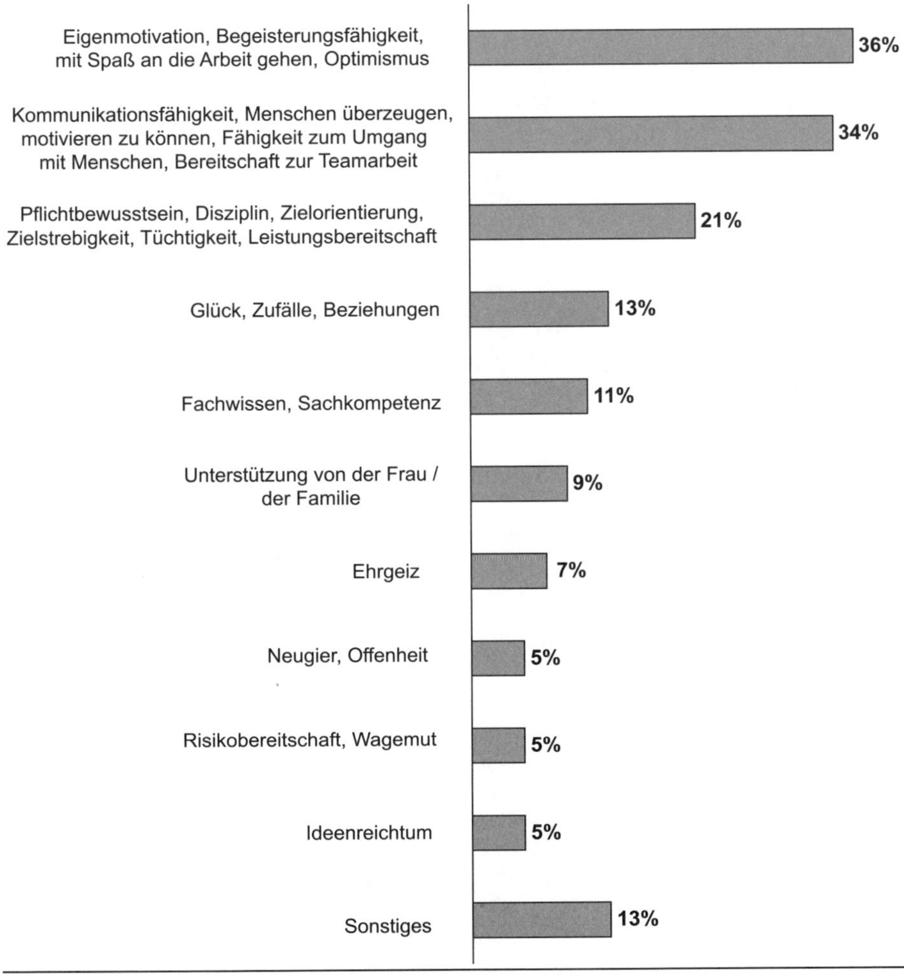

Abb. 21: Quellen des Erfolgs (n = 61, Mehrfachnennungen)

Die Grundeinstellung, mit Begeisterung und Spaß an die Aufgaben heranzugehen bzw. mit dem Willen, seine Sache gut zu machen, wird von gut einem Drittel der Top-Entscheider in Deutschland als Basis des eigenen Erfolgs angesehen – unabhängig im übrigen vom Lebensalter. Das Bild einer erfolgreichen Managerkarriere, das diese als Baustein einer durch und durch positiven Grundhaltung entwirft; die Idee, der Karriereerfolg gelinge dann, wenn überragende kommunikative Fähigkeiten zum Zuge kommen; die Bereitschaft zur Teamarbeit, Menschenkenntnis und das Gespür für das soziale Umfeld – diese Vorstellungen und Fähigkeiten bekunden, daß die eher weichen Erfolgsfaktoren die Oberhand gewonnen haben. Sie indizieren zugleich eine verstärkte Orientierung erfolgreicher Karriereverläufe an postmateriellen Tugenden und Werten.

Die weichen Erfolgsfaktoren werden von der Mehrheit der Manager nicht einseitig verfolgt. Hinsichtlich des Binnenverhältnisses von harten und weichen Erfolgsfaktoren gelten Verbindungen von tradierten Akzeptanztugenden und neueren Formen kommunikativer Kompetenzen. Nur eine Minorität der Topmanager beschreibt als Quelle des eigenen Karriereerfolgs die kompromißlose Umsetzung ‚klassischer' Tugenden wie Pflichtbewusstsein, Disziplin, Tüchtigkeit. Auffällig ist, daß diese ‚Erfolgsquelle' von den Jüngeren, nach 1945 geborenen, häufiger angeführt wird als von der älteren Managergeneration.

Neben den drei Hauptaspekten kommen – wie bei den unterschiedlichen Lebensverläufen und Persönlichkeiten nicht anders zu erwarten – in einer breiten Palette weitere

Die Spitzenmanager in Deutschland: Die Kraft für ihre Arbeit schöpfen sie aus…

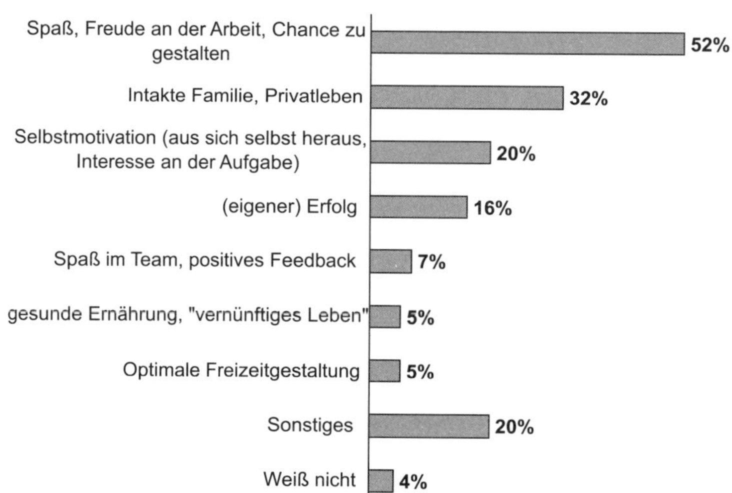

Abb. 22: Woraus die Spitzenmanager ihre Kraft schöpfen (n = 61)

Erfolgsfaktoren zur Sprache. Hält man sich an die Aussagen der Topmanager, gewinnt man den Eindruck, daß eine Kombination unterschiedlicher Faktoren ihren Aufstieg bereitet hat. Dazu gehören einerseits Glück und Zufälle, die man beim Schopf gepackt habe, die Förderung durch Mentoren, ebenso wie die Unterstützung von Ehefrau und Familie, die „den Rücken freigehalten" haben. Interessanterweise mehr im Hintergrund bleiben individuelle Eigenschaften wie Sachkompetenz, Offenheit, Risikobereitschaft oder der eigene „Ideenreichtum". Diese Werte stimmen erstaunlicherweise mit ihrem Selbstideal überein, verblassen aber vor dem Hintergrund der eigenen Karrierebewertung.

Die Kraft für ihr Engagement beziehen die Topmanager primär aus der positiven Einstellung zu ihrer beruflichen Aufgabe: Mit „Spaß an der Arbeit", „Freude am Gestalten" bezeichnet die Mehrheit ihre Motivation.

> „Ich schöpfe meine Kraft einfach aus der Freude an der Arbeit. Ich arbeite gerne. Zum Glück ist es so, daß ich immer sehr gern ins Büro gehe und meine Arbeit mir Spaß macht. Und dann ist es halt auch der innere Antrieb, etwas zu erreichen, voranzukommen und zu gestalten."

Im Mittelpunkt steht der Gedanke der Gestaltungschance. Etwas selbständig bewegen zu können, ist offenbar eine starke Kraftquelle. Damit zeigt sich auch hier, daß für das Engagement der Spitzenmanager weder tradierte Motivationsanreize noch der völlige Bruch mit ihnen, sondern die Verbindung von extrinsischen und intrinsischen Stimuli charakteristisch ist.

Das Wissen um einen intakten, sorgenfreien familiären Background beflügelt rund ein Drittel aller Vorstände. Den eigenen Erfolg zu erleben, ist ebenfalls für viele Manager eine Quelle des Antriebs: „Erfolg ist einer der besten Motivatoren, die man sich vorstellen kann. Jeder Erfolg generiert neuen Erfolg. Für mich ist der Erfolg ein ungeheurer Motor."

Jeder fünfte Topmanager sieht sich „aus sich selbst heraus" motiviert:

> „Ich schöpfe die Kraft aus mir heraus. Aber auch aus der Wertschätzung des Umfeldes, in dem ich lebe."

Für eine Minderheit spielt zudem die gemeinsame – erfolgreiche – Arbeit in einem Team eine wichtige Rolle: „Ich beziehe sehr viel Kraft aus dem Rückfluss der Zusammenarbeit mit anderen Menschen. Wenn ich merke, sie arbeiten gern für mich, gibt mir das viel Kraft". Einige legen auch Wert auf einen gesunden Lebenswandel oder auf eine optimale Freizeitgestaltung durch Hobbys (wie etwa die Jagd), die als Gegenpol zur Arbeit die Möglichkeit zum Innehalten und zur Reflektion bieten.

7 Religiosität und Glaube der Spitzenmanager

7.1 Bedeutung des christlichen Lebensentwurfs

Die deutschen Spitzenmanager sind in ihrer übergroßen Mehrheit streng religiös erzogen worden.[30] Ohne sich in jedem Fall auch heute noch als aktiv praktizierende Christen zu begreifen, ist doch in ihren Wertvorstellungen ein christlicher Lebensentwurf tief verankert. Daher überrascht es nicht, daß religiöse Überzeugungen im Wertekanon der Topmanager einen hohen Stellenwert haben. Aber es überrascht schon, in welchem Maße noch heute in einer durch und durch säkularisierten Gesellschaft Glaubensideen für die Spitzenmanager eine Rolle spielen.

Mehr als die Hälfte der Spitzenmanager bejaht die Frage, ob religiöse Überzeugungen bei der Verfolgung ihrer Lebensziele eine Rolle spielen. Auch glaubt jeder zweite, daß Glaubensideen und Spiritualität auf das Selbstverständnis der deutschen Wirtschaftselite einen erkennbaren Einfluß ausüben. Was folgt daraus? Religiöse Haltungen und Fragen der Spiritualität sind nicht nur auf private Lebensentwürfe bezogen, sondern bilden für die Mehrheit der deutschen Spitzenmanager auch den Kitt übergreifender Ideen, der ökonomische Grundsätze mit christlichen Lebensmaximen zusammenfügt. Trotz oder gerade wegen des hochrationalen Handlungsumfelds im Unternehmensalltag sehen die Vorstände mehrheitlich in christlichen Glaubensideen ein wesentliches Kernstück ihrer Identitätswurzeln.

Nur eine Minorität von etwa einem Drittel der heutigen Konzernlenker meint hingegen, daß sich religiöse Grundsätze nicht in der Identität der deutschen Vorstände widerspiegeln; zumindest halten sie den Einfluß für verschwindend gering oder sehr begrenzt.

Der relativ hohe Stellenwert religiöser Überzeugungen verweist auf eine verborgene Kontinuität – die Kontinuität von Wünschen nach Menschenwürde, Humanität, sozialer Verantwortung und nach seelischer Stabilität. Soweit die religiösen Überzeugungen bei der Verfolgung von Lebenszielen eine Rolle spielen, hat dies offenbar Tradition. Hier wirkt die Atmosphäre der Elternhäuser nach.

[30] vgl den Abschnitt über Leitideen des Elternhauses, insbesondere über den christlichen Wertrahmen

So differenziert die heutige Haltung zur Kirche unter den Spitzenmanagern ist – sie reicht vom regelmäßigen sonntäglichen Gottesdienst bis zur kategorischen Ablehnung von allem Spirituellen – so gemeinsam ist die deutsche Wirtschaftselite der Auffassung, daß die christlich-religiöse Erziehung im Elternhaus einen stark prägenden und positiven Einfluss ausgeübt hat. Die Spitzenmanager beider Konfessionen betonen den hohen Stellenwert von Religion in ihrer Kindheit und Jugend. Ohnehin überrascht, daß etwa zwei Drittel der heutigen Wirtschaftselite bekunden, streng religiös erzogen worden zu sein. Die religiöse Erziehung scheint offenbar nach wie vor in einer inneren Verbindung zu ihrer Karriere zu stehen. Daran ändert auch nichts, daß die heutigen Einschätzungen zum Stellenwert von Kirche und Religion auseinandergehen. Religion – so kann man resümieren – ist für die heutige Wirtschaftselite ein prägender Identitätsrahmen in der eigenen Entwicklung gewesen.

Die christliche Erziehung wird von fast allen Topmanagern im Nachhinein als durchweg positiv aufgefasst.

Nur ein einziges Mal wird sie als Infiltration bezeichnet. Die große Mehrheit der Wirtschaftselite versucht daher, auch ihren Kindern eine religiöse Erziehung zu vermitteln, zumindest die kirchlich-religiösen Rituale einzuhalten (Taufe, Konfirmation, Kommunion). Nur eine verschwindende Minorität der heutigen Vorstände ist der Auffassung, daß Entscheidungen über religiöse Zugehörigkeit und Glaubensgrundsätze von den Kindern selbst getroffen werden sollten.

Unabhängig von der Bedeutung des Einflusses der Religion auf das eigene Selbstverständnis spielt das Thema als solches für die Spitzenmanager nach wie vor eine nicht zu unterschätzende Rolle. Selbst diejenigen unter ihnen, die sich eindeutig von Glaubensfragendistanzieren, halten das Thema Religion und Kirche für bedeutsam. Fast zwei Drittel der Topmanager vertreten die Auffassung, es sei wichtig, sich mit Glaubensfragen und der Institution der Kirche auseinanderzusetzten. Für die Mehrheit der Befragten schließen sich also Kirchenkritik und Gläubigkeit nicht aus.

Daher bedauert eine Reihe von Topmanagern die aus ihrer Sicht zunehmende Tendenz in Deutschland, Religions- und Spiritualitätsfragen zu tabuisieren. Sich unter Kollegen und in der Öffentlichkeit als bekennende Christen zu bezeichnen, halten sie für schwierig. So weist ein Vorstand auf ein typisches Gesprächs- und Debattendefizit hin: „Ich unterhalte mich mit vielen meiner Kollegen, mit denen ich wirklich eng befreundet bin, über viele, viele Dinge, aber über Religion, muß ich gestehen, redet man wenig. Ich weiß nicht, ob das ein Tabuthema ist, oder ob es einfach nicht dazu kommt".

Das spirituelle Vakuum in der öffentlich gemachten Selbstdeutung der Spitzenmanager scheint eine deutsche Besonderheit zu sein. In den USA – so ein Manager –

sei beispielsweise der Umgang mit der Religion im Gegensatz zu Deutschland sehr viel selbstverständlicher. Während hier die Religionsfragen eher als ein Tabuthema gelten, werden sie in den USA selbst in leitenden Positionen offensiv kommuniziert.

> „So wie man in der Schweiz im Heer gewesen sein muß, gehört es in den USA zum festen Umgangsstil zu sagen, ich bin am Sonntag in der Kirche gewesen, oder ich bin aktiv in der Kirche tätig. Ich glaube schon, daß das hierzulande noch ein gewisses Tabu ist. Leute in Führungskreisen in Europa hätten schon ein Problem zu sagen: ich bin ein gläubiger Christ."

Es überrascht, wie viele Topmanager offensiv dem Thema Religion begegnen:

> „Natürlich bin ich mir bewusst, daß ich mich als Führungskraft nicht hinstellen und sagen kann, mit Religion habe ich nichts zu tun. Zur Religion zu stehen, ist eine Verantwortung, egal ob man jetzt bewusst religiös ist oder nicht. Aber ich weiß, daß es eine Verantwortung in religiösen Fragen gibt."

Unter diesen Umständen verdient das Bekenntnis eines Vorstandsvorsitzenden besondere Beachtung:

> „Ich bin überzeugter Christ und war es immer. Und ich glaube auch, daß Sie in der Politik und in der Wirtschaft Maßstäbe brauchen, an denen Sie Ihr eigenes Handeln ausrichten. Es gibt keine christliche Politik, es gibt keine christliche Wirtschaft oder christliche Wirtschaftspolitik. Aber es gibt Menschen, die aus christlicher Verantwortung handeln. Und dazu gehören Solidarität, eine Sozialverpflichtung des Eigentums und all diese Themen. Daher ist es für mich ganz selbstverständlich, daß ein Unternehmen aus den Wurzeln des Christentums heraus auch gesellschaftliche Verantwortung wahrnimmt."

7.2 Der persönliche Glaube der Spitzenmanager

Unter den deutschen Spitzenmanagern gibt es sehr differenzierte Ausdrucksformen von Religiosität. Die Spannweite reicht vom reinen Atheismus über einen dosierten Glauben ohne Kirchenbindung, privatisierte Formen der Spiritualität bis hin zur regelmäßigen aktiven Teilnahme am kirchlichen Gemeindeleben. Kennzeichnend für die generelle Glaubenshaltung der Vorstände ist der Befund, daß sich eine deutliche Mehrheit von ihnen als gläubig bezeichnet.

Selbst unter denen, die sich als ‚nicht gläubig' im Kanon der christlichen Kirchen verstehen, spielen Glaubensfragen eine Rolle, sei es, daß sie der buddhistischen Glaubenstradition nahestehen, oder sei es, daß sie außerinstitutionelle Sinndeutungen bevorzugen. Glaubensfragen sind für mindestens zwei Drittel der deutschen Topmanager ein Thema. Die Abkehr von Glaubensideen der Kirche wurde auf der

Ebene der Vorstände deutlich weniger vollzogen als in den meisten anderen Sozialmilieus Deutschlands. Was die Religiosität der Spitzenmanager in Deutschland angeht, kann man allenfalls von einer Säkularisierung von außen sprechen, aber nicht von einer Säkularisierung von innen.

Frage: Spielen religiöse Überzeugungen bei der Verfolgung IhrerLebensziele eine Rolle? Haben Glaubensideen und Religion auf Ihr Selbstverständnis einen Einfluss?

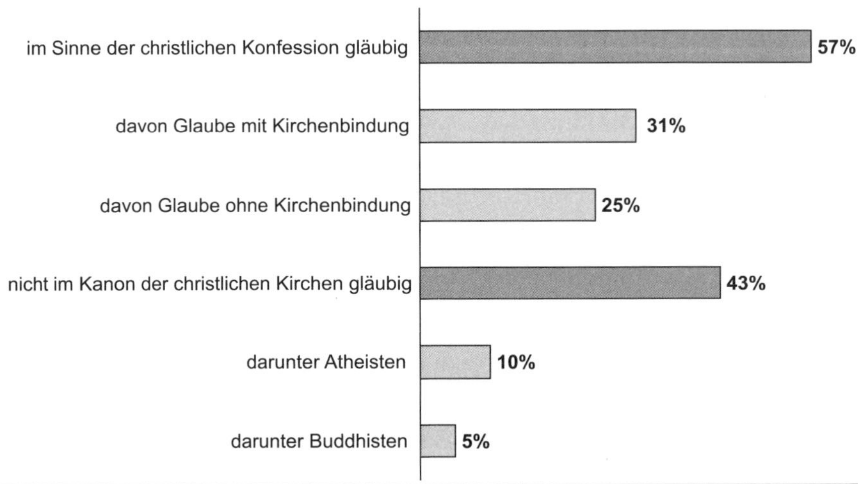

Abb. 23: Glaube und Spiritualität (n = 60)

Sehr charakteristisch für die Haltung der Mehrheit ist, was ein Vorstandsvorsitzender zu Protokoll gibt:

> „Ich glaube, daß der Mensch gewisse Maßstäbe und Leitlinien für sein Leben braucht. Ob er sie aus dem Christentum oder aus dem Buddhismus bezieht, ist egal. Aber ich glaube, wenn der Mensch nur materialistisch ausgerichtet ist, wird die Welt sehr inhuman. Auch glaube ich, daß solche Maßstäbe irgendwo leichter zu akzeptieren sind, wenn sie einen transzendentalen Bezug haben. Nehmen Sie die Zehn Gebote oder was immer Sie wollen – den Taoismus. Ich erfahre immer wieder, daß vor allem gute Unternehmer doch überraschend religiös sind. Das ist sehr eindrucksvoll. Sie sind es auf eine sehr unauffällige Weise. Und ich glaube, daß darunter sogar die erfolgreichsten sind. Sie pflegen in ihrem Privatleben sehr bewusst einen religiösen Bezug."

Dieser Hinweis überrascht. Karriereerfolg und Religiosität hängen offenbar in Deutschland zu Beginn des 21. Jahrhunderts immer noch zusammen. Schon Max Weber hat in seiner Untersuchung über die Zusammenhänge zwischen protestantischer

Ethik und dem Geist des Kapitalismus darauf hingewiesen, daß Unternehmer größten Stils in der Regel besonders religiös waren, und daß es immer wieder zu einer Verbindung von virtuosem Geschäftssinn und intensivem Glauben gekommen ist. Offenbar steht auch heute noch eine durchgängig säkularisierte Haltung dem Karriereerfolg der Spitzenmanager entgegen. Es scheint, als seien berufliche Hingabe und religiöse Glaubensmaxime noch immer entscheidende Erfolgsfaktoren für den Aufstieg in die obersten Positionen der deutschen Wirtschaft zu sein.

Die traditionelle calvinistische Ethik ist – so läßt sich schlußfolgern – auf den Führungsetagen der größten Unternehmen nach wie vor beheimatet. Ihr zufolge wird nicht schon die Berufserfüllung als solche, sondern erst die ethische Praxis zu einer entscheidenden Lebensmaxime der Konzernlenker. Das Berufsleben wird von vielen verstanden als Tugendübung, die einer religiös verankerten Anschauungsweise unterordnet wird. Ein Spitzenmanager bringt den inneren Zusammenhang zwischen Arbeitsethik und Religion auf eine einfache ihn bindende Maxime: „Ich bin jemand, der einen einfachen Grundsatz im Sinne Calvins hat: Arbeiten und Beten."

Generell fällt auf, wie viele Spitzenmanager den Stellenwert religiöser Bezüge auf den obersten Etagen der Wirtschaft ganz offen betonen:

> „Ich weiß, daß etliche Kollegen auf der kirchlichen Seite stehen. Sie sind aktiver, und sie schöpfen in ihrem täglichen Handeln daraus auch Energie."

> „Ich habe im Bekanntenkreis Manager, die sich sehr stark in der Kirche engagieren und tief an das Neue Testament glauben."

> „Ob Glaubensideen in der deutschen Wirtschaft eine Rolle spielen, ist sehr schwer zu sagen. Ich wäre nicht erstaunt, wenn die Antwort darauf „Ja" wäre. Weil ich glaube, daß viele Manager sehr einsam sind. Daß viele Manager auch etwas brauchen, aus dem sie Kraft schöpfen, aus dem sie Stärke generieren. Und in dem Maße, in dem sie einsam sind, glaube ich, daß Religiosität eine Rolle spielt."

> „Es gibt Unternehmer, die in starken kirchlichen Traditionen stehen. Wie weit dieser Umstand wirklich Einfluss auf ihre Unternehmensführung hat, vermag ich nicht sagen. Ich denke oft daran, daß es vielleicht die Gewohnheit des Elternhauses ist, die den einzelnen veranlasst, diese Prinzipien zu übertragen. Auf der anderen Seite ist überhaupt nicht zu verkennen, daß es auch bei jungen Menschen eine Sehnsucht nach Religion gibt. Ich glaube, dahinter steht das sehr, sehr begrüßenswerte Gefühl, daß materielle Existenz nicht alles sein darf. Daher denke ich, daß Religiosität gerade als Antwort auf das, was ich im Augenblick als sehr unbefriedigend empfinde, einen höheren Stellenwert bekommen wird."

„Wenn ich bei kirchlichen Veranstaltungen bin oder mich als Mitglied des Johanniter-Ordens umschaue, dann sind überproportional viele Mitglieder unternehmerisch tätig, entweder im Management von sehr unterschiedlichen Unternehmen oder in leitenden Funktionen von Behörden und der Bundeswehr.“

Glaube und Kirchenbindung

Jeder fünfte deutsche Topmanager verbindet seinen christlichen Glauben mit einer aktiven Kirchenbindung. Der Glaube ist im institutionellen Rahmen der evangelischen oder katholischen Kirche beheimatet. Unter ihnen gibt es eine kleine Minorität, die den Besuch des sonntäglichen Gottesdienstes streng einhalten. Besonders fällt auf, daß die Verankerung in der Kirche und im Glauben meist mit einer starken gesellschaftlichen Verantwortung gekoppelt ist. So bekennt ein Vorstand:

„Ich glaube, daß der Mensch von Gott geschaffen ist, daß ihm alles, was er hat, als Lehen gegeben worden ist, daß er daraus etwas zu machen hat, und daß er sich rechtfertigen muß, was er daraus gemacht hat. Die Talente, die Begabungen sind etwas, was nicht in erster Linie zum Selbstgenusse und zur Selbstverwirklichung hingegeben ist, sondern daß man es in einen dienenden Kontext stellen muß.“

Und ein anderer Topmanager fügt hinzu:

„Meine Grundüberzeugung ist die, wenn man bescheiden ist, demütig und – na ja, das ist jetzt etwas, was ich von den Pfadfindern mitgenommen habe: wenn der eigene Leitsatz heißt: ich diene – dann kann der Lebensentwurf eigentlich nur der Rahmen sein, den Christus gepredigt hat.“

Auch eine ganze Reihe weiterer Spitzenmanager bekennt sich freimütig zu einem religiös untermauerten Lebensrahmen:

„Dann will ich Ihnen hier, in dem Beichtstuhl, in dem wir uns befinden, sagen: Und das Gebet hat auch geholfen.“

„Ich bin noch aktives Mitglied der Kirche trotz der viel zitierten Kirchensteuer, und obwohl ich mich ständig wegen der vielen berufsbedingten Umzüge ständig wieder neu in das protestantische Umfeld hineinleben mußte. Mir fehlen also im gut gemeinten Sinne die Rituale als notwendige Rahmenbedingung zur Vorbereitung auf die innere Sammlung, um einmal nur dies zu nennen. Aber dennoch, nur zu lamentieren hilft nun mal überhaupt nichts, deshalb sind wir auch aktive Kirchenmitglieder und nehmen aktiv am Kirchenleben teil.“

„Im Büro bete ich nicht, ich bete auch zu Hause selten, aber wir gehen als Familie jeden Sonntag in die Kirche. Und in dieser Stunde denke ich über vieles nach. Ich weiß nicht, ob ich das in dem Moment beten nennen würde, obwohl ich dort auch bete. Aber es ist eine Stunde, wo ich die Gedanken spielen lasse. Ja, manchmal entzündet sich ein Gedanke an der Predigt; manchmal höre ich der Predigt gar nicht zu und denke an etwas ganz Eigenes. Das ist dann eine Stunde der Reflektion."

„Klar ich bete, aber nicht regelmäßig und nicht standardisiert und nicht vorgefertigte Floskeln, sondern ich rede mit mir und meinem Umfeld und mit all den Dingen, die mir durch den Kopf schießen. Ich gehe in die Kirche und stehe auch dazu."

„Als Naturwissenschaftler ist ja immer wieder im innersten die Frage von Bedeutung: wo ist das Ende? Und wie wird das Gesamte gestaltet? Kann man wirklich alles nur auf molekulare und atomare Effekte zurückführen? Oder steckt da noch etwas anderes dahinter? Ich sage Ihnen ganz offen: Ich weiß es nicht. Ich kann keine Antwort geben. Ich kann es auch nicht erklären. Ich sage nur, es ist etwas Phantastisches, wie die gesamte Welt, angefangen von uns bis hin zu jedem Lebewesen auf diesem Planeten gestaltet ist. Das ist eine phantastische Sache, wie sich das geformt und strukturiert hat. Von daher komme ich jetzt wirklich zum Glauben und zur Kirche."

„Unsere Familie ist katholisch und das ist sie nicht nur dem Taufschein nach, sondern sie praktiziert das auch. Das haben meine Eltern so praktiziert, und ich selbst tue das auch. Daher ist es für mich wichtig, sozialpolitisch Verantwortung zu übernehmen."

„Ich bin ein – sagen wir – normaler Protestant. Ich gehe in die Kirche, und ich spende auch ab und zu etwas, weil ich ein schlechtes Gewissen habe. Und ich glaube auch an gewisse protestantische Prinzipien."

Fazit:

Jeder fünfte Topmanager in Deutschland ist in einem aktiven Sinn religiös im herkömmlichen Kanon der Kirche.

Glaube ohne Kirchenbindung

Zu klären bleibt die Frage, ob und wieweit außerhalb des kirchlichen Rahmens genuin christliche Glaubensüberzeugungen unter den Topmanagern vertreten sind. Neben der kirchlich verankerten Religiosität läßt sich nämlich eine ganze Reihe von Formen einer unsichtbaren, subjektiven Spiritualität ausmachen. Glaubensfragen brauchen für etwa ein gutes Drittel der deutschen Vorstände keine institutionellen Auffangstationen der Kirche mehr. Die individuelle Religiosität erscheint losgelöst von den angebotenen ‚offiziellen' Modellen kirchlicher Sinndeutungen. Es scheint, als würde sich die Spiritualität jedes dritten Spitzenmanagers privatisieren. Sie bildet in gewissem Umfang eigene Sinnwelten aus, quasi private Deutungen des eigenen Lebens und der eigenen Wirklichkeit. Die Distanz gegenüber den kirchlich angebotenen Lebensdeutungen und Ritualen macht offenbar die deutschen Vorstände in ihrer Mehrheit unabhängiger, ihrem Handeln selbst Sinn und ihrem Glauben selbst Ausdruck zu verleihen.

Symptomatisch für diese Gruppe bekundet ein Spitzenmanager:

> „Ich würde mich schon als Gläubigen bezeichnen, aber nicht als Kirchgänger. Ich denke, daß ich nach bestimmten Grundsätzen lebe, die durchaus dem christlichen Glauben sehr nahe stehen, ohne daß ich das jetzt durch Kirchenbesuche oder Mitarbeit in der Gemeinde ausdrücke."

Und ein anderer Vorstand fügt hinzu:

> „Ich bin jemand, der durchaus gegenüber christlichen Geboten und christlichen Gesetzen aufgeschlossen ist und sie auch befolgt. Aber nicht als Angehöriger einer Kirche oder einer Glaubensrichtung, weil mir das zu restriktiv und zu limitierend ist. Ich pflege meine christlichen Grundsätze frei, wenn Sie so wollen außerhalb der Zugehörigkeit zu einer Institution."

Auch für andere Topmanager sind Glaubens- und Spiritualitätsfragen nicht mehr an die Amtskirche gebunden:

> „Ich bin zu demütig, als daß ich glauben könnte, daß ein übergeordnetes Leben sich für mich interessieren könnte. Ich finde gewisse Religionsvorstellungen der Juden so sympathisch: ‚Du sollst ihn nicht beschreiben', ‚Du sollst Dir kein Bild von ihm machen'. Ich bin nicht in der Lage an einen persönlichen Gott zu glauben. Den halte ich für eine intellektuelle Konstruktion der Menschen. Aber in Richtung Meditation und Glaube etwas zu tun, das ist schon sehr wichtig."

> „Der Glaube spielt für mich eine große Rolle, aber nicht die Institution Kirche. Ich bin kein Kirchenmensch, weil ich die Kirchen nicht für wertorientiert halte. Darüberhinaus halte ich bestimmte Werte der Religion für sehr wichtig: für andere da zu sein, fürs Gemeinwohl zu bürgen, dem Schwächeren eine Chance zu geben, gemeinschaftliche Dinge zu tun, auch zu helfen."

> „Wenn ich sage, daß ich kein religiöser Mensch bin, dann ist das darauf beschränkt, daß ich nicht täglich in die Kirche marschiere. Meine Vorstellung von Gott führe ich an anderen Stellen. Man kann es auch scherzhaft sagen: Der da oben ist in Ordnung, nur das Bodenpersonal läßt zu wünschen übrig."

> „Die christliche Orientierung? Sie ist geblieben. Ich war St. Georgs-Pfadfinder und habe dort eine christliche Prägung erfahren. Oft werden ja die Pfadfinder

in die rechtsradikale und militaristische Ecke geschoben. Das ist bei den St. Georgs-Pfadfindern überhaupt nicht so. Die sind eher avantgardistisch und löcken gegen den Stachel. Und insoweit bin ich eher in Richtung 68er-Linie gekommen und in Richtung Herz-Jesu-Kommunist. Später erfolgte schrittweise eine gewisse Loslösung von der Amtskirche und der römischen Knute und allem, was dahintersteht, bis hin zu der Überzeugung, daß ich nichts weiß, und daß wir alle nichts wissen. Es ist mir egal, ob das Aristoteles oder Paulus oder wer auch immer gesagt hat. Man sollte in dem Sinne bescheiden sein. Und alle die Gurus, die da auftreten und sagen, sie wissen, was das Leben für einen Sinn hat und was nach dem Leben kommt, sie wissen es alle nicht, glauben es höchstens. Daher sind das Christliche und der Glaube geblieben."

Der Glaube wird nicht nur mit Werten der Nächstenliebe und des Gemeinschaftssinns verbunden, sondern auch mit einer Sehnsucht nach Transzendentalem. Für nicht wenige Spitzenmanager ist das säkularisierte Bewußtsein eben nicht das Absolute, als das es sich präsentiert. Offenheit für die Zeichen der Transzendenz hat für sie auch eine moralische Bedeutung. Der größte moralische Segen der Religion ist ihrer Ansicht nach die Einsicht, daß das Jeweilige des Alltags nicht das Ein-und-alles unseres Daseins ist.

„Ich möchte nicht leben ohne die Sehnsucht nach Gott. Also, ein Leben definiert als Eiweißchemie, wenn es das gewesen sein soll, das wäre schrecklich unpathetisch. Im ganzen naturwissenschaftlichen Bereich wissen wir heute, daß wir vom Erforschbaren doch recht wenig wissen. Ich verstehe nicht viel von Physik, aber bei einem Krankenhausaufenthalt lag ich mit einem Physiker zusammen, der mich an Hawking herangeführt hat, an die subatomare Physik: was für ein faszinierendes Gebiet. Und davon wissen wir ganz wenig. Nennen Sie es die Sehnsucht nach Gott, nennen Sie es die Sehnsucht danach, daß eine rein materielle Existenz des Menschen doch sehr unbefriedigend wäre. Dem fühle ich mich verpflichtet.

Und dazu gehört natürlich der Respekt vor allen Menschen, die in einer Konfession ihren Frieden finden. Die Sehnsucht nach Gott ist uns gemeinsam. Diese Einsicht verdanke ich einem Erzbischof, der in unserer Freimaurerloge einmal gesprochen hatte. Wir haben korrespondiert, und wir haben uns darauf verständigt, daß wir uns zwar nicht verständigen können, daß uns aber die Sehnsucht nach Gott eint. Ich habe auch gesagt, daß die Glaubensnöte eines Bischofs unseren Respekt verdienen, denn die Seelennot einer Bäuerin muß ihm genau so wichtig sein wie die intellektuellen Zahnschmerzen eines Theologieprofessors."

„Meine Grundüberzeugung liegt in dem, was Jesus gepredigt hat, und was das Wesentliche ist, nämlich die Liebe. Was in anderen Worten auch C.G. Jung sagt: wenn man das Wesentliche nicht erkannt hat, ist das Leben vertan. Das ist für mich das Entscheidende. Letztlich sind wir alle erlösungswürdig. Die Welt ist nicht so schön, wie wir uns das vormachen. Sie ist grausam. Ich brauche nur in die Tierwelt zu gucken, dann sehe ich eine Ringelnatter einen Frosch verspeisen bei lebendigem Leib. Wenn jemand erzählt, das wäre schön und das wäre attraktiv, dann sage ich: das ist manchmal hier wie in der Hölle, und wir müßen irgendwo überleben. Und überleben können wir eigentlich nur über die Liebe. Wenn überall Liebe herrschen würde, würde sich die Welt verändern. Egal wo, auch in der Natur“.

Fazit:

Jeder dritte deutsche Spitzenmanager bezeichnet sich als religiös, allerdings ohne institutionelle Kirchenbindung. Es handelt sich um eine privatisierte Form von Spiritualität, die christliche, aber auch außerchristliche Sinndeutungen zur Richtschnur eigener Handlungsmaximen macht.

Kirchenkritik

Glaube ohne Kirchenbindung bedeutet nicht per se Vorbehalte gegenüber der Kirche. Explizite Kritik an der Institution Kirche übt allenfalls ein knappes Fünftel der heutigen Wirtschaftselite. Daß es nicht mehr sind, überrascht. Eine in sich geschlossene Distanz zu den institutionellen Rahmenbedingungen und Handlungsmaximen der Kirche ist nicht zu erkennen.

„Ich bin mit der katholischen Kirche noch nicht so ganz klar. Nur in einem bin ich mir klar, daß sie in den 2000 Jahren vieles von dem, was Jesus gesagt hat, verfälscht hat. Die Kirche hat sich in Richtung Herrschaft und Beherrschung und staatstragendem System entwickelt.“

„Ich glaube an den christlichen Katechismus, aber nicht an den Zirkus, den die katholische Kirche, der ich angehöre, oder der Papst zu bestimmten Dingen veranstaltet: Empfängnisverhütung, AIDS und ähnliches Zeug.“

„Was ich inzwischen absolut ablehne, ist die Kirche. Ich sage Ihnen auch warum. Wenn man die Kirchengeschichte über 2000 Jahre verfolgt, so mag der Grundgedanke, Menschlichkeit zu entwickeln, gut sein. Und daß dies irgendwo in der Gesellschaft verankert ist, finde ich auch gut. Denn die Menschen haben dadurch einen Halt. Aber im Laufe der Geschichte hat sich die Kirche zu einer Macht entwickelt, die an sich nichts mehr mit diesem Urgedanken zu tun hat. Das ist die Kirche als Institution. Und die Kirche als Institution hat insbesondere durch die Inquisition mit Sicherheit nicht gezeigt, daß sie dem Urgedanken Rechnung trägt, sondern lediglich Macht generieren möchte.“

Ambivalente Haltung zur Kirche und Religiosität

Eine Gruppe von gut einem Viertel der deutschen Topmanager hat zur Kirche und Religiosität eine ambivalente Haltung. Einerseits hegen sie Distanz zur Kirche, andererseits taufen sie ihre Kinder; einerseits sind sie wenig gläubig, andererseits bezeichnen sie den Glauben als großen Wert, einerseits haben sie sich früher in die Religion zurückgezogen, andererseits nehmen sie heute eher eine philosophische Grundhaltung in Glaubensfragen ein; einerseits hegen sie Zweifel, andererseits hoffen sie; einerseits sind sie aus der Kirche ausgetreten, andererseits nach einigen Jahren wieder in die Kirche eingetreten.

Zur Grundhaltung dieser Topmanager gehört, daß sie die Religion letztlich bejahen, aber sich nicht im innersten mit den Glaubensgrundsätzen identifizieren. Die Zustimmung zum Stellenwert der Religion ist offenbar vor allem pragmatisch begründet. Religion wird akzeptiert, weil und soweit sie sich als nützlich erwiesen hat, und weniger, weil sie die Spiritualitätsbedürfnisse der Manager befriedigt, weniger also als Glaubensidee. Die Selbstbilder und Selbstdeutungen werden nicht von Glaubensideen beherrscht.

> „Ich war früher in einer kirchlichen Jugendgruppe, habe dort viele Freunde gehabt und mich da auch sehr wohl gefühlt. Was nicht ganz unüblich ist: im Laufe der Zeit hat bei mir die Bedeutung von Kirche und Religion abgenommen. Ich kann nicht sagen, daß ich heute noch besonders gläubig wäre. Es gibt allerdings immer wieder bestimmte Gelegenheiten, bei denen man sich fragt, was bedeutet für mich die Religion. Und ich muß sagen, ich kann sehr, sehr gut nachvollziehen, daß sich Menschen da wirklich geborgen fühlen, und für die der Glaube ein Riesenwert ist. Ich habe davor einen großen Respekt und käme nie auf die Idee, das irgendwie negativ zu beschreiben. Aber ich selbst muß sagen, bei mir geht alles mehr über den Verstand. Ich bin ein sehr rationaler Mensch. Aber beides muß sich nicht ausschließen. Unsere Kinder haben wir nicht taufen lassen, als sie klein waren. Weil sie sich aber für die Religion interessierten, sind sie dann in den Konfirmandenunterricht gegangen. Und dann wurden sie auch getauft und sind auch konfirmiert worden."

> „Ich habe früher oft gebetet. Gerade in der Jugendzeit habe ich mich in die Religion zurückgezogen. Aber das ging, glaube ich, eher von einer gewissen kindlichen Vertrauensszene aus. Später habe davon nie wieder Gebrauch gemacht und habe bezüglich meines Glaubens eine sehr pragmatische Einstellung gewonnen. Ich bin da eher Philosoph."

> „Mir fällt der religiöse Glaube schwer, weil ich nicht genau weiß, was überliefert ist, was Christus wirklich gesagt hat, und was er nicht gesagt hat. Und das gilt analog für alle Religionen. Und für alle, die im Namen einer Religion auftreten. Deswegen bescheide ich mich immer, indem ich sage, ich weiß es nicht. Ich hoffe es. Und das ist dann wieder christlich, daß man hofft."

> „Ich bin im Westen irgendwo an die Kirche geraten mit einem Posaunenchor, bin dann in den Ferien nach Süddeutschland gefahren, habe den armen Protestanten, die da in der Diaspora lebten, etwas Mut eingeblasen. Dann bin ich ein Jahr in Frankreich gewesen, und als ich wiederkam, tobte hier in Deutschland der Kampf gegen die Kernenergie. Ich war auf der Seite der Kernenergie, denn ich wollte eigentlich immer Leiter eines Kernkraftwerks werden. Gelingt einem ja nicht alles. Und als die Pastoren in Brockdorf im Talar ins Schlachtfeld zogen, bin ich nach einem längeren Disput mit dem Superintendenten aus der Kirche ausgetreten. Dann wuchsen meine Kinder heran, und als sie konfirmiert wurden, bin ich immer, wenn ich das so sagen darf, mit schlechtem Gewissen in die Kirche gegangen. Bei solchen Anlässen habe ich gedacht, aus der Kirche auszutreten, ist ein Gefühl, als wenn man seine Eltern verlässt. Und jetzt gehöre ich wahrscheinlich zu den ganz wenigen, die wieder in die Kirche eingetreten sind."

Buddhismus

Eine kleine kognitive Minorität von etwa 5 % der deutschen Topmanager steht dem Zen-Buddhismus nahe. Als kognitive Minderheit kann man jene Manager bezeichnen, die sich in charakteristischen Zügen von dem unterscheiden, was herkömmlicherweise in Glaubens- und Weltanschauungsfragen als Gewissheit gilt. Anders ausgedrückt: die kognitive Minderheit der deutschen Spitzenmanager ist eine Gruppe, die bewusst eine ganz eigenständige Lebensführung praktiziert. Gleichwohl erkennt sie auch die Probleme, die eine nach den Grundsätzen des Zen-Buddhismus gestaltete Lebensführung mit sich bringen würde: „Ich würde sehr gern nach den Regeln des Buddhismus leben, aber ich kann mir beim besten Willen nicht vorstellen, wie ich als Zen-Buddhist meine Firma führen sollte".

Atheismus

Vom reinen Strom der Säkularisierung wurden nur wenige Spitzenmanager erfasst. Erstaunlich ist der Befund, daß sich lediglich jeder zehnte Topmanager explizit als atheistisch bezeichnet. Für diese Gruppe der Konzernlenker gibt es keinen größeren Sinnzusammenhang außerhalb der menschlichen Rationalität. Daß es nicht mehr sind, überrascht. Offenbar können die Werte des modernen Individualismus und die naturwissenschaftlichen Deutungsmuster die überwältigende Mehrheit der deutschen Topmanager nicht befriedigen. Daher sind Bekenntnisse wie folgende eher die Ausnahme:

> „Es gibt viele Menschen, die gehen an das Grab und reden zu ihren toten Angehörigen, um ihre Seele zu befreien. Meine Überzeugung lautet: Nach dem Tod ist nichts mehr. Es gibt keine Seele. Es gibt einen biologischen Tod. Und das war es. Die Seele lebt in den Genen weiter, das heißt in der Vererbung an Kinder und Kindeskinder."

„Natürlich bin ich religiös geprägt worden. Natürlich sind auch religiöse Gedanken in unserer Kultur verankert. Aber persönlich bin ich heute nicht religiös. Ich halte von Ideologien überhaupt nichts und religiöse Überzeugungen haben etwas zutiefst Ideologisches."

„Meine Überzeugung: Nach dem Tod ist nichts mehr. Ich persönlich glaube, daß man nach dem Tod tot ist. Es ist wie ein dunkles Loch. Die Naturwissenschaft hat bewiesen, da sind keine Engelchen."

7.3 Christliche Lebensmaximen in der Wirtschaft

Über die Bedeutung des Christentums für die Durchsetzung von ethischen Lebensmaximen in der Wirtschaft herrscht unter den Spitzenmanagern weitgehend Einigkeit. Auch wo Glaubensgrundsätze eher im Hintergrund wirken, gibt es einen Konsens prinzipieller Natur über die Wirkung christlicher Wertideen. Aufs Ganze gesehen scheint die ethische Grundlage von Managemententscheidungen auf den obersten Etagen der deutschen Wirtschaft nicht durch Konsensdefizite über den gemeinsamen christlichen Wertrahmen gefährdet. Stellvertretend für andere gibt ein Topmanager zu Protokoll:

„Ich glaube schon, daß der christliche Glaube entscheidende Verhaltensmuster im Abendland geprägt hat. Es gibt sicher Leute, die sich viel stärker an Religion und Kirche orientieren als andere, aber die Grundsätze des christlichen Glaubens und des christlichen Miteinanderumgehens prägen sicher eindeutig unsere Wirtschaft."

Offenbar gibt es eine Art implizite Verständigung über die wirksamsten Bindemittel unternehmerischer Identität: die christlichen Wertvorstellungen. Was immer der ein zelne Spitzenmanager im Alltagshandeln subjektiv als Entscheidungsgrundlage wählt, er tendiert im Grenzfall dazu, die Kriterien letztlich an christliche Maximen anzukristallisieren. Möglicherweise wird er im Einzelfall bei bestimmten Realproblemen wenig Ansatzpunkte für eine christlich-ethisch begründete Lösung finden, aber in der Summe, wie ein Vorstand meint, den christlichen Wertekodex zugrundelegen:

„De facto muß man schon sagen, wir sind ein christliches Abendland. Unsere gesamte Gesetzgebung ist relativ stark von den zehn Geboten abgeleitet. Solange der Staat die Nähe zu den christlichen Religionen allein schon durch die Gesetzgebung praktiziert, wird doch ein ganz gerütteltes Maß an christlichen Wertvorstellungen im Alltagshandeln von Bedeutung sein. Das gilt auch für jedes Unternehmen."

Ein anderer Vorstand sieht den Einfluß des christlichen Wertekodex noch viel unmittelbarer und direkter im Handlungshorizont des Alltags verankert:

> „Nächstenliebe heißt im Endeffekt mit sich selbst im klaren, im reinen sein, was mache ich hier? Und wenn ich mir Klarheit verschafft habe, kann ich Verantwortung übernehmen und dies entsprechend auch meinen Mitarbeitern und Führungskräften nahe bringen. Insofern kommen aus der Religion Ansätze, die für eine Unternehmensführung durchaus wichtig sind.“

Und zugespitzt gibt ein weiterer Manager zu Protokoll:

> „Ich werde der Freimaurerei immer dankbar sein, daß sie mich vom strengen Calvinismus meines Elternhauses befreit hat. Auf einmal war der wirtschaftliche Erfolg nicht mehr das Zentrum aller Dinge. Und als ich nach meinen Zielen gefragt wurde, da habe ich gesagt, bei strenger Nebenbedingung der Rentabilität soll dies ein Ort sein, wo Menschen weniger leider als anderswo. Ob es geglückt ist, weiß ich nicht.“

Und ein weiterer Manager ergänzt:

> „Religion in der christlichen Idee ist eine Ethik, die den Grundsatz verfolgt, den anderen zu schätzen, den anderen zu akzeptieren, den anderen Menschen als Partner zu nehmen und nicht als Untergeordneten.“

In diesem Sinn interpretieren die Spitzenmanager den christlichen Wertekodex als Raum für neue, flexiblere, stärker partnerschaftliche Formen. Es sind ethische Dispositionen, die auf eine unterschwellige Bejahung von mehr Eigenständigkeit, Partizipation und Freiheitspräferenzen verweisen.

Der großen Mehrheit der Spitzenmanager, die einen engen Zusammenhang zwischen christlichem Wertekodex und unternehmerischem Selbstbild betonen, steht eine vergleichsweise kleine Minorität gegenüber, die der Überzeugung ist, daß christliche Maximen mit den täglichen Entscheidungserfordernissen kollidieren können:

> „Religion hat etwas Altruistisches. Ich meine damit, du machst dir Gedanken nicht nur über dich selbst, sondern um das Miteinander. Und seien wir mal ganz ehrlich, ein Managementjob in dieser Größenordnung ist schon ein recht egozentrischer Job. Ich will das nicht gutheißen, aber du läufst wahrscheinlich nicht den ganzen Tag durch die Gegend und machst dir pausenlos Gedanken, wie du es den anderen gut gehen lässt. Vielleicht schließen sich Religion und eine leitende Managementfunktion von daher auch in der heutigen Zeit aus.“

Fazit:

Mag der institutionell beheimatete Glaube auch auf dem Rückweg sein, die Verankerung des deutschen Top-Managements in der christlichen Kultur, bzw. in den Glaubensprämissen des Christentums wirken weiter fort. Die Topmanager sind nicht frei von Erscheinungen einer ‚unsichtbaren' Religion. In ihrer Mehrheit sind sie gläubig, ohne gleichzeitig an die Kirche gebunden zu sein. Sie folgen christlichen Grundsätzen, ohne im Einzelfall auch immer die offiziellen Sinndeutungen ihrer Konfession zu teilen.

8 Wirtschaft und Ethik

8.1 Die Frage der Moral auf Deutschlands Führungsetagen

Angesichts der zugespitzten Diskussion über die öffentliche Verantwortung von Führungseliten sind die Mehrheitshaltungen der Spitzenmanager zur Moral von besonderem Interesse. Gelten moralische Kategorien als ein von den deutschen Vorständen als wichtig angesehener Handlungsrahmen? Ähnlich wichtig wie Erfolg und Durchsetzungsfähigkeit? Gehören ethische Maßstäbe zu denjenigen Bedingungen, deren Festlegung man zu einem persönlichen Ziel erhebt? Oder haben sie in der Vorstellungswelt der Majorität lediglich den Rang eines nützlichen Arrangements – ein Arrangement, das man bejaht, weil es die öffentliche Akzeptanz stärkt und nützlich ist? Oder werden ethische Maßstäbe von den deutschen Spitzenmanagern um ihrer selbst willen gewünscht?

Auf den ersten Blick scheint die Antwort einfach. In seinem Buch „Ethik für Manager“ (1996) hat Rupert Lay die Frage nach der Moralität der deutschen Wirtschaft auf die Formel zugespitzt: Gegenwärtig scheint kaum etwas ohnmächtiger in der Wirtschaft zu sein als die Moral. Auch die Spitzenmanager selbst greifen in den Gesprächen von sich aus Themen auf, die die Öffentlichkeit entrüstet haben: So ist die Rede von Korruption und Bestechung; von Schmiergeldzahlungen, von den bei Fusionen gezahlten unverhältnismäßigen Abfindungssummen für die beteiligten Akteure, Managern, die ‚kalt und rücksichtslos‘ um Synergien willen Arbeitsplatzabbau betreiben; von problematischen Standortentscheidungen; von Produktionsverfahren, die die allgemeine Sicherheit oder die Umwelt gefährden; von der Herstellung von ethisch strittigen Produkten in der Bio- und Gentechnik oder von der „Bakschischwirtschaft“ in Ländern der Dritten Welt.

Diese Probleme haben in den letzten Jahren die Sensibilität für Fragen der wirtschaftlichen Moral geschärft und unter den Spitzenmanagern eine Ethik-Diskussion ausgelöst. Offenbar auch, wie die Vorstände einräumen, unter dem Druck der Medienberichterstattung. Wenn sie als verantwortungslose Akteure dargestellt werden, die Machtstreben, Eitelkeit und Eigeninteresse vor das Gemeinwohl stellen, stehen die Grundsätze einer verbindlichen ‚Business-Ethik‘ auf der Tagesordnung.

Über die Minima ethischer Prinzipien besteht offenbar weitgehend Konsens. Er rechtfertigt den Schluß, daß das Gros der Spitzenmanager heute verbindliche moralische Leitlinien dem Diktat von Wirtschaftlichkeitsinteressen vorzieht. Insoweit gibt es eine verbreitete Zustimmung zur Gesetzestreue, menschlichen Behandlung der Mitarbeiter, Respekt vor jedermann auch unter relativ instabilen wirtschaftlichen und sozialen Bedingungen. Auf Deutschlands Führungsetagen pflegt man eine Tradition des Einverständnisses mit zentralen ethischen Grundkategorien.

So eindeutig in dieser Hinsicht die Umfragebefunde sind, lassen sie doch einige wichtige Fragen ohne Antwort. Offen ist, ob der Stellenwert der Moral jenseits allgemeiner ethischer Grundsätze noch denselben Rang einnimmt wie früher. Offen ist, ob im Kollisionsfalle Wirtschaftlichkeitserwägungen vor dem Primat ethischer Prinzipien rangieren. Offen ist schließlich, ob Moral als eine Frage des persönlichen Charismas der Vorstände oder als ein ‚Ethikkatalog' des Unternehmens ihre Wirkung entfaltet. Die Antworten darauf müssen aus den verschiedenen Stellungnahmen zusammenkomponiert werden.

Resümiert man die Aussagen, die von den Topmanagern zu Protokoll gegeben wurden, gewinnt man den Eindruck einer sehr kontroversen Haltung zu Fragen der Moral in der Wirtschaft. Etwa die eine Hälfte der Spitzenmanager spricht den Fragen der Ethik im Grundsatz eine große Bedeutung zu; auf der Wichtigkeitsskala der anderen Hälfte tauchen sie eher an nachgeordneter Stelle auf.

Ähnlich unterschiedlich ist die Einschätzung zur praktischen Geltung der Moral im Unternehmensalltag. Daß Moral in der Wirtschaft generell eine große Rolle spielt, glaubt nahezu jeder dritte Spitzenmanager, ein weiteres Drittel sieht den Stellenwert

Frage: Spielen Fragen der Moral wirtschaftlichen Handelns derzeit unter deutschen Führungskräften eine Rolle?

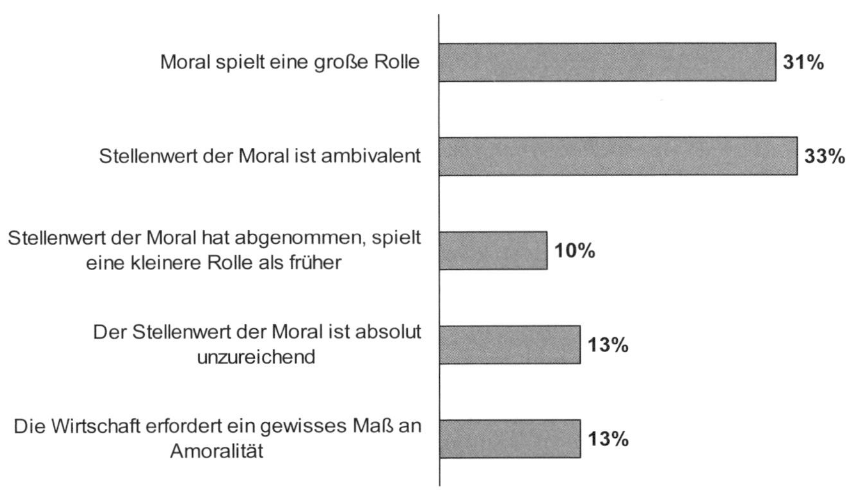

Abb. 24: Die deutschen Spitzenmanager: Bedeutung moralischer Prinzipien (n = 48)

der Moral auf Deutschlands Führungsetagen eher als ambivalent an, und das Votum des letzten Drittels beinhaltet eine niedrige Gewichtung moralischer Fragen in der Praxis. Einerseits seien viele Unternehmen von ethischen Prinzipien geprägt, andererseits werde aber immer wieder gegen moralische Leitbilder verstoßen. In diesem Zusammenhang betont ein Vorstand:

> „Wenn man sich die Geschichte der letzten 50 Jahre anschaut und irgendwo auf der Welt gegen Staaten verhängte Sanktionen gebrochen wurden, waren meistens deutsche Firmen involviert. Libyen ist ein gutes Beispiel dafür."

Zwei Minderheiten unter den deutschen Topmanagern verdienen ein besonderes Interesse: 13 % von ihnen sind der Überzeugung, daß der Stellenwert der Moral absolut unzureichend ist und eine weitere Minorität von ebenfalls 13 % der Spitzenmanager vertritt die Auffassung, Moral gehöre gar nicht zur Wirtschaft; im Gegenteil: die Wirtschaft erfordere sogar ein Mindestmaß an Amoralität.

8.2 Moral als konstitutiver Faktor auf der Vorstandsebene

Wer ethische Prinzipien im Managementalltag als in sich wertvoll versteht und in ihnen nicht nur ein Instrument zur Förderung wirtschaftlicher Interessen sieht, der dürfte auch bereit sein, sich entsprechend einzusetzen. Er wird versuchen, ökonomische Entscheidungen nach ethischen Leitlinien zu treffen. Diese Haltung involviert keine ethische Daueraktivität, wohl jedoch eine Art von informiertem moralischem Engagement. Für gut 30 % der deutschen Spitzenmanager ist es um seiner selbst willen ein erstrebenswertes Gut. Es fußt auf der ideellen Fusion von Shareholder-Value-Denken und christlichem Menschenbild. Ein Vorstandsvorsitzender bemerkte:

> „Für mich sind Arbeit und Kapital gleich wichtig, d. h. das Wohl und Wehe der Beschäftigten ist genau so wichtig wie das Wohl und Wehe der Aktionäre."

Zu dieser Auffassung gehört ein im Sediment der eigenen Identität verankertes ethisches Leitbild, eine tätige Bereitschaft, die Prozesse im Unternehmen zu beobachten, sich darüber zu unterrichten, sie ggf. immer wieder zu kritisieren und moralisch bedenkliche Fehlentwicklungen aufzuhalten. Ein Vorstand gibt dafür drei anschauliche Beispiele:

> „Vor sechs, sieben Jahren standen wir an einem Wendepunkt: sollen wir ein Präparat ähnlich wie Viagra entwickeln? Wir haben es damals abgelehnt, weil ein zusätzlicher Stimulus der Sexualität für uns etwas war, was wir nicht wollten. Das ist eine Frage der Moral. Sie können das natürlich als Arroganz bezeichnen, daß wir letztlich über den Konsumenten hinwegentscheiden. Wir haben aber die Entscheidung getroffen, die Firma wird das nicht herstellen. Ein anderes Beispiel: Bei der Multiplen Sklerose können wir mit Betaferon

die Krankheit stoppen, aber wir können sie nicht heilen. Wir wollen deshalb Zellen transplantieren, die noch entwicklungsfähig sind. Da bekommen Sie ein Problem: sollen Sie embryonale, also tuttipotente Zellen nehmen oder machen Sie es mit pluripotenten, das sind keine embryonalen Zellen mehr.

Mit welcher Sorgfalt Sie derartige Fragen behandeln, das ist eine Frage der Moral für mich, nämlich wie gut ziehen Sie die Grenzen zwischen Erlaubtem und nicht Erlaubtem. Und schließlich ein drittes Beispiel: Ich trage hier die Verantwortung für 22.000 Leute. Vor einigen Jahren haben wir uns entschieden, zwei Sparten zu verkaufen. Ich versichere Ihnen, wir haben bestimmt Garantien für die Behandlung der Menschen und für ihre Arbeitsplätze verlangt. Ohne die Garantien hätten wir 660 Millionen, aber durch diese Garantien haben wir nur 610 Millionen bekommen. Das hat uns 40 bis 50 Millionen damals gekostet. Ich meine, jeder Aktionär kann ja mit Recht sagen, wie kommen Sie dazu, so viel Geld, diese 50 Millionen, nicht mitzunehmen. Auch das ist eine Frage der Moral."

Insbesondere in der chemisch-pharmazeutischen und biotechnologischen Industrie stehen Fragestellungen ethischer Natur auf der Tagesordnung. Fragen wie „Wollen wir Embryonenforschung machen, ja oder nein? In welcher Weise wollen wir in genetische Prozesse beim Menschen eingreifen?" haben immer auch eine moralische Dimension. Ein Vorstand bemerkt dazu:

„Also, das sind schon heiße Themen, die man wahrscheinlich nicht hat, wenn man Sprudelwasser produziert. Wir haben beispielsweise neulich einen Abend mit unseren wichtigsten Führungskräften und einigen Professoren zusammengesessen und über das gesamte Thema Zelltherapie nachgedacht. Welche Regeln oder welche Verhaltensweisen sollten uns eigentlich bestimmen bei dem Umgang mit menschlichen Zellen? Speziell auf unseren Arbeitsgebieten der Sexualhormone spielen Fragen wie Abtreibung, Empfängnisverhütung und deren Grenzgebiete eine große Rolle, die immer auch Probleme der Ethik berühren. Ein konkretes Beispiel dazu: Vom Know-how her wären wir wahrscheinlich die geeignetste Firma auf der Welt, eine Abtreibungspille zu produzieren und zu vertreiben. Aber wir haben bis heute keine. Jeder hat uns immer angeguckt, als es hieß, jetzt soll bitte die Abtreibungspille kommen, wenn einer, dann müssen wir es machen. Machen wir aber nicht.

In Fragen der Moral sind wir konsequent. Neulich haben wir die Forschungskooperation mit einer ausländischen Firma abgebrochen nach einer Debatte, die in einem wesentlich liberaleren Umfeld angesiedelt war. Auf der nächsten Stufe hätten Dinge geschehen müssen, die nach deutschem Recht und auch nach unserer eigenen Überzeugung eigentlich nicht geschehen dürften. Und dann haben wir gesagt, wir müssen auch irgendwo konsequent sein: wenn wir es hier nicht machen dürfen und auch hier nicht machen wollen, dann dürfen wir es auch nicht in den anderen Ländern mit dem Kooperationspartner machen."

Jeder dritte Spitzenmanager vertritt eine ähnliche Haltung. Moral ist ihnen zufolge nicht teilbar. Läßt man sich auf eine unmoralische Aktivität ein, korrumpiert man nicht nur sich, sondern auch sein Unternehmen. Ein Vorstand macht dies klar:

„Sie können kein guter Kaufmann sein, wenn Sie nicht moralisch sauber sind. Das geht nicht, das kriegen Sie nicht hin: Sie machen kurzfristig Geschäfte, aber auf lange Sicht nicht."

Auch andere Spitzenmanager sprechen moralischen Attributen im Selbstverständnis der deutschen Wirtschaftselite eine große Bedeutung zu:

„Ich kenne fast alle bedeutenden deutschen Banker und Industrielle. Ich würde schon sagen, daß sich viele von moralischen Einstellungen prägen lassen. Nicht vielleicht so, wie sie der Jesuit sehen möchte. Aber das, was sich in der deutschen Unternehmerschaft allmählich herausbildet, ist die moralische Definition dessen, was ein hochgezüchteter angelsächsischer Kapitalismus als Ethik bezeichnet. Das bedeutet für die Führung eines Unternehmens, daß sich die Manager ethische Leitlinien gegeben haben."

In diesem Sinn äußern sich auch weitere Topmanager:

„Die Rolle der Moral kann nicht groß genug sein. Das ist ganz eindeutig. Es gibt viele Unternehmer, die auch sehr moralisch handeln. Richtig bewusst unmoralisch handeln nur sehr wenige. Ethik ist ein Fach an der Uni, das eigentlich von allen gehört werden sollte. Man kann nicht genug davon reden. Und es wird vielen erst im Gespräch klar, wo es beginnt, und wo es aufhört. Für mich muß der Unternehmer ein breit angelegter Humanist sein."

„Unternehmen müssen ausgesprochen zielgerichtet geführt werden, sie müssen also Gewinne erwirtschaften. Mindestens vergleichbar wichtig ist es, daß wir auch den Menschen sehen. Deswegen haben wir feste Unternehmensleitlinien entwickelt, in dem der Kunde und Mitarbeiter im Mittelpunkt stehen. Wenn man allerdings die Fusion zwischen Mannesmann und Vodafone betrachtet, kann man natürlich hinterfragen: „Wo ist da eigentlich die Moral?" Besteht die Moral ausschließlich darin, Shareholder Value zu generieren, bzw. sich selbst und seine eigenen finanziellen Interessen in den Mittelpunkt zu stellen? Das ist nicht meine Welt."

„Moral spielt neuerdings eine besondere Rolle. Man kann das an einem einfachen Beispiel verdeutlichen: Das Handeln von organisierten Teilnehmergruppen, das, was man in der Firma ‚corporate governance' nennt, also das Verhältnis bestimmter Organe zueinander, der Umgang miteinander und die

Verantwortlichkeiten zueinander setzen voraus, sich mehr mit moralischen Fragen auseinanderzusetzen und offener zu werden. Ich glaube, das ist Ausdruck eines tiefgreifenden Wertwandels, der im Moment stattfindet.“

„Unser Credo lautet, ihr alle konsumiert Chemie jeden Tag. Jeder will eine schöne Krawatte tragen, die gefärbt ist, jeder will ein Auto fahren; ohne Chemie sind wir in der Steinzeit. Wir tragen stellvertretend für euch alle Verantwortung. Gebt eure Verantwortung bitte nicht an der Garderobe ab, betrachtet uns nicht als Sündenböcke. Wir können euch nicht garantieren, daß bei uns nicht mal etwas schief geht, aber wir können euch garantieren, wir geben uns die größte Mühe, daß nichts schief geht.“

„Eigentlich ist in jeder Entscheidung, die sie treffen, das Thema Moral mit betroffen. Ob Sie eine Standortentscheidung treffen, ob Sie eine Produktentscheidung treffen, ich denke, es ist immer wieder und überall die Frage der Moral mit betroffen. Ich sehe daher auch nicht die Verrohung der Moral unter den deutschen Managern. Vielleicht sehe ich eine Verrohung im Hinblick darauf, daß man zu sehr auf das Geld in der eigenen Tasche schaut. Vielleicht sind die amerikanischen Zustände, die sich im Gehaltssystem langsam einschleichen, nicht nur gesund. Aber auf der anderen Seite muß man auch sehen, wenn man den Kampf um die Talente schürt, können Sie keine heile Welt haben. Darum muß man in Deutschland ganz schnell zu Beteiligungsmodellen für alle Mitarbeiter kommen.“

Für ein Drittel der deutschen Spitzenmanager gilt ethisch verantwortliches Handeln nicht nur als wünschenswert, sondern sie setzen es auch weitgehend im Unternehmensalltag um. Es erlaubt den Schluß, daß diese Vorstände ein Mehrheitsbild von einer „guten“ Managementpraxis haben, in der ökonomische Notwendigkeiten nicht per se über ethischen Grundsätzen rangieren, sondern beide wirksam ausbalanciert werden.

8.3 Die Ambivalenz von Moral in der Wirtschaft

Ein gutes Drittel der Spitzenmanager ist der Auffassung, daß sich Fragen von Ethik und Moral nicht pauschal beantworten lassen. Innerhalb des Ideals einer ethisch verantwortlichen Unternehmensführung gebe es viele Einschränkungen: Einige betonen, daß es keine einheitliche Definition von Moral gäbe, andere weisen darauf hin, daß es überall in der Wirtschaft wie auch in der Politik schwarze Schafe gäbe, die das Bild trübten. Manche Spitzenmanager verweisen auf Markt- und Wirtschaftlichkeitszwänge, die es erschweren, moralische Grundsätze durchzuhalten. Einige räumen auch ein, daß Moral teilbar ist: das, was in Deutschland gelten mag, sei in Dritte-Welt-Ländern nicht durchzuhalten. Auch Taktierereien, die sich im Unternehmensalltag nicht immer vermeiden lassen, seien mit Moralmaßstäben nicht vereinbar. Und schließlich würde auch der weit verbreitete Opportunismus auf den Chefetagen gegen ethische Leitlinien verstoßen.

Auffallend ist, daß das Verhältnis dieser Spitzenmanager zur Moral nicht so unkompliziert ist, wie man auf Grund ihrer Äußerungen annehmen könnte. Offenbar enthält die Unternehmenspraxis gewisse Grauzonen, in denen ethische Maßstäbe nicht klar definiert sind. Bejahung der Moral im wirtschaftlichen Handeln beinhaltet folglich nicht Bejahung um jeden Preis. Vor allem bedeutet sie nicht Zustimmung zum Grundsatz eines Ethikprimats und Ablehnung moralwidriger Aktivitäten in jedem Einzelfall. Nur eine kleine Minderheit beharrt auf dem Prinzip der Dauergeltung ethischer Prinzipien im Alltag.

Eher ist typisch, was ein Vorstand zu Protokoll gibt:

> „Ich glaube nicht, daß die deutsche Wirtschaft eine gehobene Moral hat. Ich weiß, daß wir manche Dinge tun und manche Dinge tun müssen, die nach strengen moralischen Maßstäben gemessen nicht richtig sind. Ich würde es nicht hinausposaunen. Es gibt einen ethischen Rahmen, der für viele Entscheidungen einfach zu eng ist, und dann gibt es einen Ermessensrahmen, der die Grenzen definiert, die man nicht überschreiten soll, also beispielsweise aktive Bestechungsgelder und ähnliches. Wenn Moral nur aus hehren Grundsätzen bestehen würde, könnten und würden wir sie einhalten."

In dieser Stellungnahme wird die ganze Ambivalenz in Fragen der Moral deutlich. Es gibt offenbar ökonomische Zwänge, die manche Manager nötigen, Moral als Ermessensfrage zu interpretieren.

Wer unternehmerisch tätig ist, verspricht sich offenbar einen anderen Gewinn, als moralisch verantwortbar zu handeln. Er will wissen, unter welchen Bedingungen er am Markt erfolgreich operieren kann. Er hofft auf Gewinne und wirtschaftlichen Erfolg. Solche Erwartungen machen moralische Maßstäbe anfällig für Übertretungen im Einzelfall, ohne in den Augen der Spitzenmanager ihren Wert zu verlieren. Wer sich zu moralisch zweifelhaftem Verhalten in bestimmten Situationen entschließt, verwirft nicht die Moral schlechthin, sondern nur ihr voraussetzungsloses Primat. Selbst der Hinweis auf verbreitete Problemfälle impliziert keine Zurückweisung der Moral als Wert überhaupt. Statt einer generellen Abwertung verweisen die Topmanager auf zahlreiche Erschwernisse, die die Umsetzung moralischer Grundsätze behindern.

In diesem Sinn argumentiert ein Vorstand:

> „Daß es Ausreißer gibt, die, sage ich mal, fern jeder Moral agieren, habe ich selbst oft genug erlebt. Aber im Inneren ist es bei den Führungskräften eigentlich schon so, daß sie sich über ihre Werte bewusst sind, es vielfach aber durch den Apparat nicht mehr nach außen bringen. Die Firmen sind Apparate geworden. Die Manager in den Firmen sind keine charismatischen Persönlichkeiten mehr, sie sind vielfach von ihrem System getrieben, und dadurch kriegen Handlungen einen ganz anderen Touch als ursprünglich beabsichtigt. Vielleicht spielen auch Taktierereien eine Rolle, wenn unter moralischen Gesichtspunkten etwas falsch läuft.
>
> Ich meine, was da bei Holzmann passiert ist, das ist sicherlich kein Ruhmesblatt für das Management. Die großen Konzerne, die weltweit operieren, wissen auch, daß das Thema Schmiergeld und Bestechung etwas ganz Normales außerhalb der Bundesrepublik ist. Ob das die feine Art ist? Ich halte es nicht gerade für das Optimum, aber es ist halt etwas, was in dieser internationalen globalen Welt möglich ist und vielleicht sogar erwartet wird. Das würde ich aber nicht unbedingt mit Moralverfall gleichstellen. Auch bei den Unternehmergesprächen in Baden-Baden wird in vielen Diskussionen mit meinen Kollegen, die ja auch in Top-Führungspositionen in Deutschland sind, deutlich, daß das nicht als ein so schlimmer Verfall gedeutet wird. Natürlich werden Sie immer schwarze Schafe haben."

Das Thema der schwarzen Schafe wird in diesem Zusammenhang immer wieder angesprochen:

> „Ich würde sagen, es gibt Leute, die sehr moralisch vorgehen und wieder solche, die total über Leichen gehen."

Für viele Spitzenmanager ist die Frage der Moral eine Deutungs- und Interpretationsfrage. Entsprechend argumentiert ein Vorstand:

> „Die moralische Praxis in der deutschen Wirtschaft ist sehr gemischt. Der Grund ist einfach: die Ausdeutung von Moral ist sehr schillernd und unterschiedlich. Jeder versteht unter Moral etwas anderes. Ich glaube, daß sich die Mehrzahl aller Unternehmer ihre eigene Moral macht. Auch die Vorstandsvorsitzenden. Jeder definiert seine eigene Moral und hält sich dann an sie."

Ein anderer Spitzenmanager weist darauf hin, daß sich das Bild von Moral wandelt, je nachdem, ob die Organisation oder der einzelne Mitarbeiter die moralische Bezugsgröße darstellt:

> „Moralfragen sind auch Risikofragen. Ich gebe Ihnen ein Beispiel Wenn Sie heute ein Kind gegen Pocken impfen lassen, besteht die Wahrscheinlichkeit

> 1:1.000.000, daß das Kind die Pocken bekommt. Jetzt können Sie als Mutter sagen, dieses Risiko gehe ich auf keinen Fall ein, ich lasse mein Kind nicht impfen. Aber die Pockenimpfung insgesamt gesehen war ein Segen; weil die Pockenkrankheit, die sonst jeden befallen hätte, dadurch eingedämmt wurde. Sie müssen das Individualrisiko gegenüber dem Gesamtrisiko betrachten. Pockenimpfung war ein Segen für die Menschheit, kann aber im Einzelfall für ein Kind, das die Krankheit im abgeschwächten Zustand durchmacht, ein Risiko sein.
>
> Das Gleiche trifft auf die Wirtschaftsmoral zu. Wenn Sie heute Fusionen haben – ich mache gerade wieder so eine Megafusion – dann müssen Sie zwei Sachen abwägen: Es gibt Einzelfälle, die für den Einzelnen schlimm sind. Ganz bestimmt, das darf man auch nie vergessen. Und wenn man sich immer bewusst wird, was es für die Einzelnen heißt, dann sieht man eigentlich jede Entscheidung, die man trifft, ein bißchen kritischer. Aber für die Kontinuität eines Unternehmens kann eine solche Fusion eine Quelle des Aufbruchs bedeuten."

Im ganzen wird das Bild der Moral immer wieder getrübt durch Hinweise auf den Zwang, sich auf ‚unmoralische Selbstverständlichkeitsriten' in anderen Ländern einzulassen, wolle man überhaupt ins Geschäft kommen:

> „Es ist leider Gottes so, daß es viele Beispiele gibt, wo Moral nicht im Vordergrund steht. Das sind halt die Korruptionsfälle, die in den verschiedensten Industriebereichen und Ländern immer wieder vorkommen. Wir dürfen allerdings auf der anderen Seite auch nicht die Augen verschließen vor Situationen in der Welt, die nun mal nicht mit Deutschland vergleichbar sind. Es gibt Länder, da müssen sie entscheiden, ob sie Business machen, oder ob sie nicht Business machen. Und wenn sie Business machen, dann gibt es einfach Praktiken, die für unsere moralischen Begriffe nicht in Ordnung sind, denen man sich auch persönlich nicht anschließen kann.
>
> Aber diese Praktiken spielen eine Rolle, ansonsten kommen Sie nicht dahin, wo Sie hinwollen. In letzter Konsequenz geht es wirklich um die Frage, wie öffne ich einen Markt, und wie kann ich an einem Geschäft teilhaben. Daher gibt es nur eine Lösung: Jede Firma muß sich die moralischen Randbedingungen, soweit sie nicht ohnehin vorhanden sind, selbst schaffen. Das bedeutet, jede Organisationen muß nicht nur einen Code of Conduct formulieren und veröffentlichen, sondern sie muß sich auch daran halten. Ansonsten verliert sie irgendwo ihre Glaubwürdigkeit und ihren Halt."

Darin drückt sich keine Umwertung der Moral aus. Es wird nur informell vorweggenommen, daß unter den Bedingungen der Globalisierung kulturelle Besonderheiten einzelner Länder, die unseren Moralbegriffen widersprechen, gleichwohl in den Strategierahmen eines Unternehmens einbezogen werden müssen.

Offenbar haben sich die in die Moral gesetzten Erwartungen der Manager gewandelt. Aus ihrer Sicht hat die Moral nicht mehr primär den Zweck, unveränderliche Maßstäbe zu propagieren, interkulturelle Verhaltensregeln festzuzurren und kulturzentrierte Stilformen in der Identität eines Unternehmens zu verankern. Erwägungen dieser Art tragen zwar weiterhin dazu bei, moralische Fragen zu thematisieren, doch spielen sie eine untergeordnete Rolle bei der Entwicklung eines Leitfadens, der dazu dient, einen Kompromiß zwischen Selbstbild eines Unternehmens und kulturellem Erwartungsprofil eines anderen Landes zu finden. Wer in einem Land der Dritten Welt investiert, verwirft daher nicht die Moral schlechthin, sondern die kulturzentrierte Form der Moral. Er drückt aus, daß er Geschäftsbeziehungen will, die nicht mit heimischen Moralmaßstäben beurteilt werden sollen. Mit dieser Haltung wendet sich jeder dritte Spitzenmanager in Deutschland gegen die Vorstellung, derzufolge unveränderliche ethische Grundsätze über dem wie immer verstandenen Unternehmerinteresse rangieren.

In diesem Sinn macht ein Topmanager unmißverständlich klar:

> „Die Frage der Moral hat zwei Facetten: Einerseits glaube ich, daß es nicht schlecht um die Moral in den Unternehmen bestellt ist. Ein anderer Punkt ist die Geschichte mit Mergers, Fusionen, wo die Belange der Mitarbeiter absolut in den Hintergrund geraten. Da ist die Balance auch nicht mehr ausgewogen. Ich glaube, es gibt heute niemanden, der aus der Sorge um die Menschen auf irgendeine Großfusion verzichten würde. Jede Fusion hat heute absolute Priorität und rangiert vor den Belangen der Menschen. Das kann man schon als einen Gesichtspunkt der Moral sehen."

Oder der relativierten Moral, möchte man hinzufügen. Ähnlich äußert sich ein anderer Vorstand:

> „Es herrscht auf Deutschlands Vorstandsetagen viel Opportunismus. Um des Geschäftes willen ist man bereit, alles Mögliche zu tun. Allerdings muß ich sagen, in dem Umfeld, in dem ich mich bisher bewegt habe, war nie die Bereitschaft vorhanden, an die Gürtellinie oder unter die Gürtellinie zu gehen."

Deutlich bemerkbar machen sich moralische Vorstellungen auch in Stilfragen. Nach dem Verständnis der Spitzenmanager ist es nicht wünschenswert, Geschäftsbeziehungen zu unterhalten, die weniger moralische Standards enthalten als normale alltägliche Respektsbeziehungen voraussetzen. Macht darf sich nicht gegenüber Fragen der Moral immunisieren. So abhängig das Verhältnis von einem Lieferanten zu einem Hersteller auch sein mag, es erlaubt keinesfalls einen moralwidrigen Umgang. Ein Spitzenmanager gibt ein Beispiel:

> „Es gibt gewisse Grundsätze, die ich nicht nur vertrete, sondern auch durchsetze. Ich habe vor wenigen Tagen einen Brief von einer Konzerngesellschaft bekommen, den diese an einen Lieferanten geschickt hatte. Dieser Brief war

> sehr flapsig abgefasst. Inhalt war, man wolle einen Werbekostenzuschuss haben für irgendeine Katalogveröffentlichung, und nachdem man so und so viele Millionen während der letzten zwölf Monate gekauft hatte, stellte man sich vor, daß ein gewisser Betrag zur Verfügung gestellt wird. Und der Einfachheit halber würde man gerne so vorgehen, daß man gleich die nächste Rechnung um den Betrag kürzt, falls man nichts Gegenteiliges höre. Da ist mir natürlich die Hutschnur hochgegangen. Und da habe ich gesagt: Also, das kommt in meinem Unternehmen überhaupt nicht in Frage. Ich verlange, daß ihr euch für so eine hocharrogante Geschichte bei dem Lieferanten entschuldigt. Ich meine, daß die Moral durchaus ganz unbeschadet in den Unternehmen zuhause ist, wo die Geschäftsleitung entsprechend die Standards setzt. Aber ich bin weit entfernt davon, pharisäisch sein zu wollen. Es gibt natürlich schon Vorgänge, die die oberste Heeresleitung gar nicht mitbekommt. Ich würde vermuten, daß in diesem Unternehmen Bestechungen auf der Einkaufsseite undenkbar sind. Ich könnte aber nie garantieren, daß nicht irgendwo in diesem Unternehmen irgendeiner hockt, der sich trotzdem einen Fernseher nach Hause schicken lässt. Ich denke, hier muß man die Generalrichtung begreifen."

Diese Beispiele belegen, daß ethische Maßstäbe bei einem Drittel der Spitzenmanager eine ambivalente Rolle einnehmen. Die Marktgegebenheiten haben bestimmte Substanzen der Moral ausgehöhlt, die dort, wo es nicht so viele einschneidende Herausforderungen gab, weniger angetastet sind. Was sich im Sediment unternehmerischer Moral abspielt, entzieht sich dem sozialwissenschaftlichen Zugriff. Doch die Annahme, daß die Globalisierungs- und Transnationalisierungsprozesse in den größten deutschen Unternehmen auf ein eher relativierendes Moralverständnis hinwirken, scheint nach unseren Befunden alles in allem plausibel. In diesem Sinn resümiert ein Vorstandsvorsitzender:

> „Ich muß aus eigener Beobachtung sagen, daß moralische Grundsätze in den Managementkreisen einen geringeren Stellenwert als früher haben, wenn man Moral als Maxime des Handelns betrachtet. Allerdings ist das Bild widersprüchlich. Einerseits glaube ich, daß das ethische Niveau hinuntergegangen ist, andererseits kann man sagen, daß Moral Gott sei Dank noch eine Rolle spielt. Aber wenn ich einen Zeitstrahl bilde, dann sind wir derzeit nicht gerade in einer positiven Entwicklung."

8.4 Entwertung der Moral in der Praxis

> Jeder siebte bis achte Konzernlenker glaubt, daß Moral in der Wirtschaft kaum einen Nährboden findet.

Auf die Frage, ob Moral noch eine Rolle auf Deutschlands Führungsetagen spielt, antwortet eine Minorität von etwa 13 % der Topmanager mit einem dezidierten ‚Nein', zumeist hinzufügend, daß es in der Politik nicht anders sei. Moral sei ein Thema für Sonntagsreden und Publikationen. Sie werde eher akademisch diskutiert als praktisch gelebt.

> „Die Diskussion über Moral ist für mich in erster Linie eine Feigenblattargumentation. Führungsethik-Diskussionen und Führungsethik-Seminare sind doch nichts anderes als der vergebliche Versuch, Moraldefizite auf der Managementebene mit Formeln zu übertünchen, die Wasser predigen, aber letztendlich Wein trinken. Wenn ethische Werte im Argen liegen, greift man zu den üblichen Hilfsmitteln und lädt einen Pater Augustinus ein, der dann etwas über Moralvorstellungen erzählen soll. Ich glaube nicht, daß ethische Grundsätze in den Chef-Positionen in irgendeiner Form verinnerlicht worden sind und im Rahmen der Führungskultur tatsächlich gelebt werden."

Ein anderer Vorstandsvorsitzender notiert zu diesem Punkt:

> „Ich kenne genügend Führungskräfte, die ausgesprochen gute persönliche und auch geschäftliche Moralbegriffe verfolgen und sich auch daran halten. Ich beobachte allerdings auch Institutionen und Führungskräfte, die überraschend diese Moralbegriffe entweder nicht kennen oder sie bewusst umgehen oder verletzen. Insofern kann ich Ihre Frage nur so beantworten: Ich sehe beides und ich befürchte, daß ich beim letzteren, bei den Verfehlungen, eigentlich nur die Spitze des Eisberges sehe. Also muß ich summa summarum sagen, ich befürchte, daß in unseren Führungsetagen, ich will nicht sagen ein Abgrund von Unmoral ist, aber auf jeden Fall eine große Versuchung tagtäglich da ist, gegen Ethik und gegen Businessethik zu verstoßen."

In ähnlicher Form äußert sich ein anderer Vorstand:

> „Es ist erschreckend, welch geringen Stellenwert Moral bekommen hat. Das hängt mit diesem Unfug des Shareholder-Value-Denkens zusammen, frei nach dem Motto: ‚Bereichere dich so gut, wie du kannst.' Daß Firmenlenker heute ihre Aktienwerte anpreisen müssen wie die Jahrmarktschreier, und daß es dabei geradezu als schick gilt, über der Moral zu stehen, ist nicht zu verstehen. Alle wissen, daß die Gesellschaft kaputt geht, wenn wir nicht die Moral akzeptieren. Wir müssen Verantwortung tragen für das, was sich innerhalb unserer Lebensspanne abspielt. Wenn wir nicht lernen zu erkennen, daß wir auch Verantwortung für die nächste und übernächste Generation tragen durch das, was wir heute tun, wird diese Welt unbewohnbar werden."

Andere Spitzenmanager äußern sich ähnlich:

„Ich meine, jeder kann fünf Grundsätze an die Wand schreiben und sagen: ich bin integer, ich bin moralisch, und ich handele nach den und den Prinzipien; das Entscheidende ist doch, was wird für die Mitarbeiter erlebbar? Wenn man auf der Top-Managementebene Verhaltensweisen sieht, die ein Unternehmen zum Selbstbedienungsladen machen, wenn mit zweierlei Maßstäben gemessen wird, oder wie ich es erlebt habe, die Führung nach Gutsherrenart zum obersten Prinzip avanciert und dadurch die Mitarbeiter zu Menschen erster und zweiter Klasse werden, dann kann ich mir nicht vorstellen, daß das für junge Leute eine Aspiration ist, an die Spitze zu kommen; es sei denn, sie sind machtbesessen und sagen, ich möchte morgen auch die anderen Leute unterdrücken. Wenn man sich die Automobil-Industrie anschaut, und nur dafür kann ich sprechen, dann ist da schon ein gewisser Verfall festzustellen. Die Rambos sind auf dem Vormarsch."

Und in diesem Sinn ergänzt ein anderer Vorstand: „Moral heißt auch: leben und leben lassen. Aber das ist nicht mehr der Spruch, den sich das deutsche Management ins Buch schreiben kann. Seit Lopez hat sich die Unternehmenskultur ins Negative verwandelt. Das Schlimme ist nur, der Lopez ist zwar weg, aber die vielen kleinen Lopez, die herumlaufen, sind noch viel brutaler, als es der Lopez von VW gewesen ist."

Für 13 % der Spitzenmanager ist die Moral eine Brachlandschaft auf Deutschlands Chefetagen. Die moderne Wirtschaft prämiert Ziele des Erfolgs und immunisiert sich gleichzeitig gegen ethisch verantwortliches Handeln. Hier werden alle ethischen Maßstäbe offenbar irreversibel durch Ideen rücksichtsloser Machtinteressen ersetzt, die das Recht auf individuelle Durchsetzungsansprüche betonen. Die Vorstände bedauern, daß Werte eines neuen individualistisch betonten Erfolgsinteresses vorgedrungen und Wünsche der Selbstbezogenheit die Oberhand gewonnen haben. Sie entwerten die Bedeutung hoher moralischer Standards.

8.5 Unvereinbarkeit von Moral und Wirtschaft

Sehr pointiert formuliert ein deutscher Topmanager: "wenn die Wirtschaftlichkeit es erfordert, dann muß man auch zu ‚unmoralischen Mitteln' greifen." Es überrascht, daß etwa 13 % der deutschen Spitzenmanager der Überzeugung sind, Wirtschaft und Moral seien letztlich unvereinbar. Kennzeichen der Wirtschaft sei gerade, daß sie eigenen Zwecken folge und sich eigene Normen schaffe. Diesen Spitzenmanagern zufolge ist der Horizont der Wirtschaft eng begrenzt auf jene Maßstäbe, die nur der rationalen Erfüllung ihrer Funktionen dienen. Daher überrascht es nicht, wenn ein Vorstandsmitglied in diesem Zusammenhang dezidiert bekennt:

> „Moral gibt es im Grunde genommen nicht. Moral ist nicht vorhanden, also werden wir mal sehen, was dabei langfristig herumkommt." Zwar betont derselbe Manager, daß in den Vorstandssitzungen häufig zu Fragen der Moral diskutiert wird, „vor allem, wenn irgendwo jemand bestochen hatte oder bestochen worden ist", aber Moral sei letztlich nicht durchsetzbar. Und ein anderer Spitzenmanager meint: „Am Ende wird man am Erfolg gemessen, und man überlebt nicht, wenn man die Moral hochhält."

Moral ist offenbar für eine kleine Minderheit der Topmanager ein Begriff, gegen den sie sich bewusst immunisieren, weil die Eigenheiten und Besonderheiten wirtschaftlicher Beziehungen aus ihrer Sicht andere Maßstäbe verlangen. In diesem Sinn konstatiert ein Topmanager:

> „Ich hege große Zweifel, ob man immer gleich mit den großen moralischen Hämmern kommen kann. Jeder muß letztlich seine Grenzwerte selbst bestimmen, aber es darf nicht so sein, daß jeder einen Ethikkatalog vor sich her trägt. Mich stört die Scheinmoral, daß wir eigentlich eine moralische Institution sein sollen und nebenbei aus Versehen Gewinne machen. Diese Art von Scheinmoral ist nicht meine Welt."

Ein anderer Vorstand teilt diese Argumentationslinie:

> „Man kann ruhig sagen, im Überlebenskampf der Firmen treten moralische Gesichtspunkte in den Hintergrund. Oft ist es eine Frage der Güterabwägung. Ein Beispiel: Soll man ein Panzergetriebe an die Türkei liefern oder nicht? Wenn ich jetzt in der Türkei einen Panzer mit einem Getriebe ausstatte, fühle ich mich noch nicht mitschuldig daran, wie die Türken mit den Kurden umgehen. Und ich sage da ganz klar, das ist nicht mein Bier. Das muß ein anderer verantworten, nicht ich. Wir sind für die wirtschaftliche Seite verantwortlich, nicht für die moralische oder politische."

Die Fokussierung auf ökonomische Sinngrenzen macht diese Gruppe der deutschen Spitzenmanager allerdings nicht generell unempfindlich gegen Fragen der Moral. Nur in ihrer Rolle als Manager hegen sie Bedenken, ethische Dimensionen explizit in ihre Entscheidungsprozesse einzubeziehen. Sie fragen sich, warum es für einen Vorstandsvorsitzenden „einen größeren Bedarf geben soll, über Moral zu reden als für einen Lehrer oder eine andere Berufsgruppe. Eigentlich besteht da kein Unterschied." Allein die formale Machtfülle und Kompetenzbefugnisse sind für sie noch kein Anlaß, über ethische Fragen in der Wirtschaft nachzudenken. In der Praxis des Alltags und vom Charakter der Tätigkeit her – so der vorherrschende Tenor dieser Spitzenmanager – ist Moral ein Nicht-Thema.

8.6 Probleme der Moral im Alltag

Eine insgesamt relativ niedrige Einstufung ethischer Fragen, wenig Hingabe, anstehende Entscheidungen unter ethischen Gesichtspunkten zu prüfen; mäßige Bereitschaften, sich nach Maßgabe moralischer Ideale sachkundig zu machen und moralisch zu engagieren: diese Befunde stützen die These, ethische Prinzipien seien kein Wert an sich auf Deutschlands Chefetagen. Von einer durchgängigen Leidenschaft zu moralisch legitimiertem Handeln kann nicht die Rede sein. Die hohe Einstufung ökonomischer Werte und die tendenziell niedrigere der moralischen Werte bedeutet aber nicht, es sei der Mehrheit der Spitzenmanager gleichgültig, unter welchen ethischen Rahmenbedingungen sie agieren. Zumindest kommt die Hochschätzung wirtschaftlicher Kriterien nicht automatisch einer Geringschätzung ethischer Fragestellungen gleich. Trotzdem hat die Moral unter Deutschlands Spitzenmanagern noch nicht den Rang einer wirklich grundlegenden Entscheidungsvariablen erlangt.

Bedeutung und Wahrnehmung moralischer Fragen unter Deutschlands Spitzenmanagern

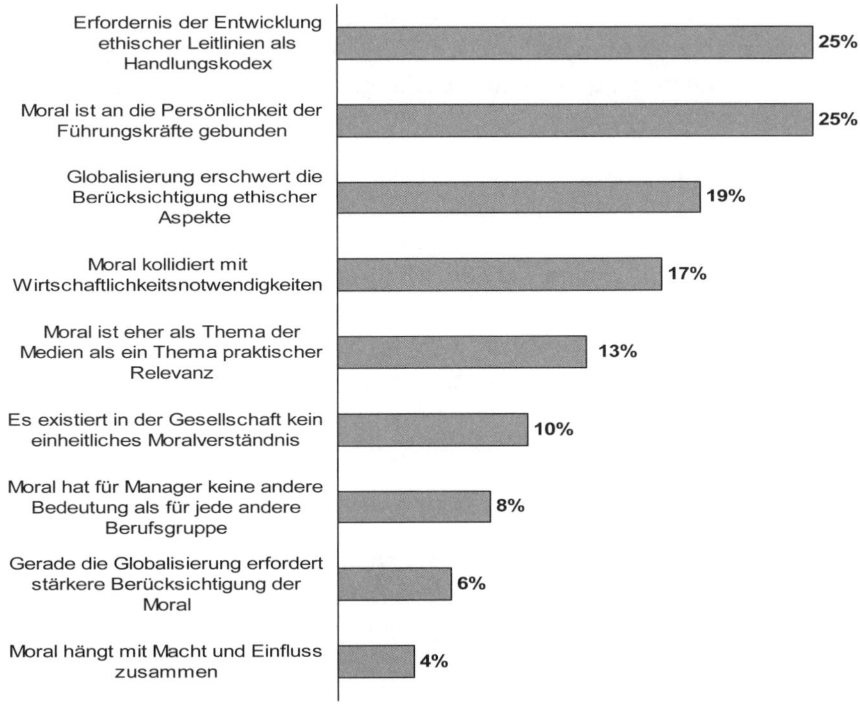

Abb. 25: Die deutschen Spitzenmanager: Wie wird Moral wahrgenommen? (n = 48, Mehrfachnennungen)

Kann sie das überhaupt? Ist es überhaupt denkbar, daß sich Spitzenmanager für ethische Fragen engagieren wie für eine persönliche Angelegenheit?

Für eine Regelung sozialer Beziehungen zwischen Unternehmen und Öffentlichkeit, die sie weniger unmittelbar erleben als Globalisierungseffekte, Marktbedingungen und Interessen der Kapitaleigner? Für eine in diesem Sinne ihnen ferne „abstrakte Idee“, wie ein Vorstand formulierte? Können solche auf den gesamten Handlungshorizont bezogene Leitideen überhaupt zu Regulativen erhoben werden, denen man die gleiche Wertigkeit zumisst wie den elementaren Wirtschaftlichkeitsfragen?

Antworten auf diese Fragen liefern die deutschen Topmanager auf völlig unterschiedliche Weise. Es scheint, als gäbe es kein Thema, das auf Deutschlands Chefetagen so kontrovers und umstritten diskutiert wird wie Wirtschaft und Moral.

Ethische Leitlinien

Eine verbindliche Ethikkonvention hat sich bislang nicht auf Deutschlands Vorstandsebenen durchgesetzt. Verglichen mit den Prinzipien des ökonomischen Controlling haben die meisten Spitzenmanager ein eher distanziertes Verhältnis zur Verpflichtung auf eine gemeinsame Business-Ethik. Nur jeder vierte Spitzenmanager sieht die Notwendigkeit geordneter und mit Sanktionen bewehrter Ethikmaßstäbe. Noch eher die Ausnahme sind deshalb Regelungen, die ein Vorstandsvorsitzender wie folgt umschreibt:

> „Kodifiziert muß eine Ethikkonvention nicht sein. Aber zu hohen ethischen und moralischen Standards gehört, daß wir konsequent durchgreifen, wenn Verletzungen festgestellt werden. Das geht bis zur Entlassung, sogar recht schnell. Wir haben ein System, in dem wir mindestens einmal im Jahr uns schriftlich von den Mitarbeitern auf bestimmten Hierarchiestufen bestätigen lassen, ob sie sich so verhalten haben, wie das aufgrund der für uns geltenden Regeln und Prinzipien gefragt ist. Wenn der Fragebogen unehrlich beantwortet wird, und es kommt heraus, ist das ein Grund zur Entlassung. Das ist ein durchgängiges System, das bei uns bis zur Spitze des Konzerns durchgeht.“

Persönlichkeit der Manager

Ein weiteres Viertel der deutschen Konzernvorstände sieht die Wurzeln der Moral durch das Vorbild des Managers genährt. Es bedarf keiner Regularien in den Schubläden, sondern des moralischen Habitus der Verantwortungsträger. Moral ist ihrer Auffassung nach nur dann wirksam, wenn es gelingt, sich öffentlich zu den eigenen Wert- und Grundüberzeugungen zu bekennen. In diesem Sinne formuliert ein Vorstand:

> „Vor nicht allzu langer Zeit habe ich gesagt, das mache ich noch, und das mache ich nicht mehr. Alleine ist man mit seinen Maßstäben oft aufgeschmissen. Es

gab sehr harte Diskussionen, auch sehr laute Diskussionen und Sendepausen zwischen den Zentralen in Rotterdam und Hamburg. Aber am Ende der Reise ist das gemacht worden, was ich für vertretbar und richtig hielt. Es ging nicht um entgegengesetzte Dinge, aber darum, was ist noch vertretbar, und was ist nicht mehr vertretbar. Wir haben bei uns im Unternehmen weltweit eine Kompetenz, die sich im Englischen ‚Selfconfidence Integrity', also Integrität aus Selbstbewusstsein, nennt. Sie umschreibt die Spielräume der persönlichen Moral."

Moral in der Wirtschaft ist gerade heute mehr und mehr an die Person und damit an das ethische Selbstverständnis des einzelnen Managers gebunden. Diese Entwicklung sieht jeder vierte Vorstand als ein Reflex öffentlicher Erwartungen. Entsprechend notiert ein Topmanager:

„Gerade wir, die wir eine sehr wichtige Rolle im Wirtschaftsleben spielen, brauchen die gesellschaftliche und moralische Akzeptanz. Ein Konrad Henkel oder ein Philipp Rosenthal oder ein Neckermann, das waren Figuren, von denen man gesagt hat: wunderbar, die schaffen Arbeitsplätze, die tun etwas für ihre Mitarbeiter und die bewegen durch ihre Haltung unsere Gesellschaft. Aber was sich jetzt abzeichnet, ist eine gefährliche Entwicklung."

Globalisierung nötigt zu besonderen moralischen Anstrengungen
Eine Minderheit der Spitzenmanager ist der Auffassung, daß, verglichen mit früheren Zeiten, moralische Fragen aufgewertet werden. Das Thema Moral wird sich ihrer Meinung nach zu einem großen Zukunftsthema entwickeln. Den Grund sehen sie vor allem darin, daß sich der Kapitalismus angesichts des Untergangs der sozialistischen Wirtschaftssysteme nicht mehr ‚bändigen' muß.

„Unser Wettbewerbssystem ist jetzt singulär geworden. Das heißt, man kann sagen, der Wettbewerb der Wirtschaftssysteme ist zunächst einmal entschieden. Und das hat Konsequenzen: Mit der Globalisierung wächst die große Gefahr, daß bestimmte, sehr starre kapitalistische, fast darwinistische Spielregeln entwickelt werden, die an den Menschen vorbeigehen und die die Menschen alleine lassen. Das Wirtschaftssystem löst sich von der Akzeptanz der Menschen. Dann muß man sehr gut nachdenken, wie versöhnt man die Menschen mit dem System?"

Aber noch aus einem anderen Grund scheint die Frage der Moral auf die Tagesordnung zu rücken. Die Spitzenmanager sehen sich heute sehr viel mehr als früher gezwungen, sich in andere Kulturen und andere moralische Standards hinein zu denken. Ein Topmanager meint:

„Die Engländer haben ein ganz anderes Verständnis von manchen Dingen als die Deutschen. Und die Franzosen auch. Die Notwendigkeit, sich mit anderen Dingen auseinander zusetzen, mit den Wertevorstellungen anderer Kulturen und Länder bedeutet, daß Fragen der Moral, auf die man eingehen muß, an Gewicht gewinnen."

Moral ist relativ

Jeder zehnte Spitzenmanager sieht in der Moral ein Problem des Maßstabs. Sie fragen, welche Standards man denn ansetzen soll bei moralischen Entscheidungen? Ein Spitzenmanager meint:

> „Wenn es der Kategorische Imperativ ist, denke ich, daß er natürlich eine Rolle spielt. Nur das Leben ist bunt in jeder Situation, es fordert einfach auch pragmatische Urteile ab. Insofern: Ist das Fusionieren von Unternehmen mit Freisetzung von Mitarbeitern moralisch oder unmoralisch, ist die Methode unmoralisch oder moralisch? Fragen Sie die Betroffenen und fragen Sie die, die es tun, und Sie kriegen sehr unterschiedliche Antworten. Also, meine Antwort ist, Moral ist eine ganz bedeutende Kategorie, sie wird auch gelebt, nur die Benchmark dafür müßte man mir noch mal liefern, und zwar für jede Situation. Beispiel: Ich denke, daß z. B. die Transparenz in der Leistungsmessung und -beurteilung eine hochmoralische Kategorie ist, weil sie die Basis eines fairen Verhältnisses zwischen Arbeitgeber und Arbeitnehmer bedeutet. Jeder weiß, woran er ist, wenn er über die Mitarbeit oder über die Leistung in einem Unternehmen spricht und sie beurteilt.
>
> Wie Rupert Ley davon zu sprechen, daß die Moral in der Wirtschaft keine Rolle mehr spielt, das tun nur Leute, die glauben, daß ihre eigene Moral die verbindliche Moral ist. Aber Moral ist eine sehr fließende Kategorie. Was vor zehn Jahren moralisch war, ist heute nicht mehr moralisch, und was in Amerika moralisch ist, ist hier nicht moralisch, noch weniger im Irak. Wer sich mit dieser philosophischen Kategorie je auseinandergesetzt hat, der weiß, daß das Problem mindestens so komplex ist wie die Kategorie Freiheit oder die Kategorie Gerechtigkeit.“

Moral kollidiert mit Wirtschaftlichkeitsnotwendigkeiten

Jeder sechste Spitzenmanager sieht sich in moralischer Hinsicht in einem schwerwiegenden Konflikt. Einige definieren den Konflikt sogar als eine Art Ohnmachtsgefühl:

> „Die Ohnmacht kommt fast zwangsläufig. Unter den deterministische Rahmenbedingungen des Marktes wird man oft gezwungen, Entscheidungen zu treffen, die ein anderer als unmoralisch empfindet oder als unethisch deutet. Wenn man praktisch dieser Ohnmacht dauernd ausgesetzt ist, wir also auf der Vorstandsebene Entscheidungen treffen müssen, je nachdem, was gerade opportunistisch richtig ist, dann kann man auch nicht erwarten, daß man exzellente Mitarbeiter hat, die mit einem durch dick und dünn gehen und bestimmte Sachen einfach mit durchstehen, auch wenn sie schmerzhaft sind. Ich würde sagen, daß dies eine große Gefahr bei uns ist. Es wird schwieriger, die Balance zu wahren.“

Wenn Moral mit Wirtschaftlichkeitserwägungen kollidiert, indiziert dies offenbar eine stärkere Orientierung an opportunistischen Zielen. Auch der Druck, der von den Interessen der Kapitaleigner ausgeht, erschwert offenbar den Konsens über verbindliche ethische Maßstäbe.

> „Ich kann mir nicht vorstellen, daß ein Unternehmer – natürlich gibt es auch Ausnahmen – moralische Ansätze hat, die kompatibel mit dem sind, was das Unternehmensziel ist. Das Shareholder-Value-Denken ist durch die Börsengeschichte stärker geworden. Da spielen menschliche Qualitäten keine Rolle mehr. Ich glaube, diese Entwicklung, die ich für bedenklich halte, lässt sich gar nicht mehr umdrehen. Die Führungskräfte müssen immer Profite und Gewinne nachweisen, sonst taugen sie nichts, d. h. leider werden die moralischen Werte noch mehr an Bedeutung verlieren."

Globalisierung erschwert die Berücksichtigung ethischer Aspekte
Jeder fünfte Spitzenmanager geht in die Offensive und verweist auf die veränderten globalen Rahmenbedingungen, unter denen heute wirtschaftliches Handeln stattfindet. Stichworte sind hier die Themen ‚Fusionen' sowie die Ausrichtung an ‚Shareholder-Value-Prinzipien'. Im Mittelpunkt der Moraldiskussion bei 20 % der Spitzenmanager steht der Gedanke der mangelnden Aufklärung der Öffentlichkeit. Die Öffentlichkeit muß ihrer Ansicht nach verstehen, daß die Unabhängigkeit der Unternehmen immer mehr eingeschränkt wird, und daß die Verantwortung der Unternehmensführer gegenüber ihren Kapitalgebern deutlich wächst. Damit treten moralische Fragen fast zwangsläufig in den Hintergrund.

Diese Entwicklung stimmt allerdings mit dem schon besprochenen Selbstideal der Spitzenmanager nicht überein. In diesem Sinn formuliert ein Vorstand:

> „Viele Kollegen verspuren die Sorge, daß je globaler die Wirtschaft und je härter der internationale Wettbewerb wird, desto mehr treten moralische Werte und ethische Kategorien in den Hintergrund. Das ist eine Entwicklung, die einen nicht nur begeistern kann."

Um erfolgreich zu sein, geraten offenbar Spitzenmanager nach eigener Einschätzung immer häufiger in Widerspruch zu ihren eigenen Grundüberzeugungen. Ihnen werden globale Durchsetzungsfähigkeiten abverlangt, auf der anderen Seite erleben sie pari passu die Rückstufung eigener moralischer Werte; ihnen wird die stärkere Abhängigkeit von den Kapitalgebern zugemutet, im Gegenzug erfahren sie die Bedeutungsminderung der Mitarbeiterinteressen. Diese empfindliche Gewichtsverschiebung zwischen Ökonomie und Moral wird nach Auffassung jedes fünften Topmanagers durch die Globalisierung weiter verstärkt.

8.7 Kritikwürdige Managermoral im Urteil der Wirtschaftselite[31]

Bittet man die deutschen Spitzenmanager, Verhaltensweisen an Managern zu benennen, die aus ihrer Sicht kritikwürdig sind, machen sie davon regen Gebrauch. Inwieweit das, was die Führungskräfte der Wirtschaft als bedenkliches und unverantwortliches Verhalten umreißen, auf eigenen – unangenehmen – Erfahrungen beruht, die sie im Verlauf ihres Karriereweges selbst gemacht haben, lässt sich in den meisten Fällen nicht sagen. Auf jeden Fall geben die Antworten aber Auskunft über Grundzüge ihres eigenen moralischen Selbstverständnisses.

Frage: Was verurteilen Sie an einem Manager?

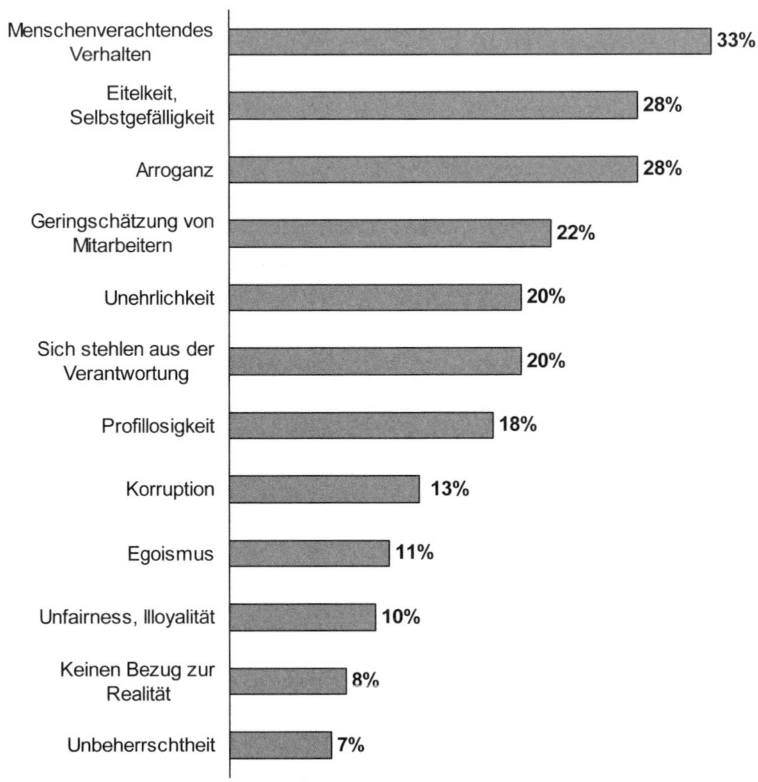

Abb. 26: Kritikwürdiges Verhalten an Managern (n = 58, Mehrfachnennungen)

[31] Von Andreas Bunz

An der Spitze der Mängelliste steht „menschenverachtendes Verhalten“, gefolgt von eitlem, selbstgefälligem Auftreten, einer zur Schau getragene bzw. standesüblichen Arroganz, ferner der Geringschätzung von Mitarbeitern/innen, die sich – wie häufiger angeführt – darin äußert, diese vor anderen „schlecht zu machen“. Als besonders verurteilenswert wird auch Unehrlichkeit angesehen, ebenso das Stehlen aus der Verantwortung oder Profillosigkeit.

Besonders der laxe Umgang mit der Wahrheit würde den Managern nicht gut zu Gesicht stehen. Aber auch die fehlende Vorbildfunktion und Eitelkeit gelten als Attribute, die auf Kritik stoßen, ebenso Egoismus, kriminelles Verhalten wie Steuerhinterziehung oder Korruption. Interessant ist vor allem die Verve, mit der die deutschen Spitzenmanager jene Führungskräfte verurteilen, die „keinen Bezug zur Realität mehr haben“, denen das „Grund-Feeling“, der normale Ton im Umgang miteinander abhanden gekommen ist. Ein Spitzenmanager zieht stellvertretend für andere das Fazit:

> „Ich kenne eigentlich wenige deutsche Unternehmensführer, die dem Anspruch, den ich an sie stellen würde, auch gerecht werden – das ist wirklich nur eine Handvoll. Ich kenne aber viele, bei denen man sich fragt: Mein Gott, wie kommen die denn dahin, warum nimmt sie keiner weg? Ich glaube nicht, daß die deutschen Manager schlechter beurteilt werden als sie sind. Es sind meines Erachtens schon viele schlechte dabei.“

Die Umfragebefunde deuten auf Vorstellungen, die vor allem auf Verstöße gegen die Maximen sozialer Kompetenz gerichtet sind. Verurteilenswerte Managermoral ist primär die Moral des „Ichs“. Kritisch wird angemerkt, daß die deutschen Wirtschaftsführer eine gewisse Beliebigkeit im Umgang mit moralischen Themen erkennen lassen, daß sie also ihrer eigenen Version einer Verhaltensrichtschnur folgen:

> „Bei Managern verurteile ich vor allem Skrupellosigkeit. Unsere Organisationen haben einen beachtlichen Vorbildcharakter – in allen Lebensbereichen. Viele Menschen, vor allem viele junge Leute gucken, was sich die da oben leisten. Man muß wahrscheinlich sehr aufpassen. [...] An der Ecke kann man in der Gesellschaft relativ schnell noch mehr kaputt machen, als eh schon zerstört ist.“

Und ein anderer betont den Stellenwert von Moral für das Bild des Managers:

> „Fragen der Moral sind mehr und mehr zum Diskussionsgegenstand geworden. Heute muß man sich mit diesen Themen mehr auseinandersetzen. Ich muß aber aus eigener Beobachtung auch sagen, daß moralische, ethische Grundsätze in den Managementkreisen, in denen ich verkehre, einen geringen Stellenwert haben, wenn man sie als Maxime des Handelns betrachtet. Das Bild ist widersprüchlich. Moralische Grundsätze fordern etwas von der Persönlichkeit, eine

> hohe charakterliche Struktur. Dies hat heute bei vielen Unternehmen einen geringeren Stellewert als früher. [...] Das Verhältnis zur Wahrheit ist generell sehr beliebig geworden."

Kritik am Lebensstil
Eine weitere Facette kritikwürdigen Gebarens ist die selbstbezogene, wenig vorbildhafte Alltags- und Lebensgestaltung. Dazu zählen nicht nur unkorrekte Verhaltensweisen gegenüber Mitmenschen, sondern auch Fehltritte im Privatbereich. Vor allem am Beispiel der Mehrfach-Ehen illustrieren die Spitzenmanager ihre Kritik an moralischem Fehlverhalten. Scheidungen gelten immer noch als Karrierebruch auf den obersten Etagen. Damit deuten die deutschen Spitzenmanager an, daß auch in einer liberalen Gesellschaftsordnung unverrückbare Maßstäbe für ein als wünschenswert angesehenes Managerverhalten von hoher Bedeutung sind. Gleichzeitig verweisen sie darauf, daß moralische Grundwerte immer noch karriereentscheidend sind bzw. sein können:

> „Auch im Blick auf die Führungseigenschaften der Zukunft muß eine Rückbesinnung erfolgen, eine Rückbesinnung auf die Werte Pflichtbewußtsein und Disziplin, auf Offenheit und Ehrlichkeit. Ich sage ganz deutlich, das ist ein Grundansatz für mich. Es muß auf der Top-Ebene etwas geschehen. Ich bin da einigermaßen verwundert, wie viele Vorstände großer Unternehmen, denen ja große Werte anvertraut sind, sich munter mittags schon auf Golfplätzen oder sonstwo bewegen. Die gibt es. Das sind diese Frühstücksdirektoren. Und dieses Frühstücksdirektorentum ist in der Tat etwas, was ein Unternehmen schädigt. Da muß etwas passieren. Die Vorbildfunktion fehlt. Ich habe immer gesagt: man muß selbst ein Vorbild sein. Das Vorbild sehen die Mitarbeiter. Und mit der Vorbildfunktion machen Sie einen Riesensprung im Unternehmen."

Warum sind einige deutschen Spitzenmanager gewissen Anfechtungen erlegen? Als mögliche Erklärung gilt ein fehlender innerer Rückhalt bzw. moralischer „Unterbau" im Sinne des Humanismus. Im Laufe ihrer Karriere erfahren die Manager Zumutungen und Anforderungen, die allein mit gutem Willen, Leistung und Ehrgeiz nicht zu bewältigen sind. Sie sind dann – wahrscheinlich auch aufgrund ihrer exponierten Position – meist auf sich selbst zurückgeworfen. Die dann drängenden Fragen nach den Quellen ihrer persönlichen Identität und Leitlinien ihres Verhaltens sind schwer zu beantworten. Sie verführen zu einer gewissen moralischen Beliebigkeit, in der der Faktor Mensch zugunsten wirtschaftlicher Erwägungen zurücktritt:

> „Ich meine, wir müssen heute wieder mehr den Menschen in das Zentrum unseres Interesses rücken. Er ist in vielen Dingen unseres Lebens auf der Strecke geblieben. Da ist zum Beispiel die Diskussion über Shareholder Value und die Rolle des Menschen im Betrieb. Wenn der Faktor des Humankapitals nur eine

Größe wird, die ich beliebig rauf- und runterfahren kann, um den Unternehmenswert zu steigern, dann geht das Ganze in die falsche Richtung. Die Frage nach dem Sinn des Wirtschaftens muß neu gestellt werden. Für wen tun wir es eigentlich, wenn nicht für die Menschen? Es gibt keine abstrakte Größe, für die ich wirtschafte. Das ist jedoch heute leider aus dem Blickfeld geraten. In der Diskussion um Wertmanagement geht es gar nicht um Werte."

Nicht alle deutschen Wirtschaftsführer verfügen anscheinend über ein ausreichendes Reservoir an inneren (geistigen) Ressourcen zur Bewältigung der Anforderungen. Auch ein zur Seite stehender Coach scheint diese Lücke nicht immer schließen zu können. Da die meisten Spitzenmanager nach eigenem Bekunden eine dezidierte Werteerziehung in ihrer Jugend genossen haben und auch von einer Auseinandersetzung mit ethischen Fragen geprägt worden sind, bleibt offen, was der Grund für gelegentlich fehlende Integrität und Vorbildcharakter ist. Möglicherweise scheinen sich auf der obersten Führungsebene auch andere Wertbezüge und ‚Tonarten' einzustellen, die im einen oder anderen Fall für einen Verlust an Bodenhaftung sorgen.

Fazit:

Offenbar stellen sich die deutschen Spitzenmanager untereinander nicht das beste Zeugnis über ihre moralische Vorbildfunktion aus. Im Licht einer sensiblen Medienöffentlichkeit kann dies eine Erklärung für den wachsenden Vertrauensverlust der Unternehmen in Deutschland sein. Daß dieser Sachverhalt nicht bei allen Befragten ‚Unruhe' hervorzurufen scheint, ist durchaus alarmierend. Denn angesichts des immer bedeutender werdenden ‚guten Rufs' von Unternehmen muß gerade dem ethischen Faktor in der Wirtschaft vermehrt Rechnung getragen werden.

Aufs Ganze gesehen bedeutet die Skepsis der Spitzenmanager gegenüber der Verankerung der Moral auf den Chefetagen jedoch nicht zwingend, daß die Qualität von Entscheidungen sinkt. Die Akzeptanz des Führungsverhaltens geht damit nicht automatisch zurück. Sie wird möglicherweise durch andere Zielsetzungen fundiert. Aber – und das ist für viele Manager der entscheidende Punkt – die Probleme der Legitimation werden spürbar größer. Ihrer Ansicht fehlt es an einer institutionalisierten Debatte, in die sie sich einschalten können, und von der sie zur Lösung bestimmter operationaler Probleme lernen können. Letztlich sehen sie sich angesichts eines Wertwandels in Deutschland, der den Individualismus prämiert, bei der Einschätzung moralischer Grundfragen auf sich selbst zurückgeworfen. Zwar gebe es eine Reihe von ‚ethischen Austausch- oder Beratungsmöglichkeiten', von Netzwerken und Kreisen für moralisch-denkende Unternehmer und Führungskräfte sowie verschiedene wissenschaftliche Institute und Lehrstühle, die in Sachen Wirtschafts- und Unternehmensethik aktiv forschen und publizieren. Die Manager verweisen in diesem Zusammenhang beispielsweise auf Verbände, Vereine oder

Akademien wie CiW (Christen in der Wirtschaft), BKU (Bund der katholischen Unternehmer) sowie auf Schriftsteller wie Rupert Lay, Anselm Grün oder Hans Küng, die ein Forum für Diskussion und Input zu ethischen Fragestellungen der Praxis bieten. Als praktikable Plattform für eine ethische Debatte sowie als verbindliche Verpflichtung zur Teilnahme werden sie aber nicht wahrgenommen.

8.8 Das Tugendbild der deutschen Spitzenmanager

Die Art und Weise, wie die deutschen Topmanager Tugenden klassifizieren, erlaubt ebenfalls einen Blick auf ihr moralisches Selbstverständnis. Wir wollten wissen, welche Bedeutung die Spitzenmanager angesichts ihrer Grundidee von einem ‚guten Leben' den Aristotelischen Tugenden beimessen. Zu diesem Zweck haben wir den Vorständen die Aristotelische Tugendtafel vorgelegt. Herausgekommen ist ein Ranking, das die Tugendprioritäten der deutschen Wirtschaftselite definiert.

Tugend – so schrieb Aristoteles – sei eine zur verlässlichen Gewohnheit gewordene gute Haltung des Menschen. Sie soll ihn befähigen, die Leidenschaften am Maß der Vernunft auszurichten. Aristoteles war ein Verfechter der sogenannten Mittellage. So ist beispielsweise Freigebigkeit oder Großzügigkeit die Mitte zwischen Geiz und Verschwendung. In dieser Ausgewogenheit kommt zum Ausdruck, daß alle Leidenschaften ihrem Anlaß mit Maß zu entsprechen haben.

Aristoteles grenzt die ethischen Tugenden gegen die dianoetischen Tugenden ab. Die ethischen Tugenden haben einen Praxisbezug; sie qualifizieren zum moralisch-guten Handeln. Ethische Tugenden sind dann wirksam, wenn alle Neigungen und Ansprüche des einzelnen im betreffenden Praxisfeld vernunftmäßig gestaltet sind. Die dianoetischen Tugenden haben dagegen einen Erkenntnisbezug; sie sind auf die vernunftmäßige Ergründung der Zusammenhänge in der Umgebung gerichtet. Aristoteles arbeitete Platons Theorie der Kardinaltugenden in eine umfassendere Tugendtafel ein. Tugendtafeln sind wirkungsgeschichtlich das Ergebnis des Versuches, Tugenden zu unterscheiden und zu ordnen.

Aus den Untersuchungen, die wir durchgeführt haben, geht hervor, welche Tugenden die deutschen Spitzenmanager als besonders wertvoll erachten. Interessant ist, daß es in erster Linie die dianoetischen Tugenden sind. Man kann sie im Aristotelischen Sinn mit Erkenntnis- und Machbarkeitstugenden übersetzen. Zu ihnen gehören Vernunft, Klugheit, Erkenntnis, Weisheit und Kunst im Sinne von Kunstfertigkeit; wir würden heute sagen: professionelle Kompetenz. Sie gelten vor allem als wünschenswert.

Frage: Welche Tugenden sind – angesichts Ihrer Grundidee von einem „Guten Leben“ – besonders bedeutsam?

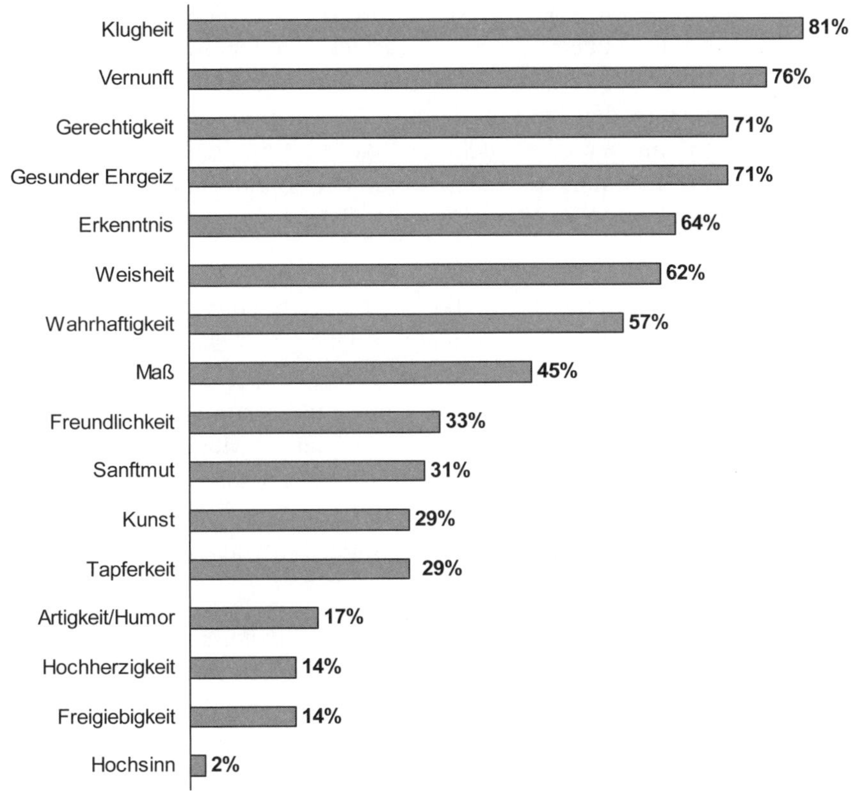

Abb. 27: Die deutschen Spitzenmanager: Der Stellenwert der Tugenden (nach Aristoteles) (n = 42, Mehrfachnennungen)

Auf den Wichtigkeitsskalen der Vorstände rangieren Vernunft und Klugheit ganz oben.

Die Mehrheit, die Vernunft und Klugheit als bedeutendste Tugenden benennen, schwankt um knapp 80 %. Die Wertschätzung von ihnen ist ausgeprägt und verbreitet. Sie erlauben den Schluß, daß die Spitzenmanager die ihnen wichtigen Tugenden weniger im ethischen Praxisumfeld des Alltags verankert sehen als in der Erkenntnis des Machbaren. Denn die Vernunft als Kardinaltugend bezieht sich auf das, was durch eigens Tun verändert werden kann und auf die Einsicht in das, was nicht veränderbar ist.

Die Klugheit als zweite Erkenntnistugend bezieht sich auf die praktische Vernunft in der ökonomischen und politischen Praxis. Die Erkenntnis als dritte Erkenntnis- und Machbarkeitstugend ist das aus Prinzipien ableitbare Wissen. Die Weisheit als eine vierte Erkenntnistugend beinhaltet das Wissen um das von Natur aus richtige und würdige Verhalten. Mit der Tugend der Kunst (griechisch: techne) ist schließlich das technische Können, die Fähigkeit und Erfahrung der praktischen Ausführung umschrieben. Diese fünf Tugenden kennzeichnen in besonderer Weise das Selbstideal der deutschen Spitzenmanager. Sie bedeuten, daß Rationalitätstugenden auf den Chefetagen dominieren. In ihnen drückt sich eine Moralkonzeption aus, die primär auf Weiterentwicklung, Bestandssicherung und Erfolg des unternehmerischen Handelns gerichtet ist.

Im Mittelpunkt unternehmerischer Tugendideen steht daher der Gedanke der sachlogischen Entscheidungsoptimierung. Die Ziele, an denen sich das Tugendverständnis der deutschen Topmanager orientiert, enthalten analog zu ihrem sonstigen Moralverständnis vor allem Elemente pragmatischer Kontinuitätserfordernisse. Tugendhaft ist, wer ein Unternehmen durch die Komplexität moderner Märkte erfolgreich steuert; tugendhaft ist, wer neue Erkenntnisse aufgreift und umsetzt, tugendhaft ist, wer praktische Vernunft in kluges, umsichtiges Handeln übersetzt. Es ist frappierend zu sehen, wie eindeutig und im Konsens die deutschen Spitzenmanager die Aristotelischen Machbarkeitstugenden an die oberste Stelle setzen.

Erwähnt werden muß auch, was im Mehrheitsbild der Spitzenmanager von den wünschenswerten Tugenden eher im nachrangigen Skalenbereich plaziert ist: es sind die ethischen Tugenden. Zu ihnen gehören die öffentlichen Tugenden, die Kommunikationstugenden sowie die Ehr- und Statustugenden. Sie rangieren im Selbstverständnis der deutschen Wirtschaftselite deutlich niedriger als die Erkenntnis- und Machbarkeitstugenden. Die ethischen Tugenden entfalten sich im Kontext des sozialen und gesellschaftlichen Lebens, sie kennzeichnen den Umgang der Menschen untereinander. Als wichtigste der ethischen Tugenden benennt gut die Hälfte aller Vorstände

Tugendskala der deutschen Spitzenmanager

1. Rang	**Erkenntnis- und Machbarkeitstugenden**
2. Rang	**allgemeine öffentliche Tugenden**
3. Rang	**Kommunikationstugenden**
4. Rang	**Ehr- und Statustugenden**
5. Rang	**materielle Tugenden**

Abb. 28: Die deutschen Spitzenmanager: Ranking der Tugenden

die öffentlichen Tugenden, zu denen vor allem die Gerechtigkeit zählt. Sie zielt auf einen gewissen Ausgleich im Verhältnis zu den Mitmenschen. Die Gerechtigkeit ist die zentrale Tugend des politischen und öffentlichen Lebens.

An die dritte Stelle der Tugendskala setzen die Spitzenmanager die Kommunikationstugenden. Sie drehen sich um die Beziehungen zu anderen Menschen. Dazu gehören vor allem Wahrhaftigkeit als Mitte zwischen Prahlerei und Ironie, Artigkeit als Mitte zwischen Possenreißerei und Steifheit und schließlich Freundlichkeit als Mitte zwischen Gefallsucht und Eigensinn.

Im Mittelpunkt der Ehr- und Statustugenden, die an vierter Stelle rangieren, stehen der gesunde Ehrgeiz, der von den Managern sehr geschätzt wird und als eine der beiden wichtigsten ethischen Tugenden betrachtet wird, sowie der sogenannte Hochsinn, ein Begriff von Aristoteles, der die Mitte zwischen Aufgeblasenheit und niederem Sinn beschreibt und von den Managern auf den letzten Platz der Tugendprioritäten gesetzt wird.

Ganz am unteren Ende rangieren bei den Topmanagern die sogenannten materiellen Tugenden, die Aristoteles im Umgang mit Geld und Besitz angesiedelt hat: Freigebigkeit als Mitte zwischen Großzügigkeit und Geiz sowie Hochherzigkeit als Mitte zwischen Großtuerei und Engherzigkeit.

Fazit:

Im ganzen dominiert bei den Spitzenmanagern in Deutschland ein eher wissenschaftlich – rationales Tugendideal. Es ist modern in der Hochschätzung der Machbarkeits- und Erkenntnistugenden, es ist gleichsam antimodern in der abgeschwächten Wertschätzung der Beziehungstugenden. Die Mehrheitshaltung zu Tugenden wie Erkenntnis, Vernunft und Klugheit kann als eine Art Votum für Fortschrittsideen gewertet werden. Es besagt, daß in der Abwägung zwischen Rationalitäts- und Beziehungstugenden die Funktionserfordernisse der Wirtschaft die Überhand behalten.

Die Auskünfte über Tugendprioritäten verweisen auf ein eher distanziertes Verhältnis der Spitzenmanager zu individuellen Karriere- und Statustugenden. Wer Erkenntnistugenden hochschätzt und Vernunfttugenden als in sich wertvoll versteht, plädiert dafür, sich für Unternehmensinteressen einzusetzen und Sachnotwendigkeiten gegen persönliche Ambitionen zu verteidigen. Diese Haltung involviert keine Zurückstufung persönlicher Ziele, wohl aber eine Art Vernunft-Engagement zugunsten der objektiven Unternehmensziele.

9 Das Führungsverständnis der deutschen Spitzenmanager

„Behandle die Menschen so, als wären sie, was sie sein sollten und du hilfst ihnen zu werden, was sie sein können."

Johann Wolfgang von Goethe

9.1 Entscheidungsstile

An der Spitze großer multinationaler Unternehmen bestehen die traditionellen Voraussetzungen innovativer unternehmerischer Aktivitäten nicht mehr wie noch vor einer Generation. Unmöglich, daß ein einzelner Manager Produktentwicklung, Absatzmärkte und Bezugsquellen vollständig überblickt. Dafür sind die Technologien zu differenziert, die wirtschaftlichen Abläufe zu vielfältig, die Distanzen zwischen den Funktionsbereichen im Unternehmen zu groß.

Auch die Umwelt ist komplizierter geworden. Wo früher einzelne wenige Gesetze die Verfügungsfreiheit des Managers begrenzten, befindet er sich heute in einem Dickicht, das kein einzelner von ihnen zu lichten vermag. Wo früher der Unternehmer allein entschied, müssen heute Entscheidungen mit den verschiedensten Gremien abgestimmt werden. Wo die veröffentlichte Meinung früher mit wenigen Stimmen sprach, bringt sie sich heute über viele Organe gegenüber den Unternehmen zur Geltung. In dem engmaschiger gewordenen Netz sozialer Beziehungen und rechtlicher Vorschriften können sich Topmanager noch weniger als ihre Vorgänger ohne Assistenz von Dritten bewegen.

Die heutigen Verhältnisse verlangen den wissenschaftlich geschulten Unternehmer, den Spezialisten für Methodik und Abstraktion. Sie verlangen die Fähigkeit, Informationen aufzunehmen und zu verarbeiten, die nicht durch eigene Beobachtung, Anschauung und Erfahrung gewonnen wurden. Beobachtung, Anschauung und Erfahrung sind nicht überflüssig geworden, aber sie reichen nicht so weit, wie die heutigen Unternehmensdimensionen und die erhöhte Komplexität es erfordern. Die gewandelten Verhältnisse dringen auf Qualifikationen, deren Zusammentreffen der Quadratur des Kreises nahe kommt: auf die Verbindung von Erfahrung und Theorie, von Anschauung und Abstraktion, von Intuition und Systematik, von Beobachtung und langfristiger Planung. Die gewandelten Verhältnisse verlangen, daß die Spitzenmanager Entscheidungen unter Mitwirkung von Dritten treffen, deren Fachurteil sie ihrerseits nicht mehr beurteilen können und doch beurteilen müssen. Sie gebieten andere und neue Formen der Entscheidungsfindung.

Frage: Drängen Sie im allgemeinen auf rasche Entscheidungen, auch wenn Sie den Eindruck haben, daß es gegenteilige Auffassungen gibt, oder arbeiten Sie vor einer Entscheidung lieber am Konsens?

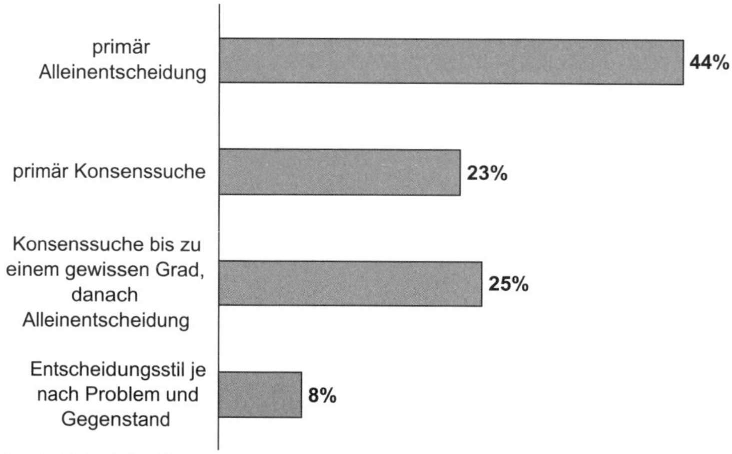

Abb. 29: Die deutschen Spitzenmanager: Entscheidungsstile (n = 52)

Die gewachsene Komplexität der Rahmenbedingungen auf den Vorstandsetagen läßt vermuten, daß es keine einheitlichen Entscheidungsmodalitäten und Entscheidungsprinzipien gibt. Es scheint, als würde das Entscheidungsverhalten der Spitzenmanager von gegensätzlichen, jedenfalls schwer miteinander zu vereinbarenden Normen gelenkt. Deutliche Rivalitäten bestehen einerseits zwischen einer Tendenz zur Versachlichung von Entscheidungsprozessen und der Neigung, Beschlüsse letztlich doch der „Persönlichkeit" der Spitzenmanager zu überantworten. Gegensätzliche Normen spielen andererseits auch dort eine Rolle, wo Konsensprozesse und Zeitknappheit aufeinander stoßen. Die Konsequenz ist klar: zwar bejahen die meisten Vorstände den Konsens als solchen, sehen sich aber in der Praxis immer wieder genötigt, davon abzuweichen.

Angesichts dieser Umstände wird verständlich, daß die Führungsansprüche an die Spitzenmanager in den letzten 30 Jahren deutlich gestiegen sind. Dort, wo partizipative Ansprüche der Mitarbeiter zu kulturellen Selbstverständlichkeiten geworden sind, werden den Topmanagern zunehmend anspruchsvolle Führungsverfahren abverlangt:

Diskussion, Legitimation, Argumentation, flexible Urteilsbildung. Die neuen Werte tragen dazu bei, die Zielkonflikte in einem Unternehmen zu verschärfen. Eine ist der Dauerkonflikt zwischen Effizienz und Partizipation. Topmanager sind Hüter die Effizienz. Damit geraten sie leicht in Widerspruch zu Partizipations- und Mitsprachewünschen der Umgebung. Die Folge sind Spannungen, die die Topmanager mit einem zunehmend konsensdosierten Entscheidungsstil zu überbrücken versuchen.

Der Vorrang der Alleinentscheidung

Fast die Hälfte der deutschen Spitzenmanager sieht sich als rasche Entscheider, die den Konsens bewußt hintanstellen. Manche verweisen dabei auf ihre Persönlichkeit und ihr Naturell, ihre innere Ungeduld, aber auch auf den Zeitaspekt als limitierende Systemvorgabe ihres Entscheidungsstils. Bei einigen gehört allerdings auch die ungebrochene Überzeugung dazu, alleinberechtigte Anweisungsinstanz zu sein, und zwar in einem jeden Zweifel ausschließenden Sinn: „ich entscheide". Trotz allem gibt es auch unter diesen Managern nachdenkliche Worte: „ich war früher jemand, der rasch entschieden hat. Heute bin ich jemand, der lieber noch einmal über eine Sache nachdenkt und nicht gleich entscheidet. Dieser reine Macher-Aktivismus hat auch Gefahren".

Generell dominiert aber in Deutschland auf den Vorstandsetagen der Modus der raschen Alleinentscheidung. Symptomatisch hierfür sind Aussagen wie: „Entscheidungen müssen auch mal wissend um einen Konflikt, der sich aus ihnen ergibt, getroffen werden. Das ist nun mal so. Es ist sinnvoller, zügig eine Entscheidung zu treffen, als irgendwelche Hängepartien anzufangen. Ein Grundsatz von mir ist, daß Entscheidungen sehr schnell getroffen werden."

In diesem Sinn argumentieren mehrere Vorstände:

> „Wir leben in einer schnelllebigen Welt, d. h. daß auch rasche Entscheidungen herbeigeführt werden müssen. Das Umfeld verlangt Entscheidungen, damit man gesichert arbeiten kann. Eine Entscheidung sollte unverzüglich vom Management vollzogen werden. Unverzüglich heißt so schnell wie möglich, ohne schuldhaftes Verzögern. Ich habe in meinem Unternehmen bislang noch keine Abstimmung vollzogen."

> „Also, ich bin recht ungeduldig. Ich neige dazu, möglichst zügig zur conclusio zu kommen. Wir sind im Augenblick dabei, lange wissenschaftlich begründete Entscheidungsverfahren abzuschütteln, ich finde auch zu Recht. Wir wollen wieder mehr experimentieren. Das bedeutet schnelle Entscheidungen, auch wenn Fehler passieren können. Aber dabei lernen wir und können dann auch mal eine Entscheidung wieder korrigieren. Dies ist besser, als erst mal alles in der Breite zu analysieren und dann sehr viel Zeit zu verlieren."

„Ich habe meine eigene Definition von Konsens: Konsens ist dann, wenn die Entscheidung fällt. Es kann nicht sein, daß man, nachdem die Entscheidung gefallen ist, dann immer noch Dissens hat. Eines der Prinzipien ist, wenn wir in unseren Managementrunden zusammensitzen, daß jeder seine Klappe aufmachen kann und zu allen Dingen in gleicher Art und Weise Stellung nehmen darf. Nur dann ist es durch.“

„Ich bin einer, der rasche Entscheidungen sucht und gebe zu, auch etwas dominant zu sein. Es wäre falsch, wenn einer sagt: Ich mache alles im Konsens. Das geht nicht. Dann wird er nicht Topmanager.“

Der konsensorientierte Entscheidungsstil

Die Erwartung, daß Entscheidungsprozesse auf der höchsten Managementebene im wesentlichen Konsensprozesse geworden sind, wird durch die Antworten der Spitzenmanager auf die Frage nach ihrem Entscheidungsstil nur eingeschränkt gestützt. Zum Selbstbild der deutschen Topmanager gehört, daß etwa die Hälfte von ihnen den Konsens zwar bejaht, sich aber nicht vorbehaltlos mit ihm identifiziert. Für etwa 56 % der Vorstände spielt der konsensorientierte Entscheidungsstil in der einen oder anderen Form eine Rolle, ist aber in der Alltagspraxis meist an eine Reihe von Nebenbedingungen geknüpft. Die Zustimmung zum Konsens ist vor allem pragmatisch und nicht kulturell begründet. Die Konsensmethode wird gewollt, weil und soweit sie sich als nützlich erwiesen hat, und weniger, weil sie ein in der demokratischen Unternehmenskultur verankerter Entscheidungsstil ist, weniger also als Idee. Selbstverständnis und Selbstdeutungen werden von ihr nicht beherrscht.

Nur für ein knappes Viertel der Topmanager in Deutschland hat die Entscheidung im Konsens ausdrücklich Vorrang. Die klare Präferenz für die Konsensentscheidung beruht bei dieser Managergruppe auf der Erfahrung, daß kollegiale Entscheidungsformen zwar zusätzlich Energieaufwand verlangen, aber durchweg produktiver sind. Für diese Manager bildet Konsens eine Grundvoraussetzung für eine nachhaltig wirkende, fachlich überlegene und erfolgreiche Entscheidung. Praktiziert wird ein Modell kollegialer Entscheidungsfindung, untermauert durch Sachverstand und Erfahrung. In diesem Sinn argumentiert ein Vorstand:

„Ohne daß Sie Menschen begeistern können, werden Sie kein Ziel erreichen. Da ist die Konsensfähigkeit gefragt. Es ist meine Aufgabe, in einem angemessenen Zeitraum einen Konsens herzustellen und bisher, muß ich sagen, ist das eigentlich immer geglückt, bis auf ganz wenige Ausnahmen.“

Ein anderer Topmanager ergänzt: „Ich bin jemand, der versucht, den Konsens zu erzielen, d. h. denen, die eine Entscheidung umsetzen müssen, das Gefühl zu geben, an der Entscheidung beteiligt zu sein.“ Und ein weiterer Vorstand betont:

„Wir pflegen hier in unserer Unternehmung eher einen konzertierten Entscheidungsstil. Es geht hierbei nicht um ein Maximum, was wir anstreben. Es geht mehr um ein Entscheidungsoptimum, bei dem möglichst viele Interessen Berücksichtigung finden sollen. In diesem Sinne geht es also immer auch um Kompromisse."

Für ein gutes Viertel der deutschen Spitzenmanager ist das Votum für die Konsenspraxis zeit- und situationsabhängig. Sie legen sich nicht auf einen bestimmten Entscheidungsstil fest, sondern betonen die Einzelumstände einer Entscheidungssituation: „es kommt darauf an [...]". Sie akzeptieren den Konsens bis zu einem gewissen Grad als wünschenswertes Entscheidungskonzept, sind aber auch bereit, ihn unter bestimmten sachlichen und zeitlichen Rahmenbedingungen außer Kraft zu setzen. Jeder vierte Spitzenmanager praktiziert einen Führungsstil, der darin besteht, durch Argumente zu überzeugen und zu motivieren. Wenn aber die Kraft des besseren Arguments nicht überzeugt, sind diese Manager auch bereit, vom Diskurs- und Konsensprozess Abstand zu nehmen.

„Man kann einen gepflegten Umgang haben, aber nicht immer demokratisch sein im Sinne einer Abstimmung. Es muß entschieden werden. Die Welt ist kein Debattierclub," wie ein Vorstand betont.

Die meisten Manager dieser Gruppe machen von der Dringlichkeit einer Entscheidung abhängig, ob sie Konsens suchen sollen. In diesem Sinn argumentiert ein Vorstand:

„Meistens ist mein Entscheidungsstil auf Konsens gerichtet. Aber es gibt Grenzen. Immer dann, wenn Entscheidungen aus Zeitdringlichkeit getroffen werden müssen. Dann muß man sagen, wenn wir die Mehrheit haben, muß das im Moment mal ausreichen. Ich kann es nicht schaffen, auch noch den letzten zu überzeugen. Aber mein Wille, sehr viele meiner Entscheidungen im Team, am runden Tisch zu treffen, ist stark ausgeprägt."

Weitere Argumente in diesem Zusammenhang lauten:

„Es gibt Entscheidungen, die einfach erfordern, daß man rasch entscheidet. Dann wird eben rasch entschieden. Es gibt aber auch wichtige Entscheidungen, und da lege ich dann großen Wert darauf, daß man das im Konsens macht, es lange ausdiskutiert. Am Ende des Tages muß möglicherweise auch einmal im Nicht-Konsens entschieden werden."

„Lieber weiter am Konsens arbeiten. Wobei irgendwo jede Entscheidung einen zeitlichen Rahmen hat. Wenn Sie den Konsens nach einer bestimmten Zeit und nach mehreren Anläufen nicht zustande kriegen, dann müssen Sie sich entscheiden. Und das wird dann auch verstanden. Aber im Großen und Ganzen sollte man den Konsens anstreben."

„Unser Prinzip ist, daß die Entscheidungen im Konsens getroffen werden – aber Geschwindigkeit und Exekution sind dabei die obersten Prioritäten. Der alte Gorbatschow hat vollkommen Recht gehabt: Wer zu spät kommt, den bestraft das Leben, in jeder Hinsicht. Und dieser Spruch gewinnt zunehmend an Bedeutung."

„Es kommt auf die Fragestellung an. Es gibt Fragestellungen, da ist Schnelligkeit unheimlich wichtig. Wenn es eine reine fachliche Entscheidung ist, würde ich sehr aufs Tempo drücken. Wenn ich aber merke, daß eine Entscheidung nicht mitgetragen wird und anderen persönlich Probleme bereitet, dem Vorstand beispielsweise, mitzugehen und mitzuvertreten, dann würde ich mich sehr viel intensiver – sei es hier in Zweier- oder Dreiergesprächen – um Konsens bemühen. Insofern kann man es nicht verallgemeinern."

Ich mache ernste Versuche, Lösungen im Konsens hinzukriegen. Wenn dieser Konsens zu formelhaft wird und nichts Vernünftiges mehr dabei herauskommt, dann sage ich nach einer gewissen Zeit, jetzt muß es so rum oder so rum gehen."

„Der einstimmige Beschluß ist mir lieber als die Mehrheit mit einer Stimme im Gremium. Das muß ich schon sagen. Es kommt schließlich aber darauf an, auf welchem Feld die Entscheidung erforderlich ist. Manche Dinge sind von Zeitrestriktionen so stark geprägt, daß Sie nicht die Möglichkeit haben, die Dinge auszudiskutieren. Der Manager, der nie zu einem Entschluss kommt, ist für mich eine fürchterliche Vorstellung."

„Ich mag Konsens. Und ich versuche auch, Konsens zu erreichen. Aber ich bin gleichzeitig ein unruhiger Mensch. Und die Unruhe treibt mich zu Entscheidungen und zu schnellem Handeln. Das heißt also, ich werde nie versuchen, den Konsens bis zum bitteren Ende zu finden. Irgendwann muß entschieden werden. Dann muß die Sache weitergehen."

Der Widerspruch zwischen Konsenssuche und Entscheidungsdruck ist auf der obersten Managementebene evident. Diejenigen, die nach eigener Aussage den Konsens gutheißen, ziehen für sich im Bedarfsfalle doch die nach Konsultation von Experten gefällte Alleinentscheidung vor.

Für knapp jeden zehnten Spitzenmanager ist weniger die Dringlichkeit als vielmehr das Sachthema ausschlaggebend für den Entscheidungsstil:

„Es kommt auf die Fragestellung an. Bei einer reinen Sachentscheidung fällt es mir leichter, einfach zu entscheiden, als wenn persönliche Anliegen oder Statusfragen eine Rolle spielen. Das ist in meinen Augen gerade die Kunst der Führung."

„Ich glaube, daß man sich für Strukturentscheidungen durchaus etwas Zeit lassen kann und auch versuchen kann, einen möglichst großen Konsens zu erzielen. Für Marktentscheidungen, also Produkteinführungen, Neugestaltungen, weiß der Kuckuck was, da kann man sich überhaupt keine Zeit mehr lassen. Wenn Sie dann darauf warten, Konsens erzielen zu wollen und Zustimmung von weiß der Teufel wem, dann ist der Markt längst weg."

„Es kommt auf die Qualität des Problems an. Je schwerwiegender ein Problem ist, desto eher muß man versuchen, einen Konsens zu erreichen. Bei Bagatellen muß man schon aus Zeitgründen schnell und unkonventionell handeln. Bei uns sind Einzelentscheidungen unerwünscht. Es müssen Teamentscheidungen sein."

Fazit:

Die mehrheitliche Präferenz für Konsensprozesse und ihre gleichzeitige Hintanstellung in der Alltagspraxis hat unterschiedliche Gründe. Sie liegt erstens daran, daß Konsens, Teamarbeit und Kooperation in Deutschland inzwischen den Rang einer kulturellen Selbstverständlichkeit haben. Man kann Konsens ehrlich bejahen und in der eigenen Praxis doch davon differieren, ohne sich dessen immer bewußt zu sein. Zweitens spielen Sachnotwendigkeiten und Sachgesetzlichkeiten eine für eine Konsensentscheidung ungünstige Rolle, daß also vorab die Sacherfordernisse schnelle Entscheidungen verlangen. Drittens erklärt sich die Neigung, schnelle Entscheidungen zu treffen, auch wenn Fehler passieren können, stärker aus persönlichen Dispositionen der Topmanager. Offenbar verbinden sich objektive Notwendigkeiten und subjektive Momente so, daß in etwa der Hälfte aller Fälle die subjektiven Bereitschaften zu raschen Allein-Entscheidungen mobilisiert werden. Die Vorliebe für rasche Entscheidungen ohne Konsens ist schließlich auch das Ergebnis massiven Zeitdrucks oder zumindest subjektiv wahrgenommener Zeitknappheit sein. Manche Dinge scheinen durch Terminfristen so stark geprägt zu sein, daß die Topmanager sich außerstande sehen, auch den letzten noch mit ins Boot zu nehmen.

Nicht der Glaube an die Überlegenheit einer im Konsens getroffenen Entscheidung an sich, sondern der formale Aspekt der Zeitknappheit kennzeichnet die Entscheidungskultur auf Deutschlands Chefetagen. Wie immer die Selbstdeutungen der Befragten zu interpretieren sind, in fast nichts stimmen sie so überein, wie in der Überzeugung, ihr Amt im Fall von Zeitknappheit nur kraft ihrer persönlichen Entscheidungsautorität wahrnehmen zu können. Konsensnotwendige Entscheidungszeiten stehen immer weniger zur Verfügung.

Dies hat Folgen: Knappe Zeit zwingt zum Verzicht auf Abwägung aller Alternativen. Die verfügbaren Reaktionszeiten werden als so knapp gedeutet, daß Handlungsalternativen mit nachvollziehbaren Analyseschritten nicht mehr in jedem Fall gründlich erwogen werden können. Es scheint, als gäbe es in den höchsten Entscheidungsgremien nicht mehr die Zeit, die Dinge ruhig und abgewogen zu Ende zu denken.

Die von den Spitzenmanagern wahrgenommene Diskrepanz zwischen zeitlich befristeten und sachlich notwendigen Entscheidungsverfahren wird immer evidenter. Damit wächst das Risiko von suboptimalen Entscheidungen. Symptomatisch ist, was ein Spitzenmanager in diesem Zusammenhang zu Protokoll gibt: „Bei mir herrschen sehr schnelle und manchmal auch falsche Entscheidungen. Aber mir ist Schnelligkeit wichtiger als Richtigkeit." Und ein anderer Vorstand ergänzt: „Wenn ich der Meinung bin, daß alle Facetten betrachtet worden sind, dann bin ich dafür, zu einer raschen Entscheidung zu kommen, auch auf die Gefahr hin, daß man eine falsche Entscheidung trifft."

Der formale Aspekt der Schnelligkeit rangiert vor der Güte einer Entscheidung, eine rasche Entscheidung vor einer richtigen Entscheidung. Knappheit von Zeit stärkt offenbar das Element der Intuition und des Experiments. Wie sagte doch ein Vorstandsvorsitzender: „Wir müssen wieder mehr experimentieren. Das bedeutet schnelle Entscheidungen, auch wenn Fehler passieren können."

Intuition und Experimentierfreude sind mehr als Instinkt. Wenn Intuition positiv wirkt, ist sie das glückliche Zusammenfallen von Erfahrungs- und Beurteilungsvermögen. Wenn Intuition negativ wirkt, ist sie Ausdruck eines risikoreichen, tendenziell autoritären Entscheidungsverfahrens. In diesem Spannungsfeld zwischen Dynamik, Temposteigerung und Beschleunigungsdruck auf der einen Seite und Wertschätzung von kooperativen Mechanismen und Entscheidungsqualität auf der anderen Seite scheint die deutsche Wirtschaftselite derzeit ihr Führungsverständnis zu suchen.

9.2 Das Autoritätsverständnis der deutschen Spitzenmanager

Die in den vergangenen Kapiteln referierten Daten und Befunde informieren über typische soziale Weichenstellungen für den Karriereerfolg der Spitzenmanager. Offen bleibt jedoch das Persönlichkeitsbild dieser Gruppe. Gemäß ihren eigenen Vorstellungen und ihrem Selbstbild ist der Spitzenmanager durch eine Mischung von gesundem Menschenverstand und Weitblick charakterisiert, von Wagnisfreude und Durchsetzungswillen. Er ist dem ständigen Wechsel der Aufgaben und Anforderungen gewachsen und wird auf eine schöpferische Weise mit ihnen fertig. Sein Selbstbewusstsein und seine Kompetenz hindern ihn nicht daran, die Belange der Mitarbeiter und öffentlichen Anspruchsgruppen zu erkennen und zu berücksichtigen, sein starkes Engagement an Effizienz- und Erfolgswerten schließt die Orientierung am Schutz von Natur und Umwelt, an Humanitätswerten und ethisch verantwortlichem Handeln nicht aus. Er ist nach seinem Verständnis bemüht, sich und andere über das Normalmaß hinaus zu motivieren, er setzt sich mit innovativen Ideen und Methoden auseinander und begreift sie nicht als Zumutung. Er sieht sich als derjenige, der die Dinge in Gang hält. Er entscheidet gern und trägt bereitwillig Verantwortung. Er weiß um das Erfordernis von Anpassungs- und Kooperationsfähigkeit. Unentbehrlich ist ferner ein hohes Maß an Empathie für die Prozesse in Politik und Öffentlichkeit.

Dieses Eigenschafts- und Persönlichkeitsbild ist für die Mehrheit der Spitzenmanager auch Grundlage ihres Autoritätsverständnisses. Allerdings ist Autorität kein Begriff, über den unter den deutschen Topmanagern Konsens besteht. Bei der Frage, worauf sich die Autorität eines Vorstandes gründen sollte, ob auf die Persönlichkeit, auf Fachkompetenz oder auf das demokratische Mandat eines Teams, ist kein eindeutiger Meinungsschwerpunkt im Sinn eines Konsens auszumachen. Es gibt Verfechter für alle drei Modelle, ebenso wie die Auffassung, daß hier keine Trennung vorgenommen werden könne und nur eine bestimmte Kombination von Persönlichkeit, Fachkompetenz und demokratischem Mandat die Autorität begründen könne, die man auch für sich selbst akzeptiert.

Frage: Es gibt verschiedene Meinungen darüber, welche Voraussetzungen gegeben sein müssen, um die Autorität von Verantwortlichen zu sichern. Welche der folgenden Voraussetzungen akzeptieren Sie für sich?

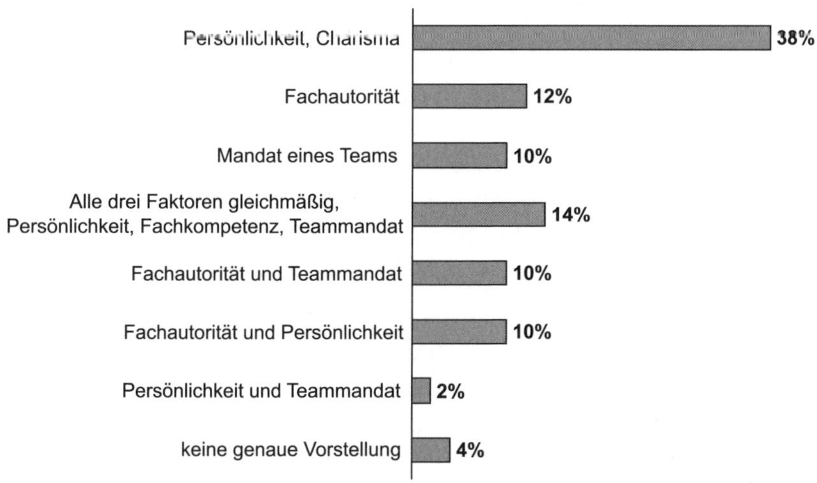

Abb. 30: Die deutschen Spitzenmanager: Ihr Autoritätsverständnis (n = 50)

Die Persönlichkeitsautorität

Die eigentliche Autoritätsquelle bildet für eine deutliche Mehrheit der Spitzenmanager die Persönlichkeit. Befragt, welche Aspekte die eigene Autorität erklären, nannte die Mehrheit der Spitzenmanager die Autorität der Person, quasi das Charisma des Topmanagers. Ihr kommt absolut gesehen die höchste Bedeutung zu. Dagegen rangieren die Fachautorität und die Autorität kraft demokratischen Mandats eines Teams deutlich dahinter. Fast zwei Drittel der deutschen Vorstände verbinden ihre Autoritätskonzeption mit Persönlichkeitswerten – entweder losgelöst von anderen Autoritätsquellen oder aber im Zusammenhang mit Fachkompetenzen und Konsensprozessen. Sie betonen, daß insbesondere das authentische Vorleben und die Glaubwürdigkeit der Person als Legitimationsquelle von Autorität konstitutiv seien:

> „Die Autorität der Person, ganz klar, das beruht in der Kraft, unsere Umwelt zu überzeugen, wie man nach vorne geht. Nicht per ordre de mufti.“

Die meisten Vorstände der großen deutschen Unternehmen sehen nicht in objektiv feststellbaren Kompetenzqualitäten die wichtigste Quelle ihrer Autorität. Der erfolgreiche Topmanager hat sich vielmehr durch persönliche Qualitäten ausgewiesen.

Weniger klar ist die Bedeutung des nachdrücklichen Votums für die Autorität der Person. Die Formel ist mehrdeutig. Daher können sich hinter dieser Autoritätsquelle ganz verschiedene Erwägungen verbergen. Die Zustimmung zu ihr kann Ausdruck der Erfahrung sein, daß die erfolgreiche Leitung eines Großunternehmens nicht allein Sachverstand, sondern auch soziale Kompetenzen und Wertautorität verlangen. Unternehmerische Leistung ist nicht gleichzusetzen mit der Demonstration von speziellem Sachverstand, sondern mit einem je nach Problem variierendem persönlich vorbildhaftem Beitrag zur Problemlösung.

Das Votum für die Autorität der Person kann auch ganz anders begründet sein. Es kann sich auf persönliche Eigenschaften und ein Reservoir an Gewißheiten beziehen, die im Elternhaus bereits angelegt wurden, in den Lehr- und Wanderjahren gefördert und dann in verantwortungsvollen Leitungspositionen zur Blüte gebracht worden sind. Dies würde bedeuten, daß die Funktion des Unternehmensleiters weniger ein Beruf, als viel mehr eine Berufung ist, deren Handhabung nicht in allen Punkten zu erlernen ist. Die deutschen Spitzenmanager verfügen nach eigenem Bekunden offenbar über eine ‚Eignung', die sich rationalen Bestimmungen entzieht.

> „Ich sage jetzt nicht, was mir am wünschenswertesten ist, sondern was nach meiner vierzigjährigen Berufserfahrung das Ausschlaggebende zu sein scheint, nämlich die charismatische Fähigkeit zum Führen. Die Sehnsucht der Menschen geführt zu werden ist unglaublich groß. Das demokratische Mandat wird täglich in Frage gestellt, Fachwissen ist ersetzbar, aber durch klares charismatisches Führen den Menschen innere Sicherheit zu geben, Ängste fernzuhalten, ist unverzichtbar.“

> „Sie brauchen eine Autorität, an der Sie sich orientieren können, der man sich auch unterordnen kann, wenn die Legitimation stimmt. Sie können nicht alles demokratisch machen. Wenn eine Leitfigur da ist, die alles mitzieht, dann finde ich das okay."

> „Charismatische Autorität der Persönlichkeit ist schön, wenn man in der Lage ist, Menschen für sich zu begeistern. Ich freue mich, wenn es Menschen gibt, die sich, allein durch die Art aufzutreten, begeistern lassen. Und ich denke, wenn man unter charismatischer Autorität einen Menschen versteht, der seine eigenen Werte glaubhaft hinüberbringen und dadurch auch etwas bewirken kann, dann ist sicherlich charismatische Autorität etwas sehr Wertvolles."

Sachautorität

Einer Minorität von etwa 12 % der Spitzenmanager ist die Sachautorität am wichtigsten, verankert in der Überlegenheit des Sachverstandes. Sachautorität bildet ein eigenes klares Legitimationskonzept; es steht für die den Aufgaben gemäße fachliche Kompetenz. Berücksichtigt man überdies jene beiden anderen Autoritätsquellen, mit denen die Fachautorität eine Art Autoritätsfusion eingegangen ist, gilt die fachliche Kompetenz immerhin fast jedem zweiten Spitzenmanager zumindest als eine wichtige Stütze seiner Autorität.

> „Autorität muß geprägt sein durch Kompetenz."

Und ein anderer Vorstandsvorsitzender äußert im gleichen Tenor:

> „Für mich spielt die Sachautorität eine ganz enorme Rolle. Also, wenn ich nicht im Stoffe bin, bin ich nichts wert."

Mandat eines Teams

An dritter Stelle im direkten Vergleich der Autoritätsverständnisse rangiert das demokratische Mandat eines Teams. Hierfür spricht sich jeder zehnte Topmanager direkt aus. Ergänzt man diesen Wert um die Zahl der Manager, die diese Autoritätsquelle in Verbindung mit den beiden anderen Modellen sehen, besitzt das Mandat eines Teams für etwa ein Drittel aller Spitzenmanager konstitutive Bedeutung.

Schwerpunkte dieses Autoritätsverständnisses bilden die Einbeziehung des Umfeldes, die Notwendigkeit des Teamgedankens sowie die steigende Bedeutung partizipativer Führung.

> „Wir streben, wir entwickeln uns zum letzteren – zur demokratischen Führerschaft."

Es sei außerdem unabdinglich, daß zwischen den Teammitgliedern so etwas wie ein gemeinsamer Geist zur Entstehung kommt – unter anderem auch deshalb, weil die zunehmend komplexe Welt nur im Teamverbund zu bewerkstelligen sei.

> „Der aus dem Team heraus wachsende Respekt, das ist sicherlich der wesentlichste Faktor", betont ein Vorstand. Und ein weiterer fügt hinzu: „Letztlich entscheidet das Umfeld über die Autorität, die man genießt oder nicht. Ich nehme für mich in Anspruch, Autorität nicht durch irgendwelche Rundschreiben zu bekommen, sondern Autorität zu erlangen durch die Akzeptanz des Umfeldes."

In diesem Sinn stellt ein anderer Spitzenmanager schließlich fest, daß das Mandat der Gruppe letztlich die motivierendste Autoritätsquelle sei:

> „Autorität durch das Mandat der Gruppe ist natürlich das Schönste, weil es voraussetzt, daß andere Leute entschieden haben, daß man entweder aus sachlichen oder aus anderen Gründen der beste sei, eine Gruppe zu führen. Sachautorität alleine bringt einen häufig nicht so weit. Natürlich braucht man Leute, die Sachautorität haben, aber Führungsqualitäten sind letztlich die, die darauf beruhen, daß eine Truppe von guten Leuten sagt, wir brauchen einen, der das übernimmt, und der macht das dann."

Kombination von Persönlichkeit, Fachkompetenz und Mandat eines Teams
Etwa 14 % der Manager bewerten alle drei Faktoren in ihrer Kombination als Idealfall von Autorität, wobei es dann situativ zu entscheiden gilt, welches Autoritätselement gerade von Bedeutung ist. In ihrem Bewußtsein liegen überkommene Legitimationsquellen und neue Autoritätsgrundsätze miteinander im Streit. Das kann ein Reflex der tatsächlichen Verhältnisse in den Unternehmen sein, in dem kooperative Entscheidungsmechanismen, fachliche Analyse und soziale Kompetenzen je nach Situation variierender Legitimationsmuster bedürfen. Die jeweilige Sachlage erfordert anscheinend eine inhaltliche Güterabwägung über die zum Zuge kommende Autoritätsquelle.

> „Ich halte die Kombination für wichtig. Als Fachmann wird man akzeptiert, als Führungspersönlichkeit wird man geachtet. Das hat einen Qualitätsunterschied."

> „Ich würde bezweifeln, daß man das so schwarz-weiß malen kann. Es ist immer eine Kombination von allem: es muß eine Sachkompetenz geben, es muß sicherlich auch eine Führungskompetenz geben, und es muß auch jemand in der Lage sein, ein hervorragender Teammoderator zu sein.

> Ich weiche Ihnen nicht aus, wenn ich Ihnen sage, idealerweise eine Kombination aus allen dreien. Wenn Sie mich jetzt gleichwohl zwingen würden, eine

> Präferenz zu nennen, würde ich für einen General Manager wie es ein Vorstand ist, die Sachautorität auf Rangplatz drei rücken wollen und, sagen wir mal, die demokratische teamorientierte Autorität ganz weit nach vorne."

Persönlichkeit und Sachkompetenz

Etwa jeder zehnte deutsche Spitzenmanager versteht sich nicht als Führer, der seine Entscheidungen demokratisch legitimieren muß. Er baut eher auf ein Mixtum aus Persönlichkeit und Sachkompetenz, der seine Autorität absichert. Für die meisten unter ihnen hat sich ein Perspektivenwechsel ereignet. Waren sie vormals von der umfassenden Sachautorität eines Ingenieurs oder Juristen überzeugt, so reicht dies aus ihrer Sicht heute nicht mehr aus, um legitime Autorität für sich zu beanspruchen. Der personale und soziale Aspekt rangiert für sie inzwischen deutlich vor dem fachlichen Spezialistentum. Diese Tendenz spiegelt sich auch in den Ausführungen der Spitzenmanager zu den Führungseigenschaften von morgen wider, wo nach einhelliger Meinung das Generalistentum über dem Expertentum dominiert. Einige verstehen dennoch die Fachautorität als eine Art conditio sine qua non von Autorität, die letztlich die Basis für darauf aufbauende persönliche oder demokratische Legitimationsquellen darstellt.

> „Von einem Mandat einer Gruppe halte ich gar nichts. Autorität kommt normalerweise aus der Persönlichkeit heraus. Dazu gehört dann auch eine entsprechende Fach- und Sachkompetenz."

> „Was hat die Gruppe für eine Bedeutung, die demokratisch legitimiert ist? Ich glaube, um Dinge richtig voranzubringen, wäre es besser, wenn wir keine Demokratie hätten. Es gibt kein Unternehmen, das demokratisch geführt wird, es gibt keinen Vorstand, der demokratisch entscheidet. Das wäre erschreckend. Aber sicherlich ist es als Gesellschaftsform die Form mit den geringsten negativen Auswirkungen. Also, ich sage mal, ich möchte nicht in einer Diktatur leben, aber in Organisationen, die sich freiwillig zusammentun, wo man freiwillig mitgeht, da herrscht, glaube ich, das fachliche und charismatische Führen."

> „Wenn es aber so ist, daß man im Grunde genommen Charisma benutzt, um fachliche Schwächen zu verdecken, dann bringt uns das alles nicht viel. Aber wir brauchen charismatische Führer, weil aus der Sache heraus die meisten Menschen nicht besonders empfänglich und beeinflussbar sind."

Fazit:

Die Quellen, an denen sich die Autoritätsformen der deutschen Spitzenmanager orientieren und deren Beachtung sie im Umgang mit Menschen zugrunde legen, enthalten – ähnlich wie die Entscheidungsstile – Elemente von Konsenswillen, Fachkompetenz und Durchsetzungsziele. Hält man sich an ihre Aussagen, gewinnt man den Eindruck, daß demokratische Bezüge bei ihnen nicht so hoch im Kurs stehen und der ‚leading spirit' eines Art Coachs überwiegt.

Selbstverständlich dürfen solche Befunde nicht mit Ergebnissen des tatsächlichen Führungsverhaltens gleichgesetzt werden. Unabhängig von der Frage, wie und in welchem Maß sie die Führungspraxis bestimmen, sind sie jedoch als Hinweise auf das allgemeine Autoritätsverständnis interessant.

Im Mittelpunkt steht hier die Idee der Persönlichkeit. Dabei ist allerdings nicht von vornherein klar, welchen Inhalt die Idee der personalen Autorität, welche Färbung Persönlichkeit als Autoritätsquelle hat. Sicher ist eine Art Vorbildfunktion gemeint. Darüber hinaus anscheinend die Fähigkeit, über eine charismatische Ausstrahlung Werte und Grundsätze zu repräsentieren, zu wissen, wie man mit Menschen umgeht, schließlich im besten Sinn des Wortes zu führen. Dafür braucht man Selbstvertrauen, Urteilsfähigkeit und Selbstkritik und wie ein Manager es formuliert: „energize, envision, enable". Autorität schließt ferner Fachkompetenz und Konsensfähigkeit ein. Allerdings spielen diese Fähigkeiten nur eine nachgeordnete Rolle im eigenen Autoritätsverständnis. Gegenüber den Facetten einer persönlichen Ausstrahlung sind sie in den Hintergrund getreten.

Interessant ist, daß fast jeder fünfte Topmanager ungefragt die Amtsautorität ablehnt. Eine Autorität kraft Amtes hat mit ihrem Führungsverständnis nichts zu tun. Stellvertretend für andere stellt ein Vorstand fest: „Ich kann grundsätzlich Autorität akzeptieren. Ich habe damit kein Problem. Ich kann eine demokratisch legitimierte Autorität akzeptieren, einfach weil sie demokratisch zustande gekommen ist. Ich kann eine fachliche Autorität akzeptieren, ich kann auch eine charismatische Autorität akzeptieren. Aber ich kann nicht eine de-fakto Autorität akzeptieren. Also jemand, der einfach auf einem Posten sitzt, obwohl er sich auf keine dieser drei Legitimationsquellen berufen kann, also weder charismatisch noch fachlich noch demokratisch legitimiert ist". Und ein weiterer ergänzt: „Ich hasse unfundierte Autoritäten. Das ist auch im Wirtschaftsleben so. Hier laufen sogenannte „Autoritäten" herum, die es nicht verdient haben, Autoritäten zu sein."

9.3 Führungsvorbild und Mentorenrolle[32]

Trotz aller Individualität sind die deutschen Spitzenmanager mehrheitlich (70 %) der Auffassung, daß sie in Führungsfragen eine Vorbildrolle einnehmen. Sich selbst in die Pflicht zu nehmen, gilt ihnen als ungeschriebener Leitsatz. Sie verbinden mit ihrer herausgehobenen Position den Anspruch, die Unternehmenswerte und Ziele auch selbst vorzuleben. Bis auf wenige Ausnahmen stellen sie hohe Integritäts- und Glaubwürdigkeitsmaßstäbe an ihr eigenes Verhalten. Dies gilt zwar in erster Linie gegenüber den Mitarbeiterinnen und Mitarbeitern im eigenen Unternehmen, aber darüber hinaus strahlt dieser Anspruch auch in die Bereiche des privaten und öffentlichen Lebens aus. Inwieweit sie mit ihrem Bemühen erfolgreich sind, wagen die Manager nicht selbst zu beurteilen.

In die Vorbildrolle fließen so unterschiedliche Attribute ein wie Erreichbarkeit, offene Türen, Transparenz der Entscheidungen oder Sensibilität für neue gesellschaftliche Tiefenströmungen.. Daneben finden sich interessanterweise auch Haltungen, die man auf den ersten Blick weniger mit der Rolle eines Spitzenmanagers verbindet wie die Fähigkeit zuzuhören oder sich zurückzunehmen. Sehr charakteristisch sind Formulierungen wie:

> „man muß die Person hinter das Unternehmen zurückstellen. In der Selbstinszenierung liegt schon eine große Gefahr.“

Oder:

> „wir dürfen nicht die Kapellmeister spielen, die nur den Dirigentenstab schwingen, sondern wir haben die Aufgabe, den Menschen Orientierung zu geben, Werte zu vermitteln und auch vorzuleben und schließlich etwas weiterzugeben von dem, was man selbst gelernt und aufgenommen hat.“

Letztlich summieren sich die Facetten des Vorbildcharakters auf die Frage des Menschlichen:

> „Glaubwürdigkeit, soziale Verantwortung, ein Gefühl für Gerechtigkeit – das hört sich jetzt groß an, ist aber, glaube ich, sehr wichtig. Vorbildhaftigkeit hängt eng mit Glaubwürdigkeit zusammen, und wie man mit Menschen umgeht. Das ist eigentlich das Wichtigste. Hinzu kommt sicherlich noch, daß man sich auch mit den Problemen anderer befaßt: das ist das A und O einer guten Führung.“

Vorbildcharakter und Führungserfolg korrelieren in hohem Maße mit sozialem und moralischem Impetus. Dabei hat die charakterliche Integrität die höchste Bedeutung.

---

[32] Von Andreas Bunz

Auch Tugenden wie Bescheidenheit, Demut oder der Begriff des Dienstes und der Eigenverantwortung scheinen für vorbildhafte Führung eine große Rolle zu spielen.

> „Ich sage den jungen Menschen immer, ihr müßt euch organisieren und lernen, Verantwortung für euch selber zu übernehmen. Dann müßt ihr Ziele definieren und versuchen, diese Ziele eigenverantwortlich zu erreichen. Nur wer für sich selbst Verantwortung übernehmen kann, kann auch für andere Verantwortung übernehmen."

Zur Vorbildrolle gehört schließlich Transparenz, die Fähigkeit der Manager, sich erklären zu können. Überraschend ist das Bekenntnis vieler Spitzenmanager, daß sie nicht das Maß aller Dinge sind, sondern selbst der Führung benötigen, selbst Vorbilder brauchen, und hin und wieder auch eine Art „Self-Monitoring" praktizieren. Darunter verstehen sie eine bewußte Eigenkontrolle ihres Verhaltens. Man könnte auch sagen, zum Verständnis ihrer Vorbildrolle gehört eine Art Eigenüberwachung ihres Kommunikationsstils und ihres Ausdrucksverhaltens. Sie betrachten sich mit den Augen ihrer Umgebung. Sie antizipieren gewissermaßen den Eindruck, den sie mit ihrem Verhalten und ihrem Repräsentationsstil im Unternehmen hinterlassen. Für die Mehrheit der Spitzenmanager ist die Vorbildrolle daher nicht von der Selbstaufmerksamkeit zu trennen.

Der Spitzenmanager als Mentor

Spitzenmanager sind Mentoren für den Nachwuchs. Förderer sind von ihrer Haltung her Menschen, die sich selbstlos mitfreuen können, die Türen öffnen, aber auch konstruktive Kritik üben. Die Spitzenmanager sehen sich in der Mentorenrolle mehrheitlich als Vorbilder, die andere an ihrer eigenen Fehlbarkeit teilhaben lassen, also auch Misserfolge nicht verschweigen. Als Förderer sind sie aber insbesondere Wegbegleiter, die in anderen Talente entdecken und sie ermutigen, diese Gaben für die Realisierung einer persönlichen Vision einzusetzen.

Förderung, so lassen die Spitzenmanager erkennen, darf allerdings nicht verwechselt werden mit der „nützlichen" Teilhabe an Informationsnetzwerken, machtpolitischen Insiderkenntnissen, institutionellen Eliteverbänden oder individuellen Promotionen durch die Hierarchieebenen hindurch. Derartige Strategien sind zwar vielfach fester Bestandteil der betrieblichen Alltagswelt, sie repräsentieren allerdings nur den Netzwerkaspekt zur Gestaltung einer Karriere. Nach verbreiteter Annahme der Spitzenmanager bedeutet die Mentorenfunktion mehr: sie hat den Charakter eines ethischen und sozialen Imperativs. Es geht darum, Zeit, Wissen, Empathie und weitere persönliche Ressourcen zu investieren, um dazu beizutragen, daß, wie ein Manager es formulierte, „in anderen etwas zur Entfaltung kommt." Inwieweit dieses Idealbild des Mentorengedankens in der von enormem Zeitdruck geprägten Alltagswelt des Unternehmens auch praktisch zum Zuge kommt, ist schwer zu beantworten. Als Kernaufgabe von Führung wird die Mentorenfunktion aber grundsätzlich akzeptiert.

In ihrem Verständnis von Mentorenschaft verweisen die Topmanager zugleich auf „Erfolgsbausteine“ von Karriere und Führung. Die Topmanager empfehlen ihren potentiellen Nachfolgern in erster Linie Teamfähigkeit. Ein weiteres Drittel formuliert die Idee des Dienens als ehernen Grundsatz, der dem Führungsnachwuchs zu vermitteln sei. Auch eine sehr gute, qualifizierte Ausbildung, die nicht wenige unter ihnen als einziges Startkapital, oft nur durch eine entbehrungs- und aufopferungswillige Förderung ihrer Eltern erhalten haben, rangiert ganz oben in den Mentorengrundsätzen.

An weiterer Stelle steht die Entwicklung von Zielen, langfristigem Denken, das Visionen einschließt. Nicht selten wird aber auch überraschenderweise empfohlen, mit Geduld und Gelassenheit die eigene Karriere zu betreiben in der festen Überzeugung, daß bei guter Arbeit ein guter Mann oder eine gute Frau das Management auf sich aufmerksam macht und eine entsprechende Förderung bekommen wird. Auch dies scheint der Erfahrung aus dem eigenen Lebensweg zu entsprechen, daß Karrieren und Beförderung „sich ergaben“ und Angebote häufiger auf einen zukamen, als daß man sie bewusst angestrebt hat. Verleidet scheinen manchen heutigen Topmanagern offensichtlich jene jungen Leute, die permanent vor der Tür stehen und „verbissen“ ihre Beförderung aktiv betreiben. In diesem Sinn meint ein Topmanager überaus sehr bildhaft:

> „Ich glaube, daß man eine Karriere nicht planen kann. Aus meiner Erfahrung ist es der beste Weg, einfach seinen Job vernünftig zu machen. Natürlich kann man dafür sorgen, daß man nicht untergeht und in einer Ecke verschwindet. Aber wenn die Leistung stimmt, dann wird sich alles andere von selbst ergeben, weil sich dann auch die Mentoren finden, die sagen: das ist ein junger Mann, den müssen wir fördern. Es darf kein Drängeln sein. Karriere ist wie ein Floh im Hund: man muß nur bereit sein, irgendwann kommt der Hund vorbei. Natürlich kann man sich auch dorthin begeben, wo mehrere Hunde vorbeikommen; aber der Floh, der ständig schreit: Hier, hier – der wird nicht weiterkommen als derjenige, der genau die Entwicklungen und Trends analysiert. Man muß schon schauen, daß man sich auch ein wenig positioniert, aber Drängeln hat eigentlich noch nie geholfen.“ Und ein anderer Spitzenmanager ergänzt: „wichtig ist, keine Ambitionen zu haben, was Positionen angeht. Zwei Dinge stehen im Vordergrund: erstens immer zu versuchen, daß aus der In-Box und Out-Box ein möglichst großer Mehrwert herauskommt, und zweitens, daß man seine Arbeit so gut, ordentlich, gewissenhaft und phantasievoll erledigt, daß der Vorgesetzte immer eher Angst davor hat, daß man geht, als daß man etwas fordert.“

Gelassenheit bedeutet indessen nicht Inaktivität oder Zurückgezogenheit, im Gegenteil: Eine Art offensive Kommunikationsfähigkeit, die oft auch eine Portion Extraversion verlangt, gilt den Führungskräften als ein probates Mittel für den Aufstieg in die Chefetagen.

Frage: Welche Grundsätze würden Sie dem Führungsnachwuchs als Mentor vermitteln?

Abb. 31: Erfolgsregeln für angehende Führungskräfte (n = 61, Mehrfachnennungen)

Viele Spitzenmanager raten dem Führungsnachwuchs außerdem zu einer Art Pioniergeist.

Man solle immer wieder die Initiative ergreifen, Mut zum Risiko haben und auch bereit sein, seinen Job zu verlieren, wenn man keinen Spaß mehr an seiner Arbeit habe. Andere Spitzenmanager ermutigen ausdrücklich ihre Mitarbeiter, Dinge auszuprobieren, von denen sie noch gar nicht wissen, ob sie sie beherrschen. „Ich befördere Leute schon zu Zeiten, in denen sie ihre neuen Aufgaben noch gar nicht können."

Eine weitere Erfolgsregel für den Aufstieg in die höchsten Positionen ist die Authentizität. Sich selbst nie zu verleugnen, ehrlich zu bleiben, sind wichtige Leitlinien im Wettbewerb um Karrieren:

> „Ich würde den jungen Leuten raten, ihre Persönlichkeit nicht aufzugeben. Keine Organisation kann und sollte so stark sein, daß sie dem Menschen seine Identität und Würde nimmt. Er sollte seine Werte realisieren können."

Und ein anderer ergänzt:

> „Das Wichtigste, was ich meinen Leuten immer erzähle, ist, ihr müßt euch treu bleiben. Versucht nicht, euch zu verstellen. Seid, wie ihr seid. Und gebt ein klares Bild ab von euch. Versucht es zumindest. Und macht das, was euch Spaß macht. Teilt auch euren Leuten mit, was euch Spaß macht. Dann seid ihr die besten Leader."

Karrierechancen ruhen aus der Perspektive des Mentors auf zwei Pfeilern: einer gemeinsinnigen Dimension – im Vordergrund stehen hier die Aspekte des Dienstes am Unternehmen sowie die Integrationsfähigkeit – auf der anderen Seite einer Mentalitätsdimension: Mut, gepaart mit Geduld und Initiativgeist. Charakteristisch für die Haltung der meisten Spitzenmanager ist eine Kombination verschiedener Erfolgsregeln. Traditionell intrinsische Vorstellungen wie die Fähigkeit zu dienen verbinden sich mit Deutungen, die den Erfolg eher in kommunikativen und unternehmerischen Talenten sehen. Beides schließt sich nicht aus. Für sich genommen mag das Dienen kein Wert mehr sein, aber weil es in Symbiose mit individualistischen Werten gesehen wird, dient es als Kriterium für den Erfolg und die soziale Bewertung des Führungsnachwuchses.

Was am Führungsnachwuchs gefällt und mißfällt

Welche Erfolgsregeln und welcher Habitus in die höheren Positionen führen, ist eindeutig. Daraus folgt jedoch nicht, daß die Wirtschaftsführer dem Führungsnachwuchs uneingeschränkt entsprechende Haltungen bescheinigen. Gefragt, was sie an der nachfolgenden Generation schätzen oder vermissen, fällt auf, daß im faktischen Verhalten der jungen Manager das Verhältnis zwischen individualistischen und sozialen Werten nicht so unkompliziert ist, wie man annehmen könnte. Auf der Skala „was am Führungsnachwuchs gefällt" nehmen individualistische Tugenden die obersten Plätze ein. Im Hintergrund bleiben dagegen eher die sozialen Kompetenzen wie Team- und Kommunikationsfähigkeit, die im Mehrheitsbild der Manager gerade einen so hohen Stellenwert einnehmen.

Der von den Managern erlebte Führungsnachwuchs zeichnet sich durch hohen Ehrgeiz und Einsatzbereitschaft aus. In diesem Punkt besteht eine hohe Übereinstimmung zwischen ihrem eigenen Selbstverständnis und dem, was sie am Nachwuchs

Frage: Was schätzen Sie am Führungsnachwuchs besonders?

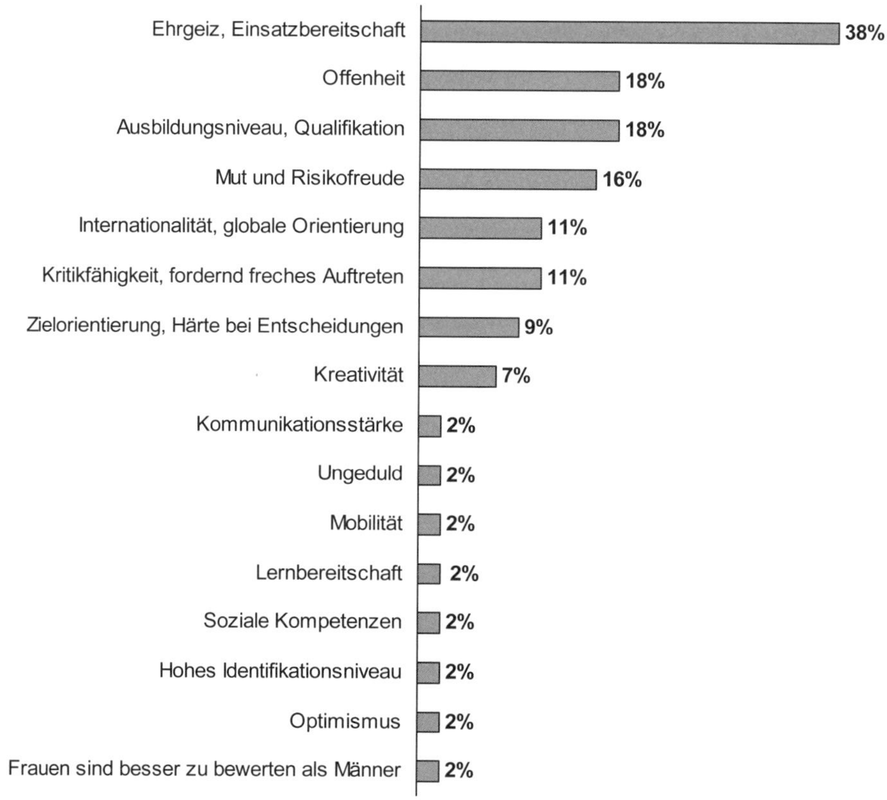

Abb. 32: Lob am Führungsnachwuchs (n = 61, Mehrfachnennungen)

registrieren: die Bedeutung von außergewöhnlichem Einsatz und Engagement, die erst den Erfolg ermöglichen. An zweiter Stelle rangieren die spürbare Offenheit gegenüber neuen Fragestellungen und Herausforderungen sowie eine breit angelegte, gute Qualifizierung und Ausbildung. Des weiteren werden Risikofreude und Mut an den jungen Leuten geschätzt, aber auch Eigenschaften wie „kritisch sein, rotzig sein", Härte in der Entscheidung und Zielorientierung. Ein insgesamt freundlicher und optimistischer Tenor lässt sich aus den Einschätzungen der Topmanager zu den Qualitäten des Führungsnachwuchses herauslesen, selbst wenn nicht alle Einlassungen so euphorisch klingen wie etwa die folgenden:

> „Gefallen tut mir eigentlich fast alles bei denen. Manchmal bin ich traurig, daß ich nicht noch einmal anfangen kann, weil die Möglichkeiten jetzt viel besser

sind. Ja gut, es gibt immer Leute, die man nicht ausstehen kann, klar, aber das ist nicht der Führungsnachwuchs, verstehen Sie. Aber an denen gefällt mir eigentlich alles, ein bißchen, daß sie rotzig sind, daß sie ihre Meinung ziemlich deutlich sagen, daß sie nicht mehr so duckmäuserisch sind; und es gefällt mir, daß sie viel weltoffener sind. Sie gucken überall dahinter. Davon haben wir geträumt." Und ein anderer Topmanager fügt hinzu: „Also, wir haben einen großartigen Führungsnachwuchs. Mir macht da fast alles nur noch Spaß. Ich schätze deren Ungeduld, Kreativität, Einsatz, Initiative, Engagement, Fleiß. Ich bin da sehr optimistisch über die Güte dessen, was da nachwächst."

„Also, das sind schon tolle Leute, die heute sich präsentieren: sie sind weltoffen, zum Teil schon international versiert, interessiert, in anderen Ländern zu arbeiten, andere Sprachen zu lernen. Sie sind im Allgemeinen gut ausgebildet, haben relativ viel gelernt, was nützliches Handwerkszeug darstellt. Sie sind sehr sachorientiert oder zielorientiert, eigentlich viel, viel stärker, finde ich, als die Leute vor zwanzig Jahren, zu denen ich auch selbst gehört habe, also viel stärker auf wirtschaftliche Ergebnisse ausgerichtet, viel nüchterner vielleicht als wir es früher waren. Das sind alles ungeheuer positive Dinge. (...) Es gibt erstaunlich viel gute junge Leute."

Was die Manager am Nachwuchs schätzen, bezieht sich in erster Linie auf sogenannte „hard facts", auf die eher formal unternehmerische Qualifikationen. Sie erlauben den Schluß, daß der Nachwuchs vor allem solche Werte und Haltungen als erstrebenswert ansieht, die unmittelbar Erfolg versprechen und meßbar sind. Es fehlen aber die Tugenden, die von den Spitzenmanagern als Führungseigenschaften von morgen bezeichnet werden. Erst auf den hinteren Plätzen des Ranking finden sich nämlich die an Sozialkompetenz orientierten Aspekte. Würden diese integrativen Kompetenzen wegen ihrer „heutigen Selbstverständlichkeit" auf der Skala des Lobes „unter den Tisch fallen", so würden die Befunde wenig Beunruhigung hervorrufen. Aber fragt man die Spitzenmanager, was ihnen am Führungsnachwuchs mißfällt, ist es genau dieser Mangel an Empathie und sozialer Kompetenz.

Kritik findet vor allem das Mißverhältnis zwischen persönlichem Karriereverhalten und sozialer Verantwortung. Aus den Vorstellungen der Spitzenmanager kann man schließen, daß sie beim Führungsnachwuchs ein Ungleichgewicht beklagen: die Nachwuchsgeneration tut sich schwer mit der Balance zwischen Normen, die den Teamgeist und Zusammenhalt stützen und jenen Vorstellungen, die auf die umstandslose Einlösung individueller Karriereerwartungen gerichtet sind.

Offenbar besteht über die Kerndefizite des Führungsnachwuchses: Ungeduld, wenig Eigenverantwortung, fehlende Sozialkompetenz, gewisse Söldnermentalität und manchmal ein Mangel an Persönlichkeitsbildung ein breiter Konsens. Er rechtfertigt den Schluß, daß das Gros der Spitzenmanager einige Grundtendenzen des Wertwandels,

Frage: Was mißfällt Ihnen manchmal am Führungsnachwuchs?

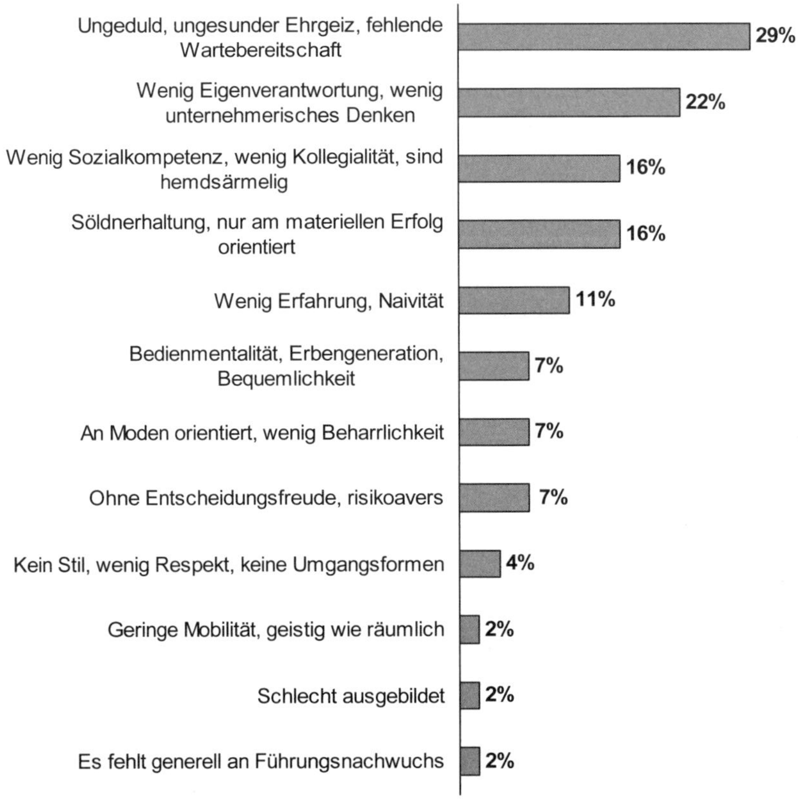

Abb. 33: Kritik am Führungsnachwuchs (n = 61, Mehrfachnennungen)

von denen natürlich auch der Nachwuchs berührt ist, beklagt. In diesem Sinn stellt ein Topmanager fast resignierend fest:

> „Was ich heute beim Führungsnachwuchs kritisch sehe, ist eine aus dem Amerikanischen kommende Haltung, die bedeutet: Ich bin ein Söldner. Ich biete meine Talente und meine Begabung gegen eine Beteiligung am Unternehmenserfolg. Das ist eine gefährliche Geschichte. Es wird natürlich nur die Beteiligung am positiven Erfolg gesucht. Und wenn der Mißerfolg da ist, dann ist von Beteiligung keine Rede mehr. Es herrscht ein zu starker Materialismus, der häufig nur kritiklos kopiert wird. In Amerika ist er durch die Shareholder Value-Ideen sehr weit verbreitet. Vor allem wir Deutschen neigen dazu, auch negative Dinge, die über den großen Teich zu uns herüberschwappen, sehr gründlich zu betreiben."

Es gibt auch einige andere kritische Töne, die zwar nicht zu einer pauschalen Verurteilung führen, wohl aber notwendige Lernprozesse betonen, bei denen vor allem mehr Geduld und Persönlichkeitsentwicklung angemahnt werden:

„Was unseren jungen Nachwuchsleuten sicherlich fehlt, ist die Beharrlichkeit und die Geduld im Beruf. Das ist schlimm, wenn sie so elitär ausgebildet wurden nach dem Motto: wo ist mein Vorstandsposten, oder: ich fange als Bereichsleiter an. Beharrlichkeit und Geduld muß man ihnen beibringen. Und dann ist noch etwas ganz, ganz wichtig, daß sie lernen zu arbeiten."

„Wichtig für den Führungsnachwuchs ist, daß sie lernen, für sich selber Brüche zu produzieren in dem, was sie tun. Ein Führungsnachwuchs, der versucht, den schnellen und gradlinigen Weg noch oben zu gehen, der wird dann irgendwann oben scheitern. Wichtig ist, daß die jungen Leute früh anfangen, auf sich zu hören, sich umzuorientieren und auch mal schräge Wege zu gehen. Dazu gehört vor allen Dingen, daß sie nicht anfangen, innerhalb der ersten fünf Jahre verschiedene Knöpfe zu drücken in ihren Karrieren. Das ist absoluter Quatsch. Wir brauchen Leute, die als Persönlichkeiten entwickelt sind."

Alles in allem sind die Erwartungen an den Führungsnachwuchs nicht immer einheitlich. Was der eine Manager als Präferenz formuliert, wird von einem anderen beanstandet. Einem ehrgeizigen High-Potential wird Unruhe und Ungeduld zugestanden, einem andern als mangelnde Gelassenheit ausgelegt. Das scheint ein triviales Resultat. Dahinter verbirgt sich jedoch die grundsätzliche Frage der goldenen Mitte von Führungs- und Lebenskunst, wie ein Manager betont:

„Ich habe mir schon oft die Frage gestellt, die in einem Zitat von Schiller oder Goethe mitklingt: *schon dreißig Jahre und noch nichts für die Ewigkeit getan.* Da fragt man sich: wie alt bist Du denn jetzt? Was hast Du schon für die Ewigkeit getan? [...] Führung benötigt eine gehörige Portion Ehrgeiz. Aber auch die Kunst zu wissen, wann man den Ehrgeiz ausblenden und durch Bescheidenheit ersetzen muß. Zum Beispiel: wenn ich zu ehrgeizig bin, kann ich meine sich entwickelnde Familie kaputt machen. Oder durch zu viel Ehrgeiz kann ich mich bei meinen Mitarbeitern oder auch bei meinen Vorgesetzten sehr unbeliebt machen. Insofern scheint mir die Bescheidenheit, das Sich-Zurücknehmen, das Balancieren eine Tugend zu sein. Das wäre eine Empfehlung an den Nachwuchs, die ich in jedem Fall geben würde. Diese Balance zwischen Bescheidenheit und Aggressivität, Inspirieren und Loslassen, das ist die Kunst. Die Führungskräfte in den obersten Etagen sind letztlich auf diese Führungskunst zurückgeworfen."

Vielleicht ist diese Kunst die eigentliche Herausforderung für den Führungsnachwuchs. In der Verknüpfung beider Pole, in der Fähigkeit, einen entsprechenden

„Spagat" vorzunehmen und auszuhalten, scheint aus Sicht der Spitzenmanager die besondere Führungsbegabung zu liegen.

Führungs- und Mentalitätseigenschaften der Zukunft

In der Auseinandersetzung mit dem wirtschaftlichen Wandel haben die Spitzenmanager offensichtlich gelernt, daß sie an vorderster Front den Wandel mittragen und befürworten (müssen), wenn sie ihren Führungsanspruch mit ungeminderter Autorität durchsetzen wollen. Daher fragt sich, welche Werte in Zukunft den erfolgreichen Manager prägen werden. Was sind die Führungseigenschaften der Zukunft? Welcher Führungshabitus wird sich durchsetzen?

Sicher nicht allein die Konzeptionen und Wertideen, die die Spitzenmanager in ihrem Berufsleben praktiziert haben. Im Unterschied zu ihrem eigenen Werdegang stehen generalistische Bildungsfragen und vor allem Orientierungsleistungen stärker im Vordergrund. Zur Führungseigenschaft der Zukunft gehört auch, daß die Vorbildrolle sehr viel stärker angenommen wird. Die Zustimmung zur Idee des Vorbilds ist pragmatisch und nicht idealistisch begründet. Die Vorbildrolle und die in ihr mitschwingende Wertautorität wird gewollt, weil sie Legitimationsprozesse in einer komplexer werdenden Unternehmensumwelt vereinfacht und die Entscheidungsakzeptanz wesentlich erleichtert, nicht nur im Unternehmen, sondern auch in der Gesellschaft.

Auch Rang vier des Rankings überrascht: Entgegen einer weit verbreiteten Annahme unter den Bildungspolitikern und entgegen der Programmatik mancher Business-Studiengänge scheint der Beruf des Spitzenmanagers eine breite, generalistische Ausbildung zu erfordern, die insbesondere die charakterliche Bildung mit einschließt.

> „Manager, vor allem Spitzenmanager" – so betont ein Vorstandsvorsitzender stellvertretend für alle anderen – „sollten nicht zu sehr zu Fachidioten werden und nichts anderes mehr kennen als ihren Beruf. Ich bin auch dagegen, daß man hauptsächlich solitäre Business-Schools aufbaut, in denen keine gegenseitige Befruchtung der verschiedenen Disziplinen mehr stattfindet. Das stellt sich ganz praktisch dar, wenn ich die Bewerbungsunterlagen der jungen Leute vor mir habe. Nach wie vor sollten die geisteswissenschaftlichen Fächer eine hohe Bedeutung haben. Aber wenn ich dann feststelle, daß selbst sehr gute Assistenten bei mir die deutsche Sprache nicht mehr beherrschen, dann ist das für mich ein Thema. Ich betone ausdrücklich die Breite der Bildung gegenüber der Schmalspur-Sichtweise der Wirtschaft. Gerade für die Persönlichkeitsentwicklung und künftige Führungskompetenz ist es ein ganz wichtiger Prozeß, daß man sich auch mit anderen Themen beschäftigt hat."

Frage: Welche Mentalitäts- und Führungseigenschaften werden angesichts des gesellschaftlichen Wertewandels in Zukunft stärker gefordert sein?

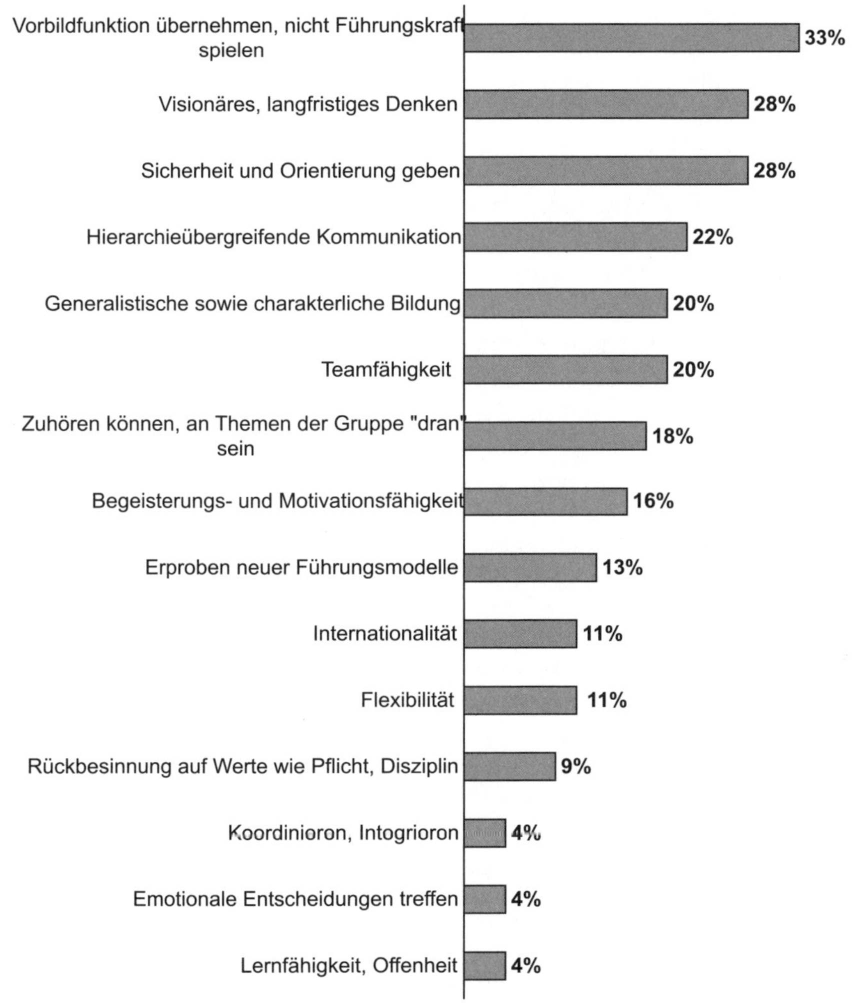

Abb. 34: Führungseigenschaften der Zukunft (n = 61, Mehrfachnennungen)

Interessanterweise finden sich an der Spitze der „Zukunftstugenden" die eher weichen Faktoren. So wie der Platz von Härte und Durchsetzungsfähigkeit auf der Kompetenzskala der Zukunft leer geblieben ist, so auch die Plätze anderer Werte und Führungseigenschaften, die lange Zeit das Selbstverständnis der Manager prägten. Kaum ein Spitzenmanager glaubt heute noch, es sei richtig, hierarchische Ordnungsvorstellungen zu praktizieren. Kaum jemand ist auch bereit, die Zukunft erfolgreicher Führung ausschließlich in Ideen der Pflicht und Disziplin zu sehen. Im Vordergrund stehen vielmehr sozialkulturelle Fähigkeiten, wie das Leitbild einer verantwortlichen Unternehmensführung vorzuleben, Nähe am Mitarbeiter zu praktizieren, Rahmenbedingungen langfristig zu gestalten wie überhaupt die Fähigkeit, in steinigem Gelände nicht nur betriebswirtschaftlich, sondern auch kulturell voranzugehen. Die Schwierigkeit, die mit diesem Führungsverständnis verbunden ist, charakterisiert ein Manager wie folgt:

> „Heute sind die Leute emanzipierter geworden – alle. Man hat z. B. eine Sekretärin, die vielleicht Vorsitzende vom Tennisverein oder engagierte Tierschützerin ist. Oder Sie haben einen Mitarbeiter, der als Hobby malt. Oder einen Marathonläufer, der in New York rennt. Die Leute verwirklichen und definieren sich heute nicht nur über den Beruf, sondern auch über andere Dinge. Da gibt es einzelne, die sich ganz klar gegen eine berufliche Karriere entscheiden, oder denen die berufliche Karriere nicht so wichtig ist, wenn sie einen anderen Lebensinhalt gefunden haben. Die sind natürlich schwieriger zu führen. Viel interessanter ist aber, daß deshalb in Zukunft die Anforderungen an Führung steigen. Wenn Sie einem, der eigentlich ihren Job machen könnte, wenn er wollte, erklären sollen, was Sie von ihm erwarten, dann ist das deutlich schwieriger und erfordert mehr soziale Kompetenz und Überzeugungskraft, als wenn Sie etwas anordnen."

Führungskompetenz von morgen hat aus Sicht der Spitzenmanager demnach weniger mit Kennzahlen und Maßgrößen zu tun, als vielmehr mit der Fähigkeit, zunächst sich selbst, danach andere Menschen individuell sowie im sozialen Verband wahrzunehmen und für gemeinsame Aufgaben zu gewinnen. Führung bedeutet unter diesen Vorzeichen für die Manager ein Prozeß der lebenslangen Selbstführung.

Mit den Führungseigenschaften der Zukunft entwerfen die deutschen Spitzenmanager eine Perspektive, die über den gegenwärtigen Managementalltag hinausreicht. Dabei postulieren sie keine unerreichbaren Luftschlösser, sondern berufen sich auf die von ihnen in der Praxis erprobten und nicht zuletzt durch eigene Lebenserfahrung erworbenen Führungskompetenzen.

9.4 Handlungsspielräume der Topmanager

Eine verbreitete Richtung in den Sozialwissenschaften hat darauf aufmerksam gemacht, daß es in großen Organisationen zu einer Ausdünnung personeller Verantwortung kommt. Zahlreiche Autoren – von Bahrdt bis Türk, von Fricke bis Kern/Schumann – vertreten die Auffassung, daß die Handlungs- und Entscheidungsspielräume der Manager geringer werden. Diesem als ‚constrained choice' bezeichnetem Ansatze zufolge werden die Spielräume für frei gestaltete Führungsentscheidungen erheblich reduziert. Begründet wird diese These mit der Verrechtlichung betrieblicher Sachverhalte, Technisierung betrieblicher Abläufe, Standardisierung organisationaler Praktiken, Verselbständigung der Kontrollbereiche, etc. All dies zusammengenommen führe zu einem Funktionsverlust auf der Führungsebene. Führung würde unter dieser Annahme in der Tat zu einem Restphänomen, zum Lückenbüßer.

Diese These wird von den deutschen Spitzenmanagern nicht geteilt. Nur etwa 10% von ihnen glauben, daß die Entscheidungsspielräume zurückgehen. Die überwiegende Mehrheit ist davon überzeugt, daß die Gestaltungschancen sogar zunehmen. Sie teilen nicht die Annahme, daß die Möglichkeit, effiziente und den Interessen des Unternehmens dienende Entscheidungen zu treffen, in erheblichem Maße durch Sachzwänge eingeengt werde. Und sie weisen auch die Vermutung zurück, die Hauptaufgabe von Führung bestehe ausschließlich darin, Kompromisse im Rahmen struktureller Zwänge zu schließen.

> „Für mich haben die Gestaltungschancen zugenommen. Wenn ich mein Umfeld beobachte: für die, die gut sind, nehmen sie zu. Für die, die eher zurückgezogen sind, die eher auf der pessimistischen Schiene fahren, für die nehmen sie natürlich ab."

> „Ich glaube schon, wir als Unternehmer haben weit mehr Spielräume, als wir nutzen."

> „Ich glaube, daß sie auf jeden Fall zunehmen, zumindest hier in Europa. Wir werden dem amerikanischen Modell folgen, das heute schon freiere Gestaltungschancen hat."

> „Die Entscheidungsspielräume nehmen eher zu. Auch die Globalisierung erhöht die Freiheiten. Nur die Anforderungen werden immer größer. Wenn man sich aber diesen Anforderungen erfolgreich stellt, dann werden die Freiheitsgrade größer."

Etwa ein Drittel der Spitzenmanager argumentiert, die Entscheidungs- und Gestaltungsfreiräume hänge im wesentlichen von der Frage ab, welche Organisationsform das Unternehmen habe – ob das Unternehmen ein Konzern oder eine Holding, ein nationales oder internationales Unternehmen sei, und wie die einzelnen Unternehmen die Herausforderung annehmen.

> „Die Gestaltungsmöglichkeiten sind genau so groß, wie der Wille sie zu haben und wahrzunehmen. Sie nehmen weder zu noch ab. Es gibt nur die geistige Faulheit, die sich vom Trott einfach mitschleifen läßt."

„Die Versuche, die Spielräume einzuengen, werden immer größer. Das, was unter dem Thema ‚Globalisierung' diskutiert wird, hat natürlich auf der einen Seite die Konsequenz, daß der Einfluss nationaler Faktoren zurückgeht. Dagegen stehen aber zunehmend andere Einflüsse, die sich aus der Globalisierung ergeben: der Wettbewerb, die Verfügbarkeit von Informationen, die daraus resultierende Transparenz, auch in den Märkten. Das birgt gewaltige Chancen, so daß ich nicht der Meinung bin, die Gestaltungsmöglichkeiten gehen zurück."

Die Wahrnehmung von Handlungs- und Gestaltungsspielräumen unterliegt nach Bekunden der Spitzenmanager keineswegs strukturellen Zwängen Auch rechtliche Regelungen oder technologische Vorgaben schränken ihre Freiräume nicht über Gebühr ein. Im Gegenteil: es liege an jedem selbst, in einem schöpferischen Sinn Freiräume und Handlungsoptionen zu nutzen und die Dinge gestalterisch in Gang zu halten.

9.5 Topmanager: Unternehmer oder angestellter Manager?

Die erste Entscheiderebene in den größten deutschen Unternehmen ist heute nicht mehr geprägt von den Unternehmerpersönlichkeiten, den ‚Industriekapitänen' der Gründerzeiten, die Kapitaleigentum und Steuerung des Unternehmens verbanden, das häufig auch ihren Namen trug: ob Krupp, Thyssen, Siemens, Bosch oder Grundig. Nur ein kleiner Prozentsatz der deutschen Top-100-Unternehmen ist inhabergeführt und ein Familienunternehmen.

In den großen Aktiengesellschaften, ob börsennotiert oder nicht, fungieren die Entscheider der ersten Führungsebene formal gesehen als Beauftragte, als „leitende Angestellte" – auf Zeit bestallt und kontrolliert von den Kapitaleignern mit Hilfe bzw. in Form des Aufsichtsrates. Zugleich verfügen sie über eine enorme Personal- und Budgetverantwortung; sie repräsentieren das Unternehmen nach außen und handeln in der Gewissheit, unternehmerisch tätig zu sein.

Wie die Vorstandsvorsitzenden diese strukturell ambivalente Rollensituation – gleichzeitig Angestellte und Unternehmer zu sein – einordnen und bewältigen, stellt ein zentrales Element ihres Selbstverständnisses dar. Die deutschen Topmanager sehen sich mehrheitlich „als Unternehmer", davon fast jeder zweite ohne jede Einschränkung. Nur etwa jeder zehnte Spitzenmanager interpretiert seine Position als das, was sie de facto auch ist: als die eines „angestellten Managers". Dies ist ein überraschender Befund. Nur eine kleine Minderheit sieht ihre Rolle offenbar als die eines Angestellten auf Zeit. Bei der Mehrheit dagegen fallen Selbstverständnis und faktische Position auseinander.

Immerhin reflektiert gut jeder vierte Vorstand die mit seiner Position verbundene Ambivalenz. Zum Konzept seiner Selbstdeutung gehört beides: Unternehmer und Angestellter zugleich zu sein:

> „Ich sehe mich in der Rolle des Angestellten, der mitunter eine ganze Menge unternimmt. Wissen Sie, ich predige ja auch unseren Mitarbeitern das unternehmerische Moment in ihrem Handeln. Ich sage ihnen, ihr müßt so arbeiten, als ob das Unternehmen euer eigenes wäre. Das ist es nun nicht. Gut. So phantasiebegabt, daß man sich in dieser Rolle tatsächlich findet, ist, glaube ich, kaum jemand. Ein Unternehmer, der eigen- und selbständig ist, der niemanden fragen muß, allenfalls seinen Steuerberater und seine Bank, das ist ein anderes Feld als eingebunden zu sein in ein Beziehungsgeflecht einer Aktiengesellschaft. Der Unternehmenseigner und der angestellte Manager sind schon zwei Paar Stiefel. Aber natürlich hat das Ganze eine unternehmerische Komponente."

Die Tatsache, daß die deutschen Spitzenmanager mehrheitlich nicht Eigentümer des Unternehmens sind, hat zur Folge, daß sie sich entsprechend einem angelsächsisch geprägten Managementverständnis als angestellte Diener und ‚oberster Vertreter der Aktionäre' betrachten; Alternativ gründen sie aber auch ihre unternehmerische Identität auf eine gedankliche Konstruktion: nämlich so zu agieren, „als ob es das eigene Unternehmen wäre", oder wie es ein anderer Topmanager ausdrückt: „bei allen

Frage: Sehen Sie sich eher (vor allem) in der Rolle des angestellten Managers oder der des Unternehmers?

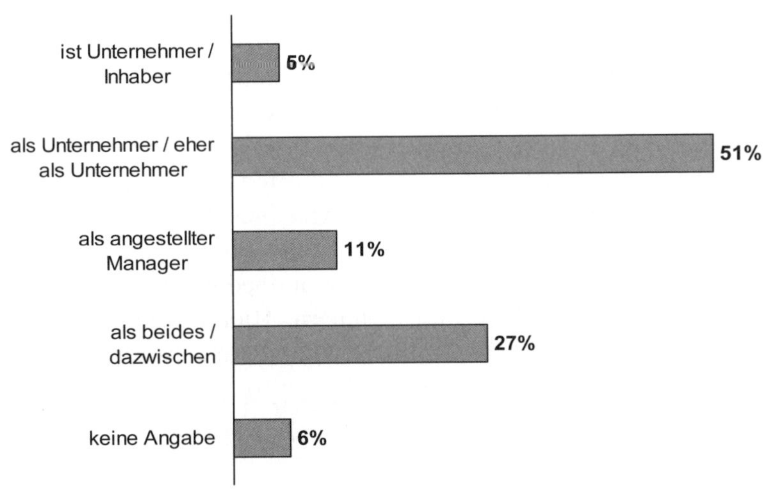

Abb. 35: Das unternehmerische Selbstverständnis der deutschen Spitzenmanager (n = 61)

Entscheidungen zu überlegen, was ich machen würde, wenn mir der Laden wirklich gehören würde."

Neben den wahrgenommenen Freiheitsgraden fußt die für sich in Anspruch genommene Unternehmerrolle der Spitzenmanager auch darauf, daß die Assoziationen, die mit dem Begriff des ‚Angestellten' verbunden sind, abschreckend wirken: „Angestellt sein macht keinen Stolz", heißt es; und ein anderer Manager meint: ‚angestelltenmäßig' wird mit ‚beamtenmäßig' gleichgesetzt und als Gegenbild des Unternehmerischen verstanden.

Die Unternehmerrolle der Topmanager als Inbegriff allgemeiner Verhaltensregeln ist offenbar ein Programm, sich ihr gemäß zu modellieren. Manager, die diese Aufforderung ignorieren oder ihr nicht nachkommen können, unterliegen der Missachtung. In den Worten eines Vorstandsvorsitzenden, der die Entwicklung der deutschen Wirtschaftselite kritisch Revue passieren lässt, heißt es hierzu:

> „Wir hatten nach dem Krieg wieder eine gewisse Gründer- und Aufbaugeneration von Unternehmern. Und dann kamen in den Siebzigern und Achtzigern die mehr oder weniger stark ausgeprägten Verwalter bzw. Industriebeamten. Wir haben in den letzten zwanzig Jahren Industriebeamtenstrukturen gezüchtet. Wir haben keine echten Unternehmer mehr ausgebildet, obwohl es sie im Einzelfall natürlich auch immer wieder gab. (...) Und jetzt müssen diese Industriebeamte in einer stark veränderten Umwelt erkennen, daß sie eigentlich nichts sind als glorifizierte Angestellte. Die Eigentümer des Kapitals, die Kapitalgeber entscheiden, was in den Unternehmen passiert und was nicht."

Dieses Unternehmerverständnis teilen allerdings nicht jene 38 % der deutschen Vorstände, die sich entweder als angestellte Manager betrachten oder sich auf einer Gratwanderung zwischen Angestellten- und Unternehmerrolle sehen. Sie deuten ihre ‚dienende' Funktion für Unternehmen und Aktionäre durchaus als ‚unternehmerisch tätig' oder im Sinn einer ‚unternehmerischen Rolle', auch wenn es nicht um die „eigene Firma" oder das eigene Kapitalrisiko geht. Das Unternehmerische drücke sich ihrer Meinung nach beispielsweise darin aus, die ihnen anvertraute „Aufgabe bestmöglichst zu lösen". Doch betonen auch diese Manager die Begrenzungen ihrer Freiheitsspielräume durch die Konzernstrukturen: zum einen, weil man nur „ein Mandat auf Zeit" besitze, zum anderen, weil die „Randbedingungen" einen immer wieder an den objektiven Angestelltenstatus erinnern. Hier werden vor allem die „Abhängigkeiten von den personellen Konstellationen im Aufsichtsrat" angeführt:

> „Über Nacht sind Sie raus, wenn Ihr Gesicht nicht mehr passt."

Die Unternehmerrolle der angestellten Topmanager in den Aktiengesellschaften halten die Inhaber und geschäftsführenden Gesellschafter der größten deutschen

Familienunternehmen hingegen für eine Legende. Sie sind überzeugt, daß die Unternehmerrolle konstitutiv an die Kapitalverantwortung gebunden sei. Wer keine Kapitalverantwortung trage, könne auch keine Unternehmerrolle für sich in Anspruch nehmen. Schließlich sei das Risiko der Kapitalinhaber weit höher und letztlich existenziell gegenüber den geringeren Belastungen der angestellten Manager, die im Konflikt- oder Scheiternsfall gut abgesichert seien:

„Also, in meiner Grundeinstellung ist die Krone des Unternehmertums der geschäftsführende Gesellschafter und nicht der Vorstandsvorsitzende einer großen Aktiengesellschaft. Wenn Sie mich fragen, ich unterscheide zwischen bezahlten Managern und Unternehmern, die auch die Kapitalverantwortung tragen. Wir haben eine ganze Menge tüchtiger familienfremder Manager. Aber die leben in einer Welt, in der sie die Unternehmen zwar nicht als Spielfeld sehen, aber sie tragen schließlich nicht das letzte Stück Verantwortung für das Kapital. Nehmen Sie die Geschichte Krupp-Thyssen, oder wer da auch immer fusioniert. Die Manager verabschieden sich. Die Herren haben einen gesicherten Lebensunterhalt und gehen nach Hause. In einer Familienunternehmung tragen Sie bei einer solchen wichtigen Entscheidung, sei es eine Fusion oder einem Zukauf eines anderen Unternehmens auch die Kapitalverantwortung. Das ist, wenn es um die Verteilung von Gewinnen geht, eine wunderschöne Geschichte, weil die Gewinne ja dem Unternehmen und auch den Eigentümern zufließen. Aber auf der anderen Seite, wenn eine unternehmerische Entscheidung den Bach hinuntergeht, dann sind Sie wirklich gestraft in der Unternehmerfamilie.“

10 Der deutsche Topmanager im Spannungsfeld von Unternehmen und Öffentlichkeit

10.1 Soziale Verantwortung

Die deutschen Spitzenmanager fühlen sich in erster Linie ihren Unternehmen verpflichtet. Die Verantwortung für die Tagesgeschäfte rangiert deutlich vor allen anderen Lebensbereichen. Die Selbstbestätigung durch den Erfolg bedeutet für sie zugleich Ansporn und Lebenssinn. Die Vorstellung, an der Fortentwicklung einer großen Organisation mit zigtausenden von Beschäftigten verantwortlich mitzuwirken, ruft bei ihnen ein vielschichtiges Gefühl von Stolz und Verpflichtung hervor. Auch ein Gefühl der Ehre –wenn andere sagen, man sei fähig dazu, ein global agierendes Unternehmen zu leiten.

Im Selbstverständnis des deutschen Topmanagers drückt sich demnach anderes aus als das Streben nach Macht und Status. Es ist eher das Verlangen, an einem vielschichtigen Gestaltungsprozess beteiligt zu sein; das Bedürfnis, an einer Aufgabe mitzuarbeiten, die bedeutender ist als die eigene Person. Es ist die Chance zur Selbstentäußerung und nicht zuletzt der Glaube an eine Verpflichtung.

Der Geist der Verpflichtungsethik ist für die große Mehrheit der deutschen Spitzenmanager primär auf die Belange des Unternehmens und seiner Menschen fokussiert. Aber nicht allein. Sie sind sich zugleich in der überwiegenden Mehrheit der Tatsache bewusst, daß sie ihre Aufgaben in einem demokratischen Gemeinwesen zu erfüllen haben, das den Verantwortungshorizont weiter absteckt. Die Legitimität der Unternehmertätigkeit bedarf der Ergänzung durch ein gewisses Maß an sozialer Verantwortung. Ihre Identität gründet sich demnach auf eine Verantwortungsfusion: Verantwortung nicht nur gegenüber den Mitarbeitern, sondern auch gegenüber dem sozialen, familiären und kulturellen Umfeld.

Im Mittelpunkt ihrer außerunternehmerischen Verantwortung stehen primär die eigene Familie und Freunde. Damit interpretieren die Spitzenmanager soziale Verantwortung anders als dies die öffentliche Debatte derzeit nahelegt. Sie unterscheiden offenbar zwischen der Corporate Social Responsibility des Unternehmens und ihrer eigenen persönlichen Verantwortung, die erkennbar enger formuliert wird. Vor diesem Hintergrund verschieben sich die Gewichte im Verantwortungshorizont.

Verantwortung heißt dann für die meisten deutschen Spitzenmanager primär Verantwortung für Familie und Freunde. „Verantwortung bedeutet für mich: die Familie. Wenn man eine Familie hat, muß man sich um sie kümmern. Und sehen, daß die Ehe stimmt, und daß die Familie stimmt, und daß die Kinder sich in eine vernünftige Richtung entwickeln, die auch ihren persönlichen Anlagen entspricht." Die Verantwortung für Familie und Freunde beinhaltet einen ständigen Rollenwechsel zwischen der Vorderbühne des Unternehmens und der Hinterbühne eines privaten Rückzugsortes.

Der Wechsel verläuft alles andere als konfliktfrei. 80 % aller Topmanager berichtet über ernste Zeitkonflikte. Zeitansprüche von Familie und Freunden kollidieren mit beruflich notwendigen Zeitbudgets. Hinzu kommt, daß auch die entsprechenden Wertkulturen in der Privat- und Berufssphäre auseinanderfallen können. Jeder dritte deutsche Vorstand sieht sich einem Spannungsfeld unterschiedlicher Gestaltungsnormen beider Sphären ausgesetzt: „Das Anspruchsdenken aus dem Beruf überträgt man leicht auf das Privatleben. Beispielsweise besteht die Gefahr, daß man immer alles perfekt organisiert haben möchte." Und ein anderer Vorstand bemerkt selbstkritisch:

> „Der Hauptkonflikt besteht eigentlich darin, daß mich dieser Job zu sehr konsumiert und im Denken zu einseitig macht." Die identitätswahrende und kompensatorische Funktion des Privatlebens betont auch jener Vorstand, der seine Freunde als Korrektiv gegen die Rollenzumutungen seiner Position sieht: „Wenn man sein soziales Geflecht an die Position knüpft, dann ist man arm dran. Dann hängt man da am Tropf und Kanthaken. Und an diesem Kanthaken wollte ich nie hängen. Also habe ich immer mit relativ großer Disziplin darauf geachtet, daß ich ein ausgeprägtes Privatleben habe, das mit dem Unternehmen nichts zu tun hat."

Für die weit überwiegende Majorität der Spitzenmanager spielen Freunde eine große Rolle im Leben. Die Besinnung auf Gemeinsamkeiten mit ihnen hilft, „den Kopf wieder frei zu bekommen". Freunde sind „die Oase neben dem Geschäft. Das Berufsleben des Managers ist ja immer auch mit einem großen Risiko verbunden. Und es gibt genug Beispiele, daß Manager, wenn das Berufsleben aufhört, aus irgendwelchen gründen in ein tiefes Loch fallen." Freunde bilden einen zentralen Bezugspunkt im Selbstbild der Spitzenmanager:

> „ohne Freunde könnte ich mir gar nicht vorstellen, daß mein Leben erfüllt sein kann."

Die Verantwortung für Familie und Freunde resultiert allerdings auch aus der Erkenntnis, wie ein Vorstand einräumt,

> „daß Sie jemanden brauchen, der Sie sehr gut kennt, und der Sie auch immer wieder auf den Teppich herunterholt; der einem also klar sagt: jetzt fängst du an abzuheben."

Die grundsätzliche Bedeutung privater Beziehungen, insbesondere von Freundschaften, wird von der Mehrzahl der Topmanager als sehr groß oder groß eingeschätzt. Nur für jeden Zehnten spielen sie eine „geringe Rolle“, und für kaum mehr ist dies zwar ein wichtiger Aspekt, den man aber „nicht überbewerten“ solle, „es gehört halt dazu“.

Sehr deutlich geht aus den Gesprächen aber auch hervor, daß der Wunsch, Freundschaften zu pflegen, in vielen Fällen nicht adäquat realisiert werden kann. Häufige Ortswechsel, nicht selten auch Auslandsaufenthalte, vor allem aber die Arbeitsbelastung, machen die kontinuierliche Pflege von wirklichen Freundschaften schwer, die sich nach Ansicht vieler ohnehin nur auf sehr enge echte Freunde beziehen kann.

Nachbarschaften sind praktisch kein Thema für die Führungskräfte:

Frage: Auch über den Beruf hinaus tragen Menschen Verantwortung. Gegenüber wem oder was fühlen Sie sich verantwortlich?

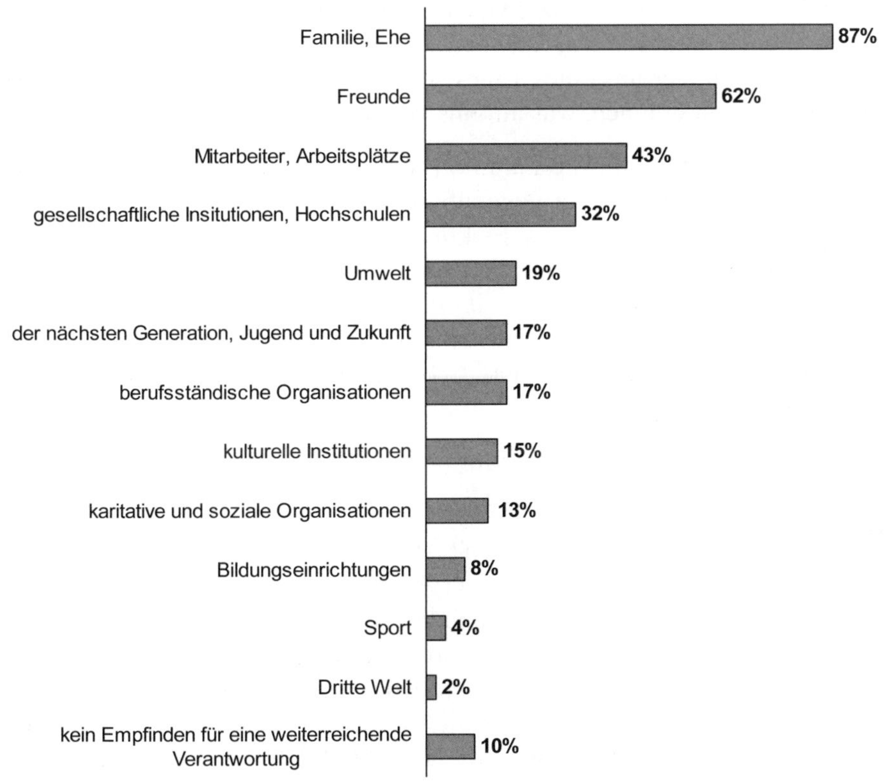

Abb. 36: Sozialer Verantwortungsbereich der deutschen Spitzenmanager (n = 61, Mehrfachnennungen)

„Nachbarschaften gibt es praktisch nicht. Da wohnt man hier (...) hinter hohen Mauern und kennt seine Nachbarn nicht nebenan.“

Wenn zum Thema Nachbarschaft überhaupt etwas geäußert wird, dann im Allgemeinen in der Richtung,

„daß dies Sache der Ehefrau sei, die das häusliche Umfeld bereite“.

Gesellschaftliche Verantwortung ergibt sich aus dem Umstand, daß die Managementaufgaben nicht in einem politisch neutralen Raum wahrgenommen werden. Die wirtschaftliche Ordnung steht und fällt mit der Zustimmung der Menschen. Und um diesen Konsens muß immer wieder neu gerungen werden:

„Ich fühle mich besonders der Wirtschaft gegenüber verantwortlich. Wir leben hier in Deutschland auf einer Insel der Glückseligen, die viele Probleme nicht sehen und vielleicht auch nicht wahrhaben wollen. Aber diesen Zustand, der hier erreicht ist, gilt es nicht nur zu stabilisieren, sondern er muß neu verdient werden. Das soziale Spannungsfeld, das wir hier erzeugen, wird zunehmend kritischer: die Unterschiede von Leuten, die Arbeit haben und entsprechend verdienen und Leuten, die keine Arbeit haben oder ganz schlecht verdienen, werden hier uns eines Tages sehr zu schaffen machen. Aus Amerika kann man da nur erahnen, was auf uns zukommt.“

„Verantwortung erstens für die Familie (behüten, ernähren), zweitens für die Firma, drittens Verantwortung gegenüber der Region, aber auch gegenüber der Religion und dem Kulturkreis. Es klingt verrückt, aber diese Welt wird eine solidarische Welt sein oder sie wird nicht sein. Ich nenne ein Beispiel: der Kampf ums Trinkwasser wird sehr viel dramatischer ausfallen als der Kampf um Erdöl. Wenn dabei das Lebensrecht der Mitmenschen nicht denselben Stellenwert einnimmt wie das eigene Lebensrecht, sind Chaos und Brutalität unvermeidbar.“

„Ich sehe die Verantwortung immer für den Menschen, für das Kapital, für die Umwelt; genau in dieser Reihenfolge.“

„Für was fühle ich mich verantwortlich? Also ohne Ranking: sicherlich kommt das Thema Natur darin vor, also die Verpflichtung, seinen Lebensraum zu erhalten. Den eigenen Lebensraum als lebenswert zu erhalten, ist sicherlich ein zentraler Verantwortungsbereich. Ich würde sehr ungern bei einer Firma arbeiten, die auf die Umwelt überhaupt keine Rücksicht nimmt und einfach sagt, die ruinieren wir; Hauptsache der Profit stimmt. Genauso wenig wie ich bei einer Rüstungsfirma arbeiten würde, die ausschließlich auf Waffen ausgerichtet ist. Also, ich habe eine Verantwortung gegenüber der Umwelt und gegenüber dem Frieden. Zweitens empfinde ich eine Verantwortung den Mitarbeitern und deren Familien gegenüber, ihnen ein lebenswertes Umfeld zu geben, und daß sie für den Einsatz, den sie bringen, auch eine faire Kompensation bekommen. So, und drittens, Verantwortung habe ich für meine engere und weitere Familie.“

> Das Thema Umwelt ist für jeden fünften Manager von erheblicher Tragweite.

Umweltfragen werden ihrer Ansicht nach heute auf einem anderen Forum diskutiert als noch vor 10 oder 20 Jahren. Daß die Beobachtungssensibilität der Öffentlichkeit gerade gegenüber den großen transnationalen Unternehmen deutlich gestiegen ist, wird – wie sie einräumen – von ihnen akzeptiert. Entsprechend setzen sie sich verstärkt dafür ein, daß Umweltschädigungen nicht länger als entschuldbare Fahrlässigkeiten hingenommen werden, sondern im globalen Kontext zu politischen Reaktionen führen müssen. Sie sind der Auffassung, daß Umweltfragen verstärkt Handlungsbedarf signalisieren. Die Reputation eines Unternehmens lässt sich für sie nicht mehr von den eine Gesellschaft bewegenden Themen ablösen. Verlangt wird eine Art Balance zwischen Wirtschaftlichkeitserwägungen und Umweltansprüchen. Umweltsensibilität des Top-Managements ist demnach mehr als ein schlichter Wettbewerbsfaktor. Er bestimmt – so die einhellige Meinung jedes fast jeden fünften Vorstands – mehr als jede andere Vermögensposition im Jahresabschluß die öffentliche Akzeptanz. Und sie ist zugleich Ausdruck eines veränderten Identitätsrahmens in den höchsten Positionen der Wirtschaft.

„Was die Umwelt angeht, bin ich natürlich ein wenig in Sorge. Ich denke, daß wir in Deutschland und Europa einiges tun, was das Thema Umwelt angeht. Ich sehe aber mit Besorgnis, was in Amerika passiert, insbesondere die Einstellung des Präsidenten. Ich beobachte auch mit Sorge das langsame Tempo, mit dem wir weltweit versuchen, umweltschonende Dinge umzusetzen. Wenn ich auf der einen Seite sehe, daß wir jedes Jahr mit neuen Produkten auf den Markt gehen und dann auf der anderen Seite wahrnehme, daß es 5, 10, 15 Jahre braucht, um gewisse Ziele im Bereich der Erhaltung von Umwelt oder eine Reduzierung von Umweltschäden durchzusetzen, dann ist das für mich ein Marathonlauf, der mir einfach zu langsam geht.“

„Man muß sich selbst immer ehrlich fragen, inwieweit verhältst du dich ökologisch? Fährst du einen Diesel, von dem man früher gesagt hat, das sei gut, weil er weniger verbraucht. Tue ich sonst etwas für die Ökologie? Eigentlich nicht. Engagiere ich mich irgendwo? Nein. Habe ich irgendwie eine Meinung zu Kyoto usw.? Viel zu wenig. Ich denke immer, das ist ein Wahnsinn, aber ich tue nichts daran. Ökologie ist natürlich ein großes Thema.“

„Ich bin kein Grüner, aber ich bin schon der Ansicht, daß ich mit den Japanern ein Problem habe, weil die einfach sagen, ein Quadratmeter Wald ist

> 600 $ wert. Wenn die Regenwälder einmal weg sind, sind sie weg. Und das kann man einfach nicht in Mark und Pfennig rechnen. Mit Konzernen, die die Einstellung haben, der Gewinn gehöre ihnen und der Verlust wird sozialisiert, habe ich meine Probleme. Da ist es auch egal, ob ich Vorstand bin. Meine Meinung finden Sie relativ häufig. Es gibt viele Vorstände, die das nicht sagen, aber so denken. Die Leute, die nicht so denken, denen könnte ich gerne drei Wochen Tokio verschreiben. Meine Haltung ist auch ein Ergebnis davon, daß ich in Asien gelebt habe. Was nützt es, wenn Sie in Hongkong oder in Singapur leben, aber Sie leben wie im Einkaufszentrum? Ich finde Shopping keine sehr gute Freizeitbeschäftigung, die ganze Umwelt ist vollkommen künstlich und Sie können sich ihr nicht mehr entziehen. Das ist in Asien so."

> „Wir leben in einer Umwelt. Insofern ist die Verantwortung gegenüber der Umwelt natürlich ein wichtiger Aspekt. Wir verändern die Umwelt. Wir müssen sie nur so verändern, wenn wir sie verändern, daß wir in ihr leben können."

Die Haltung der deutschen Spitzenmanager macht deutlich, daß soziale Verantwortung im engeren Sinn für sie eine nachrangige Rolle spielt. Sich in karitativen, sozialen und kulturellen Organisationen aktiv zu engagieren, ist nur für gut jeden vierten Topmanager Ausdruck seines Selbstverständnisses. Diese Gruppe der Spitzenmanager beschränkt sich nicht nur darauf, sensibel auf soziale Vorgänge zu reagieren, sondern gemäß ihres Selbstverständnisses sehen sie auch eine Aufgabe darin, aktiv in sozialen Problembereichen mitzuwirken und Werte zu schaffen. Dies schließt Mäzenatentum in Kunst und Kultur nicht aus, reicht allerdings deutlich darüber hinaus. So betont ein Vorstand:

> „Geprägt durch die christliche Erfahrung will ich einfach armen Leuten helfen, d. h. jetzt nicht einen Scheck ausstellen, sondern wirklich die Barmherzigkeit leben. Ich bin z. B. ein dreiviertel Jahr lang sonntags immer mit einer Obdachlosenhilfe in München abends herumgefahren, um Äpfel, eine Semmel und Tee den Obdachlosen zu bringen. Das war knallhart, die lagen im Winter teilweise bei minus 20 °C mit einer Decke halb sterbend unter Brücken. Das sehe ich als unmittelbare Hilfe. Ich fahre auch nach Lourdes mit Kranken, um sie zu pflegen. Leider ist das momentan alles, weil ich einfach nur arbeite. Außer dem Job versuche ich noch mein Wissen, meine Erfahrung der nächsten Generation zur Verfügung zu stellen, durch Vorträge, durch Reisen, durch Gespräche."

Auch andere Vorstände weisen auf ihr persönliches Engagement hin: „Ich empfinde es als schlichtweg unanständig, Reichtum oberhalb eines bestimmten Niveaus nicht wieder zurückzuverteilen. Das ist selbstverständlich. Meine Frau und ich machen da relativ viel. Wir haben in Brasilien einen Verein gegründet, der Favela-Kinder erzieht, Schulgeld und medizinische Versorgung aufbringt, etc. Sie wissen, ich bin

Kunstliebhaber, ich fördere Künstler und natürlich tun wir auch in unserem persönlichen Umfeld einiges. Es gibt Freunde oder Bekannte, denen es nicht ganz so gut geht, denen helfen wir auch. Alles selbstverständlich, muß man auch nicht weiter darüber reden. Das einzige, was bemerkenswert ist, daß dies aus meiner Sicht bei den wirklich Reichen in viel zu geringem Umfang geschieht." Und ein Kollege ergänzt:

> „Also, man ist da sicher nur ein Tropfen im reißenden Strom, aber der Strom entsteht erst durch die vielen Tropfen. Und ich meine schon, daß man etwas erreichen kann. Sicherlich nicht nach dem Motto: alles hört auf mein Kommando. Aber daß man den Leuten, deren Ohr man finden kann, Input geben sollte, denke ich schon. Ich finde, daß viele Manager, wenn sie nur die Hälfte der Zeit, die sie auf Parties und Golfplätzen verbringen oder für Aufsichtsratsmandate, wo sie nur ihr Geld kassieren, für das Gemeinwesen einsetzen würden, dann hätten wir als Unternehmer auch eine sehr viel bessere Resonanz."

Eine Minorität von etwa 10 % der deutschen Topmanager ist der Auffassung, daß es zeitlich unmöglich ist, über den Beruf hinaus gesellschaftliche Verantwortung zu übernehmen. Die Tätigkeit der Spitzenmanager wird durch zahlreiche Privilegien honoriert, – so ihre Überzeugung – aber sie müssen sich diese Privilegien durch einen immensen Arbeitsaufwand ‚erdienen'. So generös die größten Aktiengesellschaften ideelle und materielle Kompensationen an ihre Exponenten verteilt, eine Vergünstigung gewährt sie nicht: reichlich arbeitsfreie Zeit.

> „Ich glaube, man muß ehrlich sagen, daß es einem heute fast nicht mehr möglich ist, über den Beruf hinaus Verantwortung zu übernehmen. Man kann eine Sache gut machen, man kann eine Sache wirklich machen, das ist der Beruf. Und alles, was mit dem Beruf zusammenhängt, richtig zu machen, erfordert eigentlich schon einen vollen Mann oder eine volle Frau, den vollen Einsatz. Da bleibt für andere Dinge wenig Zeit." Und ein anderer Konzernlenker ergänzt: „Ich fühle mich der Sache gegenüber verantwortlich, und die Sache ist im Grunde genommen: ein Unternehmen zu führen, das sichere Arbeitsplätze hat, das auf Dauer wächst und seinen Aktionären überproportionale Renditen beschert. Ich würde sagen, ich fühle mich dem Unternehmen gegenüber verpflichtet, der Gesellschaft ist zu weit gegriffen. Das ist zu viel. Ich diene meinem Unternehmen, das dient dann letztendlich irgendwo, wenn es erfolgreich ist, auch der Gesellschaft und der Zukunft, aber in erster Linie ist das der Punkt."

Die geschilderte Disziplinierung des Daseins durch den Beruf hat zur Folge, daß ein großer Teil der Spitzenmanager und die Repräsentanten anderer Lebensbereiche relativ isoliert voneinander leben. Zweckfreie, aus ideellem Engagement entspringende soziale Verbindungen zu anderen sozialen Milieus scheinen äußerst selten zu sein. Querverbindungen bestehen nur zur Arbeitswelt und ggf. noch zur Wissenschaft. Andere soziale Welten scheinen aus dem Horizont der Spitzenmanager ausgeblendet. Die meist rein funktionalen Beziehungen der Berufswelt eignen sich kaum zur Erweiterung des lebensweltlichen Erfahrungsbereiches. Fehlt aber das berufsunabhängige soziale Engagement, entfällt auch die Gelegenheit, sich über andere Denkweisen zu informieren. Welche Konsequenzen das für die eigene Urteilsbildung hat, wäre noch zu untersuchen. Schwerlich wirkt sich ein Mangel an Erfahrung mit sozial und kulturell fremden Gruppen kompetenzsteigernd aus.

10.2 Ehrenamtliches Engagement

Die Verantwortung für die Gesellschaft pflanzt sich fort in ehrenamtlichem Engagement. Die Mehrheit der deutschen Topmanager weiß um die Bedeutung des ehrenamtlichen Engagements, sieht sich allerdings kaum in der Lage, gemessen an den eigenen Ansprüchen hierfür Zeit in größerem Umfang aufzubringen. Insgesamt üben etwa zwei Drittel der deutschen Spitzenmanager ein Ehrenamt aus. Nur eine Minderheit von etwa 7 % der Topmanager lehnen ein Ehrenamt strikt ab: „Ehrenamt: ganz klar nein – der Beruf fordert den ganzen Mann, die ganze Frau“. Die Konzernlenker

Frage: Auch über den Beruf hinaus tragen Menschen Verantwortung. Stellen Sie sich auch einem Ehrenamt zur Verfügung?

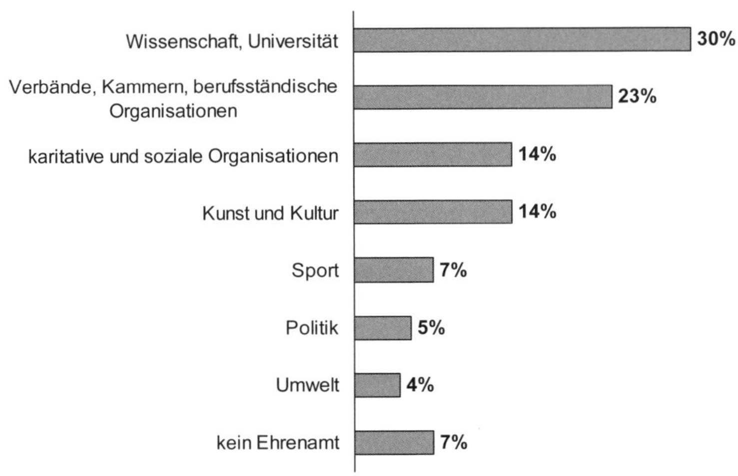

Abb. 37: Ehrenamtliches Engagement der deutschen Spitzenmanager (n = 61, Mehrfachnennungen)

sind vollauf damit beschäftigt, ihre Unternehmen durch die Herausforderungen der globalisierten Märkte zu steuern. Was immer an Überschussenergien besteht, sie werden vom Unternehmen absorbiert.

Die Mehrheit fühlt sich dagegen trotz aller Beanspruchung dem Ehrenamt verbunden.

Von den Topmanagern, die sich ehrenamtlich engagieren, bekundet die eine Hälfte (52 %), ihr Engagement sei sehr zeitaufwendig, während die andere Hälfte (48 %) ihren zeitlichen Aufwand für das Ehrenamt eher als dosiert beschreibt.

Bevorzugtes Terrain für ehrenamtliche Tätigkeiten sind die Hochschulen und die Kontaktpflege zur Wissenschaft. Fast jeder dritte Spitzenmanager stellt sich als (ehrenamtlicher) Hochschullehrer oder als Referent zur Verfügung. Die Motivation hierfür ist in der Regel die Verantwortung für die Nachwuchsförderung, ferner der Wunsch, Praxis und Wissenschaft stärker miteinander zu verbinden wie auch schließlich die nie abgerissene innere Bindung an die eigene Alma Mater, mit dem unausgesprochenen Bedürfnis, wieder etwas zurückzugeben. Dabei reicht das Engagement von Vorlesungen an Universitäten über Gastvorträge und Gastprofessuren bis hin zur aktiven Beteiligung an der Wissenschaftspolitik oder an studentischen Organisationen.

Etwa jeder vierte Spitzenmanager engagiert sich in berufsständischen Organisationen oder Wirtschaftsverbänden. In der Regel werden ranghohe Positionen besetzt. Die intensive Mitarbeit in Verbänden und Kammern entspricht ihrem Begriff von öffentlicher Verantwortung, sicher auch ihrem Verlangen nach Einfluß, nach Möglichkeiten der Mitgestaltung, in Einzelfällen sogar nach einer Chance zur Pionierarbeit. Dabei sind Repräsentationsgesichtspunkte nicht ganz auszuklammern.

Im karitativen Bereich ist die Spannbreite ehrenamtlichen Engagements besonders groß: es reicht von der Unterstützung benachteiligter Kinder über die Mitwirkung in Krankenhausprojekten bis hin zu sozialen Einrichtungen. Hier steht das Wirken im Verborgenen für die Sache selbst im Mittelpunkt des Engagements.

> „Ich habe etliche Ehrenämter. Etwas, was mich durchaus beschäftigt: Ich habe drei Mandate im Bereich von Kunst und Kultur. Das ist ein Bereich, dem ich eine gewisse Zeit widme, und wo ich auch hin und wieder mit meinen Verbindungen den einen oder anderen Input geben kann, daß das ganz vernünftig läuft. Ich bin hier zum Beispiel in Frankfurt im Präsidium des Museums für moderne Kunst. Da gehe ich auch gerne hin. Ich denke, daß man meinen Rat wohl schätzt. Dafür wende ich wirklich Zeit auf."

„Ich habe, seitdem ich unternehmerisch tätig bin, bestimmte Verantwortungsfelder in der Gesellschaft übernommen. Ich habe mich in berufsständischen Organisationen eingearbeitet und dort Ehrenämter innegehabt. Ich habe auch Ämter bei der IHK, bei der Handwerkskammer, beim Arbeitgeberverband innegehabt. Im Präsidium des Wirtschaftsrats habe ich über Jahre hinaus bis zum heutigen Tag eine führende Position eingenommen. Ich engagiere mich im Bereich der Partei für Sozialthemen. Ich bin in der Bundeskommission für Sozialpolitik. Ich bin auch eingebunden in universitäre Arbeiten, auch das ist für mich wichtig, um eine Verbindung zwischen Wirtschaft und Wissenschaft herzustellen. Ich bin in meinem beruflichen Bereich immer in einem Ehrenamt in führender Position tätig gewesen."

„Ehrenamt bedeutet ein Wahnsinnskonflikt. Manches habe ich mit großem Engagement begonnen, und dann habe ich wieder gemerkt: du mußt Prioritäten setzen."

„Meine Frau sagt immer: Hast du schon wieder einen Job angenommen, den du nicht bezahlt kriegst? Da bin ich relativ anfällig, habe es aber in den letzten Jahren auch abgebogen, als es nicht mehr ging, in irgendwelchen Förderkreisen von Hochschulen, Stifteramt oder Initiativen von jungen Leuten tätig zu sein."

„Ich bin als Lehrstellenlotse aktiv. Dies ist eine Erfindung der Industrie- und Handelskammer, die sagen, die Unternehmer müssen auf die Unternehmer zugehen und die Bereitwilligkeit wecken, Lehrstellen zu schaffen. Das passiert mit großem Erfolg, und da bin ich auch noch aktiv."

„Während meines Berufslebens bin ich schon an vielen Stellen ehrenamtlich aktiv gewesen. Ich habe mal richtig Basispolitik gemacht, bin im Gemeinderat gewesen, und habe vier Jahre lang als Ehrenrichter an einem Verwaltungsgericht gearbeitet."

„Ja, ich muß zugeben, daß ich in den letzten Jahren eher Ehrenämter ausgeübt habe, die am Ende doch in Zweck-Mittel-Beziehungen zu irgendetwas Beruflichem übergegangen sind, und daß ich zur Zeit eigentlich nicht mehr als zehn % meiner Zeit für einzelne ehrenamtliche Dinge einsetze."

Ehrenämter entziehen nur in seltensten Fällen über Gebühr das Engagement der Spitzenmanager für die Aufgaben in den Unternehmen. Die Prioritäten sind klar definiert. Andererseits profitieren auch etliche Manager von den Außenaktivitäten.

10.3 Politisches Engagement

Die wirtschaftliche Führungselite in Deutschland nimmt eine unangefochtene Schlüsselposition ein. Von ihren Entscheidungen hängt die Entwicklung des ganzen Landes ab. Nicht, als läge die Verantwortung für die wirtschaftliche Zukunft allein bei ihnen, sie teilen sie mit anderen Institutionen. Doch letztlich kommt ihrer Entscheidungsmacht eine strategische Bedeutung zu. Ihre Beschlüsse formieren sich zu Weichenstellungen über die Prosperität der Gesellschaft, über Wachstum und Wettbewerbsfähigkeit, über Chancen des Sozialstaates und des technologischen Fortschritts.

Unter diesen Umständen fällt auf, daß kaum einer der deutschen Topmanager ein besonderes Verantwortungsgefühl gegenüber der Politik äußert. Nur eine verschwindend geringe Minderheit von 5 % der Spitzenmanager engagiert sich politisch. Die Identität von Spitzenmanagern speist sich derzeit kaum aus dem Anspruch, gesellschaftliche und politische Prozesse aktiv mitzugestalten.

Bereits vor dem ersten Weltkrieg hat Max Weber eine ähnliche Beobachtung gemacht. Dem Unternehmer, so sein Fazit, fehle die Zeit für die Politik. Es sei für ihn sehr schwer, sich auch nur zeitweilig vertreten zu lassen, und dies umso weniger, je hervorragender er ist. An dieser Einschätzung hat sich in den vergangenen hundert Jahren offenbar nichts geändert. Die deutschen Spitzenmanager sind keine Männer des öffentlichen Lebens. Dies machen mehrere exemplarische Kommentare deutlich:

> „Ich glaube, das politische Engagement ist in der Wirtschaft sehr beschränkt. Freiraum für Politik lässt der Beruf nicht zu. Vielleicht würde ich die eine oder andere politische Aufgabe übernehmen; ich muß aber sagen, ich bin sehr negativ berührt von dem, was dort passiert, wie dort gespielt wird, wie Machenschaften oder Seilschaften, die es natürlich auch in der Wirtschaft gibt, genutzt werden und das Engagement eigentlich weniger dem dient, was der Auftrag der Wähler ist. Mein Auftrag ist, den Mitarbeitern und Aktionären zu dienen, und dies geschieht im Unternehmen mit klareren, saubereren und auch erfolgsorientierteren Spielregeln als in der Politik. Deshalb würde ich wahrscheinlich keine politische Aufgabe übernehmen wollen. Ich stelle mich allerdings mit Vorträgen durchaus zur Verfügung. Da ist es mir ziemlich egal, ob das FDP, SPD oder CDU/CSU sind. Bei anderen Parteien, anderen Einstellungen komme ich schon ins Grübeln.“

> „Politik ist eine völlig andere Welt. Sie bildet einen in sich geschlossenen Kreis, der auch nicht aufzubrechen ist, und wo Gruppen von Menschen zusammengekommen sind, die ihr eigenes Betätigungsfeld abgesichert haben. Für einen Außenstehenden aus hoher Industrieposition ist es praktisch nicht möglich, dort irgendwie einzuwirken.“

„Ich empfinde die Politik als ziemlich hermetisch abgeschlossen. Sie folgt ihren eigenen Gesetzen und ist nicht das Produkt eines gesellschaftlichen Dialogs, sondern in hohem Maße das Ergebnis einer Eigengesetzlichkeit. Insofern würde ich den Einfluss der Unternehmen auf die Politik gering einschätzen, mit Ausnahme des professionellen Lobbyings interessanterweise."

„Aus meiner Sicht ist die Politik ein ausgesprochen selbstreferentieller Prozess. Man merkt es, wenn man mit Politikern und Freunden darüber diskutiert. Es geht mehr darum, wer etwas sagt, und wie der wiederum vernetzt ist mit anderen Leuten, und wie das Ganze politisch mit dem nächsten Wahlergebnis zusammenhängt. Das sind die Themen, die dominieren. Und diese Beziehungsgeflechte drehen sich heute mal um das Thema ‚Betriebsverfassungsgesetz' und morgen um das Thema ‚Dosenpfand'."

„Wir haben gerade in Deutschland eine sehr unglückliche Trennungsstruktur zwischen Wirtschaft und Politik. Da sind in der Tat viele Kontakte und Berührungen, die wie Schiffe in der Nacht aneinander vorbeifahren. Es hängt halt damit zusammen, daß wir Strukturen in Deutschland geschaffen haben, wo Unternehmer im Prinzip nie in die Politik gehen und Leute aus der Politik nie den Weg an die Unternehmensspitze. Und die Konsequenz daraus ist: wir haben Verständnisprobleme, Kommunikationsprobleme, Interessenskonflikte allergrößter Ordnung (...)."

Frage: Wie schätzen Sie Ihre Gestaltungsmöglichkeiten in der Politik ein? Wie sehen Sie Ihren Einfluss auf politische Prozesse?

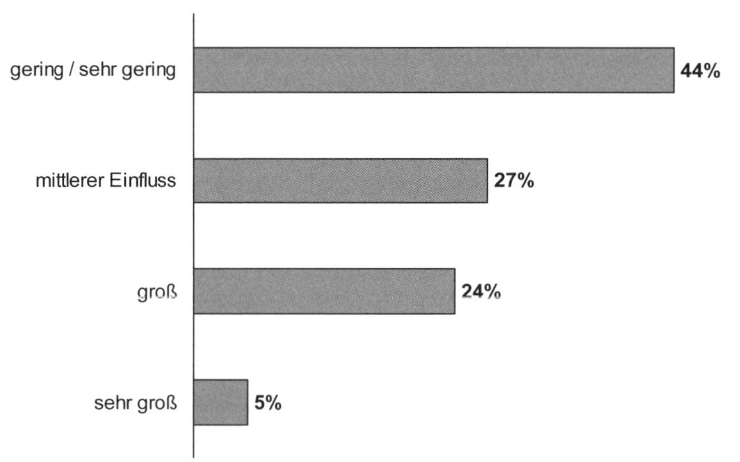

Abb. 38: Gestaltungsmöglichkeiten in der Politik (n = 40)

„Da ist Amerika ein ganz starkes Vorbild. Daß die Leute aus der Wirtschaft für drei oder fünf Jahre auch mal wirklich in einer Wahlkampf-Organisation arbeiten, auch wenn sie aus dem Investment-Banking kommen, wo sie Millionen Dollar verdient haben, und sich da mit 200 Dollar begnügen – das gibt es bei uns leider nicht. Also, unsere Systeme sind nicht durchlässig. Und das ist zu unserem Schaden."

Die politische Enthaltsamkeit der deutschen Spitzenmanager ist folgenreich. Ihre Voten und ihr Engagement, die Interventionen der von ihnen beauftragten Verbände, die Tätigkeiten ihrer politischen Vertrauensleute in den Parteien, sowie weitere Instrumente und Verfahren, durch die sie auf die Willensbildung der politischen Entscheidungsgruppen Einfluss nehmen können, machen sie zu einer demokratischen Steuerungsinstanz ersten Ranges. Auf der anderen Seite sehen sich die Topmanager als eine Gruppe, die bewußt nicht als öffentlicher Akteur auf die politische Bühne tritt, sondern sich primär dem Unternehmensinteresse verpflichtet fühlt. Evident ist, daß die die Spitzenmanager auf einen Ordnungsbegriff fokussiert sind, der die strukturelle Kausalität von privatwirtschaftlichem Erfolg und öffentlicher Demokratie ausblendet.

Interessant ist unter diesen Umständen der empirische Befund, daß etwa die Hälfte der deutschen Topmanager sich durchaus bewußt ist, kraft ihrer Position politischen Einfluss ausüben zu können. Sie bekunden, mehr Einflußchancen zu haben, als sie tatsächlich wahrnehmen. Ihnen ist auch klar, daß sie sich nicht damit begnügen dürfen, hauptsächlich unternehmerisch tätig zu sein. Nur werden nicht die entsprechenden Schlußfolgerungen gezogen

Mit dieser Haltung einer partiellen politischen Abstinenz werden derzeit die Vorstände ihrer Verantwortung gegenüber der demokratischen Ordnung in Deutschland nicht gerecht. Managementfunktionen stehen nicht in einem luftleeren Raum. Sie sind in eine umfassendere Ordnung eingebettet, die ihrerseits immer wieder einer aktiven Zustimmung und der oft mühevollen Konsensarbeit bedarf. Spitzenmanager sollten daher auch für die Ordnung werben, in der sie ihre Aufgaben erfüllen. Die deutschen Spitzenmanager leben von der Demokratie, aber die Demokratie lebt auch von ihnen. Sie haben allen Grund, dieses Bündnis zu festigen. Dies würde ihnen eine politische Legitimation verschaffen, man kann auch sagen, eine moralische Legitimation. Sie ist auf Dauer ebenso wichtig wie die Legitimation durch wirtschaftliche Erfolge.

Die Frage nach dem ‚Öffentlichkeitsmandat' der Wirtschaftselite zielt auf das im weitesten Sinne politische Verhalten der heutigen Spitzenmanager. Solange sie davon ausgehen können, daß Deutschland in keine innere oder äußere Krisen gerät, die

die Geltung der wirtschaftlichen und sozialen Verfassung ernstlich erschüttern, bleibt das Problem des öffentlichen Engagements irrelevant. Was aber geschieht, wenn heftige Krisen die bisherige Balance der wirtschaftlichen Großbaustelle Deutschlands erschüttern? Wie werden dann die Spitzenmanager reagieren? Übernehmen sie dann eine öffentliche Verantwortung? Oder immunisieren sie sich auch dann gegen einen maßgeblichen Einfluss auf die übrigen Machteliten im Lande?

> „Diese ganzen Kompromissprozesse, die heute die Demokratie erfordert, sind nicht meine Welt. Wenn Sie Unternehmer sind, dann versuchen Sie klare Wege zu gehen und klare Entscheidungen zu treffen. Und das müßte ich politisch auch machen können. Aber das würde bedeuten, daß einem das als Autorität und zu wenig Demokratieverständnis ausgelegt wird. Insofern glaube ich, bin ich für die größere Politik nicht geboren. Und ich hätte auch keine Lust und keine Zeit, mich diesen endlosen Diskussionsrunden zu stellen."

> „Ich habe den Eindruck, wir können politisch nichts beeinflussen. Wir sind hier in Deutschland sehr stark an alle möglichen Regeln gebunden. Es ist alles sehr stark geregelt, und es ist so stark überreguliert, daß es die Unternehmer zwingt, sich anderswohin zu orientieren."

> „Politik und Wirtschaft haben über lange, lange Jahre ihre Kontaktmöglichkeiten nicht genutzt und allenfalls als Lobby fungiert, mit dem klaren Ziel, hier muß ich vorstellig werden, weil ich das so nicht ertragen kann und das geändert werden muß."

> „Die Gestaltungsmöglichkeiten sind im kommunalen und regionalem Rahmen natürlich größer als in übergeordneten Strukturen. Wenn ich mich in einem Arbeitgeberverband vor Ort engagiere, habe ich dort an führender Stelle einen größeren Einfluss, als wenn ich Mitglied von BDA oder BDI bin."

> „Man könnte durchaus Einfluss haben, wenn man es wollte. Mir gefällt nur überhaupt nicht die Professionalisierung in der Politik; d. h. ich kann als Amateur nicht sagen, daß ich mal zwei oder vier Jahre lang irgendetwas Vernünftiges in der Politik machen will. Als Mitglied einer Delegation auf einer Russlandreise ist es mir bewusst geworden."

> „Was ich bedauerlich finde, ist die Tatsache, daß sich die Wirtschaft zu wenig in die Politik einmischt und von daher die Politik Leuten überlassen wird, die das aus Imagegründen oder aus Profilneurosen oder irgendwelchen anderen Gründen machen. Ich weiß nicht, ob wirklich noch viele dabei sind, die das wirklich aus Überzeugung machen. Ein klassisches Beispiel dafür ist Joschka Fischer. Er hat angefangen als überzeugter Grüner. Ich war nie grün, von daher hat mich das nicht so beeindruckt. Der war für mich aber als Grüner wesentlich glaubwürdiger als heute als Außenminister. Der macht zwar einen

guten Job als Außenminister, aber ich frage mich immer, wie kann so einer zum Opportunisten werden."

„Ich meine, daß die Politik inzwischen in eine Richtung abgedriftet ist, in der die dort handelnden Leute nur noch allein an sich selber interessiert sind und auch an der Frage ein großes Interesse haben, möglichst lange ihre eigene Machtposition erhalten zu können und an den Futtertrögen zu bleiben, an denen sie, nun Gott sei Dank, endlich angekommen sind."

„Der Einfluß ist natürlich bei einem so großen Unternehmen wie unserem sehr hoch. Sie müssen sich der Verantwortung für die Arbeitsplätze vollkommen klar sein. Diese Verantwortung hat man. Damit hat man automatisch auch auf die Politik Einfluss, und zwar ganz enorm. Man kann daher schon sagen, ihr müßt euch überlegen, ob ihr uns unterstützt. Man hat auch eine Marktmacht auf die Politik."

„Es ist schon so, daß man, wenn man in einer Verantwortung ist, in der ich bin, bei den Politikern gerne gehört wird als Katalysator oder auch als Meinungsbringer. Ich glaube aber kaum, daß wir als Wirtschaftsführer einen großen Einfluss auf die Sachentscheidungen in der Politik haben. Wir können höchstens eine katalysatorisch wirkende Meinung einbringen."

„Ich habe immer Kontakt gehabt zu Politikern, würde aber nie selber Politiker werden wollen. Ich sage meinen Kollegen und Bekannten immer, Politik würde schon deshalb nicht zu mir passen, weil ich kein Demokrat bin. Und dann sind die Leute alle erschrocken und sagen, kein Demokrat, das ist ja ganz schlimm. Dann sage ich, das will ich euch genau erklären. Wenn ich im Ortsverein sitze, und da sind 19 Leute, und ich habe eine Idee für irgendeinen Bereich der Gesellschaft, von der ich zutiefst überzeugt bin, und dann wird abgestimmt und dann machen zehn den Daumen nach unten und nur neun nach oben, dann würde ich aufstehen und nach Hause gehen. Also, ich bin nicht besonders gut geeignet, irgendwelche faulen Kompromisse zu machen, die man in der Politik ja laufend macht."

Das große Problem ist gegenwärtig, daß sich die deutsche Wirtschaftselite nicht in einer öffentlichen Rolle sieht. Sie hat andere Funktionseliten wie die Medien oder die Politik neben sich, die ihr stärker und einflußreicher erscheinen. In der Regel neigen die Spitzenmanager sogar zur Deutung, auch sie seien nur ein Objekt der Verhältnisse. Daran ist nur richtig, daß auch die mächtigsten Unternehmensleiter in Deutschland genötigt sind, sich den von der Politik gesetzten Imperativen zu fügen. Aber innerhalb dieses Rahmens sind die Topmanager frei, die ihnen zusagenden politischen, rechtlichen und auch geistigen Tendenzen weitaus wirkungsvoller zu fördern, als sie es derzeit praktizieren und vor allem sehr viel mehr, als es der durchschnittliche Staatsbürger vermag.

Fazit:

Ziele der Partizipation im politischen Raum werden von der großen Mehrheit der deutschen Spitzenmanager nicht verfolgt. Sie nutzen nicht die Spielräume, die die Strukturen der pluralistischen Gesellschaft in Deutschland ihnen ermöglichen. Damit blenden sie ihre Verantwortung für eine politisch aktive Rolle weitgehend aus. Der demokratische Generalanspruch unserer Zeit nach vitaler Einmischung wird zumindest in diesem Punkt von einer gewissen ‚Selbstgenügsamkeit' der wirtschaftlichen Führungseliten unterlaufen.

10.4 Der Spitzenmanager als öffentliche Person

Sehr nachdenklich macht es, was knapp die Hälfte der Bundesbürger Ende 1998 auf die Frage äußerte: Haben Sie Vertrauen zu Unternehmen?[33] Ihr klares „nein" paßt so gar nicht zu den Visionen, die die deutschen Spitzenmanager über ihr Bild von einem Konsens zwischen Unternehmen und Gesellschaft skizzieren.

Unverhohlene Skepsis gegenüber großen Organisationen auf der einen, wachsende Wertansprüche ihnen gegenüber auf der anderen Seite, so widersprüchlich stellt sich die Stimmungslage der Deutschen heute dar. Deutschland befindet sich im Umbruch. Wir sind Zeuge einer tiefgreifenden Zäsur unseres Selbstverständnisses. Die Einstellung zu wirtschaftlichen ‚Sachlogiken', die Haltung gegenüber Authentizität und Glaubwürdigkeit von Managern, die Bedeutung von Stilfragen und symbolischen Darstellungsformen in der Kommunikation, der Stellenwert der gesellschaftlichen Verantwortung von Unternehmern, der Rang von moralischen Grundsätzen – all das ist in Bewegung geraten.

Die Wertkultur der Deutschen hat sich in vielen Bereichen so gravierend verändert, daß aus dieser Veränderung neue Soll-Vorstellungen von der wünschenswerten Art öffentlicher Beziehungen erwachsen. Von den Konsequenzen sind vor allem die Spitzenmanager betroffen. Zu Recht macht sich daher eine Minorität der deutschen Spitzenmanager Sorgen um die wachsende Distanz zwischen Öffentlichkeit und Unternehmensinteressen: „Es besteht die riesige Gefahr, daß wir die Menschen abkoppeln und die Öffentlichkeit anfängt, das System zu hassen oder abzulehnen. Dann muß man sehr gut nachdenken, wie versöhnt man die Menschen mit dem System". Hinter dieser Auffassung steht die Vorstellung, daß der Spitzenmanager nicht nur Exponent unternehmerischer Interessen ist, sondern auch eine öffentliche Person, die die Werte der Ordnung vertritt, in der sie agiert.

---

[33] vgl. Buß, E. 1999: S.45

Unsere Befunde zeigen, daß etwa die Hälfte der Spitzenmanager ihre Beziehung zur Öffentlichkeit als gespannt bezeichnet. Sie empfinden die Vorstellung als belastend, daß die Öffentlichkeit ihre Aufmerksamkeit immer wieder auf die Spitzenfunktionen der Wirtschaft fokussiert. So betont ein Spitzenmanager:

> „Die öffentliche Erwartung, daß man als Ansprechpartner für die verschiedensten Gruppen, die Kommunikationsinteressen haben, da zu sein hat, finde ich schon sehr belastend."

Und ein anderer Vorstand meint zu diesem Punkt:

> „Manche haben Spaß daran, in der Öffentlichkeit zu agieren. Das wäre für mich eher eine Last, aber jetzt keine, an der ich zerbreche. Ich brauche die öffentliche Rolle nicht. Da, wo es notwendig ist, da macht man es halt für das Unternehmen".

Es scheint, als würde die Majorität der Spitzenmanager ihre Fähigkeiten, die sie bei der Wahrnehmung ihrer Verantwortung im Unternehmen entwickelt haben, nicht auf öffentliche Aufgaben übertragen. Tugenden der Beweglichkeit, der Risikobereitschaft, der Kompromissbereitschaft, die sie im Unternehmen praktizieren, ignorieren sie in der Öffentlichkeit. Gegenüber dem Mitspracheverlangen von gesellschaftlichen Gruppen wie NGO's verhalten sie sich defensiv, gegenüber dem wachsenden Informationsverlangen der Öffentlichkeit eher misstrauisch, gegenüber Veränderungen im sozialen und politischen Umfeld eher unkundig. Initiativen, um solchen Prozessen in der Öffentlichkeit produktiv zu begegnen, sind nicht ihre Stärke.

Ein weiteres Drittel der Topmanager sieht die Beziehungen zur Öffentlichkeit eher neutral, und nur eine kleine Minorität von knapp 20 % beobachtet eine konstruktive Entwicklung zwischen Unternehmen und Öffentlichkeit. Gerade letztere akzeptieren, daß sie selbst als öffentliche Akteure zu handeln und damit eine gewisse Prominenz und öffentliches Interesse auf sich zu nehmen haben:

> „Ich finde es wichtig, daß man außerhalb des Unternehmens auch in anderen Funktionen Eindrücke sammelt, Input geben kann, Erfahrungen einspeisen kann und die Dialogfähigkeit zwischen den verschiedenen gesellschaftlichen Bereichen fördern kann"

Verlangt wird ihrer Auffassung nach der Typus eines in der Öffentlichkeit reflektierenden Managers, den die Frage bewegt: wie kann die gesellschaftliche und ökonomische Ordnung von morgen aussehen, um für alle Menschen attraktiv und überzeugend zu sein? Die Reputation eines Topmanagers lasse sich letztlich nicht länger von den Themen- und Debattenentwicklungen der Öffentlichkeit ablösen. Neu sei die Betonung einer Art Öffentlichkeitsmandat der Spitzenmanager, neu sei ferner die Betonung einer gesellschaftlichen Verantwortung (CSR) und neu sei schließlich, daß die Öffentlichkeit die Topmanager für einen Mangel an Wertsensibilität belange.

Der Typus des reflektierenden Spitzenmanagers, der sich für ein aktives Öffentlichkeitsmandat bekennt, meint, er habe kein Recht, mit sich selbst schonungsvoll umzugehen, wenn öffentliche Belange ihn fordern. Er ist der Überzeugung, der einzelne habe auch als öffentlicher Akteur eine Verantwortung zu übernehmen und eine öffentliche Rolle auszuüben:

> „Ich habe einige Zeit gebraucht um zu begreifen, daß die unternehmerische Rolle hier im Unternehmen einhergeht mit einer öffentlichen Rolle. Das lernt man teilweise sehr schmerzlich, aber teilweise auch positiv. Nachdem ich das nun begriffen habe, sehe ich darin im Prinzip keinen Konflikt mehr."

Fazit:

Gegenwärtig dominiert im ganzen ein defensiver Pragmatismus in der Führungselite der Wirtschaft. Dem Verlangen nach einer erkennbaren öffentlichen Rolle wird nur widerstrebend Rechnung getragen. Eher herrscht eine Haltung nach dem Motto, wie sie exemplarisch ein Spitzenmanager äußert: „Mich interessiert nicht so sehr, wie die da draußen von mir denken". Öffentliche Reputation und die offensive Wahrnehmung eines öffentlichen Mandats spielen im Selbstverständnis der Wirtschaftselite nur eine untergeordnete Rolle.

10.5 Öffentliche Selbstdarstellung

Um einiges unproblematischer und gefestigter sehen die Topmanager die von ihnen tatsächlich wahrgenommene öffentliche Rolle. In ihrer Mehrheit betonen sie, daß sie überhaupt keine Probleme damit haben, sich in der professionellen wie auch nichtprofessionellen Öffentlichkeit so zu geben, wie sie sich selbst sehen. Sehr dezidiert wird darauf Wert gelegt, daß man im öffentlichen ‚Auftritt' keine (konstruierte) Rolle spielen, nicht ‚schauspielern' müsse. In teilweise fast deckungsgleichen Formulierungen unterstreichen sie ihre Selbstgewissheit in diesem Punkt.:

> „Ich glaube, ich bin authentisch."

Oder:

> „Ich sage halt immer das, wofür ich auch stehe."

Oder:

> „Ich versuche, natürlich zu sein," bzw. „mich natürlich zu geben."

Und zugespitzt:

„Ich habe gelernt, daß jede Verstellung dumm ist. Das ist eine der törichtesten Formen.“ Ein anderer Vorstand meint: „Ich habe ein Grundprinzip: ich gebe mich immer so, wie ich bin und will nicht versuchen, ein Bild aufzubauen, das vielleicht meiner Persönlichkeit gar nicht entspricht. Ich versuche, ich selbst zu sein, und da mache ich keinen Unterschied zwischen Berufsleben, Auftreten in der Öffentlichkeit oder Privatleben.“

In Formulierungen wie „sich treu bleiben“, „noch in den Spiegel schauen können“, „keine falsche Tünche aufkommen lassen“ oder „Sie halten Kulissenschieben nicht durch“ mögen sich Hinweise darauf verbergen, daß die öffentliche Selbstdarstellung von Managern der Topebene auch mit Anstrengungen der Identitätswahrung verbunden sein kann, wie dies andere Führungskräfte durchaus zum Ausdruck bringen.

„Ich habe viele Vorstände erlebt, die auf einmal ein Schatten ihrer selbst waren, die sich wirklich verbogen haben.“ Oder ein anderer Manager bekundet: „Mich hat das sehr irritiert, als die Öffentlichkeit plötzlich hinter mir her war. Damit mußte ich fertig werden; ich habe auch eine Reihe von Fehlern gemacht, aber dann nach einem Jahr ging es. Man kann das ausbalancieren, möglicherweise nicht jeder mit der gleichen Nonchalance.“

Die öffentliche Selbstdarstellung unterliegt offenbar einem Lernprozess. Sie ist nicht einfach umzusetzen. Die weit überwiegende Mehrheit der deutschen Vorstände hat jedoch mit zunehmender Erfahrung gelernt, ein Repertoire an öffentlichen Rollen zu

Frage: Ist es für Sie schwierig, sich in der Öffentlichkeit so darzustellen, wie Sie sich selbst sehen?

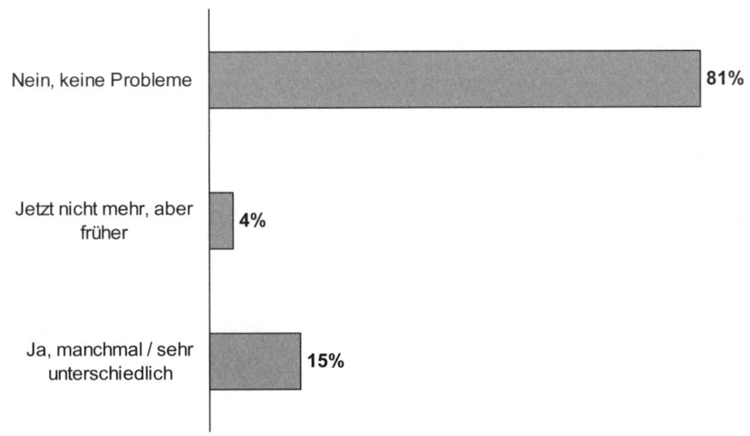

Abb. 39: Probleme mit der öffentlichen Selbstdarstellung (n = 53)

bedienen und effektiv einzusetzen. Sie wissen sich gegenüber Menschen und Medien in verschiedenen Situationen darzustellen. Und sie haben ein Gespür dafür entwickelt, welche ihrer Persönlichkeitsaspekte bei welchem Publikum besonders gut ankommen. Sie kombinieren ihre empathischen Fähigkeiten und ihre Beobachtungsgabe, um die Signale aufzufangen, die andere bewußt oder unbewußt aussenden. Gleichzeitig vertrauen sie auf die prägenden Erfahrungen ihrer Lehr- und Wanderjahre, sich auf eine Umgebung einzustellen, ohne ihre Identität aufzugeben. Sie bleiben sich in der Regel treu, auch wenn sie nur Facetten ihrer Persönlichkeit zeigen.

Eine Minorität der Topmanager gesteht jedoch ein, „manchmal Probleme“ mit der eigenen öffentlichen Darstellung zu haben, sei es, daß man sich selbst als „immer noch etwas öffentlichkeitsscheu“ einschätzt oder als „nicht so gut in der Darstellung in der Öffentlichkeit.“

> „Ich bin nicht derjenige, der in der Öffentlichkeit auftreten könnte und sich dann irgendwo persönlich produziert. Ich bin eher der Mann, der gern im Hintergrund arbeitet und die Öffentlichkeit meidet.“

> „Ich bin nicht gut in der Darstellung in der Öffentlichkeit, vielleicht weil das Puritanische in mir steckt, nämlich der Satz: ‚Mehr sein als scheinen‘. Das Innere nach außen zu wenden, liegt mir nicht. Das ist auch nicht meine Erziehung. Jedes Zurückhalten in der äußeren Darstellung wirkt ja gekünstelt. Ich glaube nicht, daß ich exzellent in der Außendarstellung bin.“

> „Man kann in der Öffentlichkeit nicht immer seine Meinung sagen. Man kann zwar schon, hat aber im Hinterkopf noch die Interessen des Unternehmens. Und dann steht die eigene Meinung wirklich zurück. Ich könnte sagen, da gibt es schon eine innere Spaltung.“

Ein Spitzenmanager diagnostiziert das Problem im Risiko, sich einem von der Öffentlichkeit gemachten Bild anzupassen und dabei seine eigene Authentizität möglicherweise aufzugeben:

> „Ja, es gibt ein Problem, das ich mit meiner Familie diskutiert habe. Wenn Sie Karriere machen und in der Öffentlichkeit häufiger auftreten, und wenn Sie sogar im Fernsehen auftauchen, bekommen Sie ein gewisses Image. Dann erleben Sie, wie sie von anderen auf ein Podest gestellt werden, etwa in der Art: ‚Sie sind ein großer Mann, eine große Persönlichkeit.‘ Es geht mir heute noch so, daß Leute kommen und sagen, Sie sind ja eine berühmte Persönlichkeit, also fast ehrfürchtig. Dann besteht immer die Gefahr, wie weit passt man sich dem Bild an.“

Eine kleine Minorität von ca. 8 % der deutschen Spitzenmanager bewertet vor allem die mit ihrer Position verbundenen Statusrolle sehr kritisch. Sie lehnt öffentliche Statussymbole ab und durchbricht immer wieder hergebrachte Repräsentationsmuster.

So berichtet ein Vorstand: „Ich habe das Recht wie jeder andere Vorstand bei uns im Konzern, einen Wagen im Wert von 140.000 zu fahren und einen Chauffeur zu haben. Ich habe keinen Chauffeur. Ich fahre selber. Ich fahre einen Diesel, der 5,5 Liter über hundert Kilometer verbraucht. Das ist ein kleiner Mercedes-Benz E-Klasse. Dafür könnten mich manche vergiften." Und ein Vorstandsvorsitzender meint in diesem Zusammenhang: „Die Vorstellung, daß ein Mensch mehr wert ist, wenn ihm ein gestanztes Stück Blech (das Bundesverdienstkreuz, EB) umgehängt wird, hat ja irgendwo etwas Lächerliches. Man nimmt diese Auszeichnung schließlich an, weil es unhöflich wäre, sie abzulehnen." Weitere Argumente in diesem Zusammenhang lauten:

> „Ich sehe die ganzen Statussymbole als vergänglich an. Also, ob ich jetzt den Rolls-Royce fahre oder den Mercedes, das ist alles vergänglich und nicht das Thema."

> „Statussymbole können Sie generell direkt korrelieren mit veralteten Unternehmen. Je verstaubter eine Industrie ist, desto ausgeprägter sind die Statussymbole. Dies haben wir ganz bewusst nicht eingeführt. Ich habe keinen reservierten Parkplatz, und ich hab auch keine Assistenten. Ich habe natürlich ein Sekretariat, aber das war es dann auch schon. Ich gehe auch mal selber an den Fotokopierer. Das andere Extrem sind natürlich die Strukturen, wo der Vorstand nicht mal weiß, wie ein Fax funktioniert. Der fährt auch nicht mit einer Kreditkarte irgendwohin, sondern ist immer umgeben von Leuten mit Kreditkarten, die alles für ihn regeln. Diese Vorstände haben sich dann mutiert bis zur Lebensunfähigkeit. Das ist ein gefährliches Verhalten: was tut er, wenn er den Job nicht mehr hat? Der Kostendruck, der aus der Globalisierung resultiert, wird diese Strukturen einfach schleifen. Zu meiner Zeit, als ich bei Bosch gewesen bin, hatte der Geschäftsführer noch Fahrer, zwei Sekretärinnen und Assistentinnen und dies und jenes. Aber auch dies wird inzwischen sukzessive zurückgebaut. Auch bei Bosch gibt es nur noch einen Fahrer für den gesamten Vorstand. Und der wird auch noch verschwinden. Dieser Prozess wird getrieben durch ökonomische Mechanismen. Dies ist auch gut so."

Für diese kleine Gruppe der deutschen Spitzenmanager hat die öffentliche Selbstdarstellung vor allem etwas mit Authentizität zu tun. Sie wissen, woher sie kommen, und wer sie sind. Es bedarf keiner künstlichen und öffentlichen Statusaufwertung. Persönlichkeit und Identität sind wichtiger als erworbene Statussymbole. Sie handeln nach dem Prinzip von Albert Einstein, der einmal sagte:

> „Ich rede mit jedem in der gleichen Art und Weise, unabhängig davon, ob es sich um einen Müllmann oder einen Universitätspräsidenten handelt."

Diese deutschen Topmanager haben sich ihre Position erkämpft, definieren sich aber in besonderer Weise über ihre kulturelle Herkunft. Sie bleiben mit beiden Beinen auf dem Boden, auch wenn andere sie auf ein Podest stellen wollen. Ein Vorstand hat seiner Sekretärin daher die strikte Anweisung erteilt,

> „mich sofort zur Rede zu stellen, wenn ich Allüren an den Tag legen sollte."

10.6 Spitzenmanager und Medien

Die Frage nach dem Stellenwert von öffentlicher Prominenz ist zugleich eine Frage nach den Beziehungen der Spitzenmanager zu den Medien. Eine breite Öffentlichkeit wünscht sich mehr Prominenz in Deutschlands Führungsetagen. Und sie erwartet eine größere Transparenz des ‚inner circle' der Wirtschaft. Dieser Befund zwingt die Topmanager zu einem Umdenken in allen Fragen ihrer medialen Repräsentation. Sie sind heute vermehrt auf hohe Aufmerksamkeits- und Prominenzwerte angewiesen. Gerade in Krisensituationen bildet Prominenz eine wichtige Ressource, um öffentliche Akzeptanz zu generieren. Die neue Rolle von Vorständen liegt also nicht nur in einer stärkeren persönlichen Öffnung gegenüber den Medien, sondern auch in der Einlösung öffentlicher Prominenzansprüche.

Diesen Ansprüchen tragen die Spitzenmanager gegenwärtig nicht Rechnung. Unsere Studie zeigt, daß die Beziehungen der Vorstände zu den Medien insgesamt spannungsgeladen sind. Unter dem Strich fühlen sie sich in ihrer großen Mehrheit von den Medien falsch verstanden und interpretiert. Insbesondere die Dynamik der Medien sowie die Fokussierung auf Personen statt auf Sachthemen wird von 65 % aller Topmanager beklagt:

> „Die Medien ziehen (sic!) vor allen Dingen immer diejenigen ans Licht der Öffentlichkeit, die versagt haben. Der Rest wird dann mit ihnen identifiziert."

Daß sich im Kampf um die öffentliche Meinung eher Gesichter als Argumente, eher Prominenz als Programm und eher Personen als Themen bewähren, sehen Spitzenmanagern sehr kritisch:

> „Von unserer Branche wird häufig gesagt, daß wir ganz scharf darauf seien, in der Presse zu erscheinen; daß wir auf dem Cover vom Manager Magazin stehen. Natürlich ist es super, wenn das passiert. Aber ein halbes Jahr später ist es dahin. Dann werden sie wieder in Grund und Boden genagelt an der gleichen Stelle. Und dann gleichen sich die Gefühle ganz schnell aus."

Auch dem investigativen Journalismus stehen die Spitzenmanager kritisch gegenüber:

> „Die Medienbegleitung ist ein Problem. Früher konnte man ja vieles im kleinen Kämmerlein besprechen, das blieb auch im Kämmerlein und dann wurde

> es gemacht. Heute ist ja schon vieles draußen, bevor es überhaupt im Kämmerlein besprochen wurde."

Die Forderung der Öffentlichkeit nach Transparenz kollidiert mit den Ansprüchen der Topmanager nach Freiräumen. Öffentliche Interessen werden gegen Entscheidungs- und Sachnotwendigkeiten reklamiert. In diesem Horizont ambivalenter Ansprüche haben die deutschen Vorstände noch nicht ihre Rolle gefunden. Nur dort, wo Spitzenmanager die Erfahrung gemacht haben, daß sie über die Medien Einfluß nehmen können, hat ein Umdenken stattgefunden:

> „Ich habe jetzt das erste Mal erfahren, daß man Dinge beeinflussen kann. Ich hatte ein Interview gegeben, und daraus ist jetzt zwei Wochen später ein Thema in der Öffentlichkeit geworden. Jeden Tag in der Presse, 40 Radio-Interviews, jeden zweiten Tag in der Tagesschau, in RTL, ZDF oder wo auch immer. Ich hatte nie mit so einer Reaktion gerechnet, aber ich habe erkannt, daß, wenn man ein Thema in der Öffentlichkeit weiter forciert, man die Menschheit wirklich beeinflussen kann. Die letzten zwei oder drei Wochen waren für mich extrem interessant, um zu sehen, wie man in den Medien Politik machen kann. Und wenn man jetzt noch mal den Reporter anruft und sagt: „Hör' mal, jetzt kommst Du noch mal mit Deinem Kamerateam, laß' mich noch mal was sagen," findet das große Resonanz. Man kann schon Dinge beeinflussen, das ist sehr interessant". Und ein anderer Vorstand meint: „Man bekommt schon Gehör. Ich war einmal eingeladen bei der Frau Christiansen. Als Arbeitgeber haben sie natürlich schon einigen Einfluss auf die Medien, aber auch auf die Kommunen, weil sie einfach Jobs schaffen, allein schon deshalb."

10.7 Das Image der Manager in der Öffentlichkeit

Die deutschen Spitzenmanager glauben, daß das Image ihres Berufsstandes eher negativ ist. Fast 60 % sind der Ansicht, das öffentliche Bild der Unternehmer in Deutschland sei schlecht. Einen guten Ruf bescheinigen nur 12 % der Topmanager ihrem Berufsstand.

Das kritische Urteil der Öffentlichkeit hat aus ihrer Sicht unterschiedliche Gründe. Erstens haben die Vorstände vor lauter Fokussierung auf die Binnenprobleme es versäumt, auch etwas für ihre öffentliche Akzeptanz zu tun. Indifferenz gegenüber politischer Verantwortung und dem öffentlichen Ansehen kippt jeden guten Ruf. Zweitens halten die Spitzenmanager die Öffentlichkeit nur unzureichend über die Aufgaben, die Rolle und die Funktionen der Spitzenmanager informiert. Ein Vorstand formulierte: „Ich glaube nicht, daß der breiten Öffentlichkeit bewußt ist, welche

Frage: Welches Bild besteht Ihrer Meinung nach über die deutschen Manager in der Öffentlichkeit?

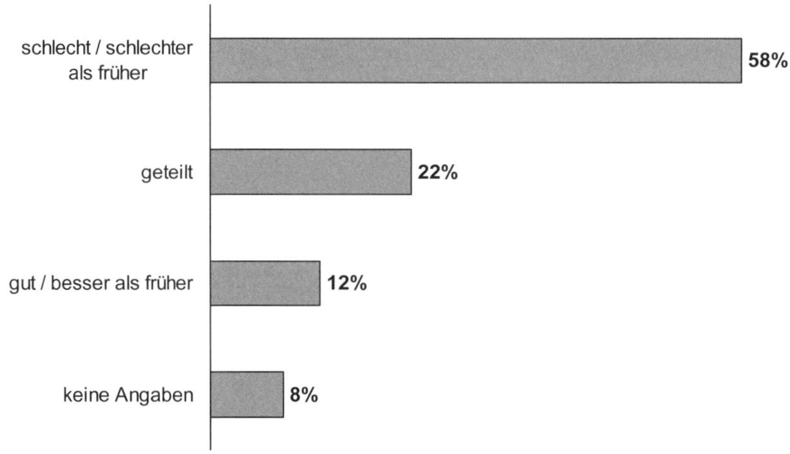

Abb. 40: Das Image der Spitzenmanager in der Öffentlichkeit (n = 61)

Rolle und welche Funktionen Führungskräfte ausüben." Für die Topmanager ist ihr Ruf stärker durch Stereotype als durch Kompetenzen geprägt. Drittens beeinflussen ethische Fehltritte einzelner Spitzenmanager das Ansehen des ganzen Berufsstandes. Das berühmte ‚schwarze Schaf' schadet auch dem eigenen Ruf: „Wenn Herr X von Peanuts spricht, dann ist das eine Geschichte, die das Bild stärker prägt als die Tausenden von guten Managern, die tagtäglich hervorragende Arbeit leisten." Image wird offenbar zum Thema, wenn es zu zerbrechen droht.

Es gibt weitere Gründe für das kritische Bild der Öffentlichkeit. Vor allem die Massenmedien haben nach Auffassung der Topmanager einen nicht unerheblichen Einfluß auf das Ansehen ihres Berufsstandes. „Die Leute werden gespeist von der Bild-Zeitung. Sie berichtet über die Flops, über Korruption, über einen Manager, der über 60 Millionen Abfindung bekommt und so weiter." Auch scheine der Entkoppelungseffekt für das öffentliche Ansehen der Manager eine Rolle zu spielen. Mit der Entkoppelung ist die hohe Einkommensdifferenz umschrieben. Sie führe, so der Tenor der Spitzenmanager, zu Neideffekten, die auf das Image des ganzen Berufsstandes abfärben: ‚Das, was heute einzelne Manager verdienen, ist unverantwortlich'. Schließlich beruhe das zwiespältige Unternehmerbild auch auf der spezifisch deutschen Kulturtradition, der einseitig ausgerichteten Hochschätzung der Geisteskultur und der relativen Abwertung von allem Ökonomischen. In Deutschland werde nach wie vor das Materielle eher als niedrigere Lebenssphäre abgetan.

Unter den Spitzenmanagern, die ein schlechtes Image ihres Berufsstandes in der deutschen Öffentlichkeit wahrnehmen, beklagt ein großer Teil, daß ihre Leistungen unterbewertet bzw. nicht (an)erkannt werden, so z. B.:

„Ich glaub', wir haben in Deutschland eine Tendenz, Leute zu zerreißen, die nicht gerechtfertigt ist. Von daher ist das Bild schlechter, als die Manager tatsächlich sind."

„Es gibt ja leider Gottes immer genügend Beispiele, an denen man etwas Negatives festmachen kann. Im Großen und Ganzen glaube ich nicht, daß das öffentliche Bild repräsentativ für die Leistungen der Manager in Deutschland ist. Ich glaube, daß in deutschen Unternehmungen in zunehmendem Maße hart gearbeitet wird, daß die deutschen Firmen in verschiedensten Branchen gezeigt haben, daß sie auch unter schwierigen Randbedingungen durchaus an die Weltspitze Anschluss gefunden haben oder zumindest auf dem Wege sind, Anschluss zu finden. Und ich glaube, der Manager wird in der Öffentlichkeit ein bißchen unter Wert verkauft."

„Man deckt in den Medien schonungslos Unsauberkeiten in der Wirtschaft auf, was richtig ist, und kommuniziert sie dann. Das strahlt aber zu Unrecht auf die Mehrzahl der Unternehmer ab. Dann heißt es, alle würden sich nur noch selbst bedienen. Das ist ja wie bei den Politikern auch: einer macht etwas Unsauberes, alle sind gleich so. Und das ist etwas, was ich kritisch anmerke. Ich glaube, die Qualität des Managements in der Bundesrepublik ist sicherlich nicht so negativ einzuschätzen. Es gibt schon unheimlich viele gute Leute."

„Die Medien und die Öffentlichkeit ziehen natürlich vor allen Dingen immer diejenigen ans Licht der Öffentlichkeit, die versagt haben, und dann wird der Rest mit ihnen identifiziert. Ob das Bremer Vulkan ist oder Flowtex, oder wie immer diese typischen Beispiele sind, sie werden dann als repräsentative Beispiele von der Presse ausgeschlachtet. Es werden alle in einen Sack getan, und da wird dann draufgeschlagen. Die Wirtschaft im allgemeinen und zumal die Wirtschaftsführer haben in der breiten Öffentlichkeit keine besonders hohe Anerkennung."

Für ein knappes Viertel der Wirtschaftsführer ist der öffentliche Ruf eher zwiespältig. „Das Bild ist sehr ambivalent. Einerseits hat man vor Unternehmern und Managern hohen Respekt, auf der anderen Seite vermittelt die Wirtschaft den Eindruck, daß sie sich rücksichtslos über die Interessen der meisten Menschen hinwegsetzen will." Mit Attributen wie „das Ansehen sei geteilt, differenziert, nicht wirklich angemessen" umschreiben die Vorstände das mehr oder weniger kritische Bild der Öffentlichkeit. „Ich denke, der Manager hat es schwer, die Anerkennung zu bekommen, die er eigentlich verdient." Und ein anderer fügt hinzu:

> „Das öffentliche Ansehen ist ein Punkt, der mir leider auch innerlich zusetzt. Und daß es keinen Leidensdruck gibt, an diesem schlechten Bild zu arbeiten, um es zu verbessern, finde ich in hohem Maße bedauerlich.“

Daher sind von den Topmanagern durchaus (selbst-)kritische Stimmen zur Kommunikationsarbeit für den eigenen Berufstand und seine Leistungen zu vernehmen:

> „Die deutschen Manager tun zu wenig in Sachen eigener Öffentlichkeitsarbeit. Vielleicht müssen wir mehr meinungsbildend sein und den Menschen näher kommen.“

Zu diesem Punkt meint ein anderer Topmanager:

> „Wir machen als Manager eine schlechte Öffentlichkeitsarbeit. Wir erklären den Menschen nicht, was wir tun, und daß wir einen guten Job machen.“ Und ein dritter Vorstand sagt zu diesem Thema: „Ich glaube, daß die deutschen Manager in der Öffentlichkeit einen ganz schlechten Job für sich selbst getan haben. Ein Problem ist, daß sich die deutschen Manager hinter ihren Institutionen verstecken, und daß sie zu wenig tun, um sich öffentlich zu ihrem Leitbild zu bekennen und es auch nach außen zu vertreten. Die Manager haben vor lauter Engagement für ihre Firmen vergessen, daß sie gegenüber der Öffentlichkeit ein Image aufbauen müssen.“

Fragen nach dem Ansehen der Unternehmer werden auf den Chefetagen selten diskutiert. Das Ergebnis ist eine Vernachlässigung von Ressourcen und Kompetenzen, die das Bild der Manager in der Öffentlichkeit aufwerten könnten.

10.8 Elitenselbstverständnis

Die Spitzenmanager Deutschlands rechnen zur Erfolgselite der Gesellschaft. Nach Einfluß, Einkommen und Ansehen sind sie der großen Masse der Arbeitnehmer weit voraus. Zu einem Teil verdanken sie den Erfolg der Herkunft aus einem arrivierten Elternhaus. Ein Garant für ihren Aufstieg war das häusliche Milieu allerdings nicht. Die deutsche Wirtschaftselite verdankt ihr Avancement auch ihrer Durchsetzungsfähigkeit. Die Erfahrung hat sie gelehrt, daß andere Personen, die unter gleichen oder besseren Umständen begannen, zurückgeblieben sind. Deshalb liegt es für sie nahe, den eigenen Erfolg als Ausdruck eines offenen gesellschaftlichen Systems und als Ergebnis persönlicher Superiorität zu deuten, in dem jeder seine Chance hat.

Allerdings führt die subjektive Aufstiegserfahrung nicht zu elitären Selbstdeutungen. Nach den vorliegenden Befunden besteht bei der Mehrheit der Topmanager keine Neigung, sich selbst als Mitglied einer Elite zu sehen, die ihre Privilegien verdientermaßen der eigenen Tüchtigkeit verdankt. Schon gar nicht existiert bei ihnen eine kollektive Selbstdeutung im Sinne einer Erfolgselite der Nation. Vielmehr formulieren sie Wünsche, die auf Überwindung sozialer Distanzen zielen. Insoweit bildet die deutsche Wirtschaftselite keine konservative, zur Verteidigung des gesellschaftlichen Status quo tendierende Macht, sondern äußert vielmehr reformfreudige Haltungen.

Die grundlegende Frage, ob sich die Spitzenmanager überhaupt zur Elite zählen, wird kontrovers diskutiert. Bereits der Begriff ‚Elite' führt zu positiven wie auch negativen Reaktionen der Vorstände. Dabei war von vornherein klar, daß der Begriff der Elite nicht unumstritten sein würde, nicht anders als in der Öffentlichkeit. Die Verfechter des Elitengedankens unter den Wirtschaftsführern beklagen vor allem, daß für die Förderung der Eliten zu wenig getan werde. Die Gegner lehnen den Begriff ab, weil sie die Existenz von Eliten nicht mit ihrem demokratischen Selbstverständnis für vereinbar halten – sie denken vor allem an aristokratische Eliten, an eine Auslese von geistig, sittlich oder sozial höherwertigen Menschen.

Der Begriff Elite gilt offenbar vielen Topmanagern als „politisch nicht korrekt" – er scheint vor allem vor dem Hintergrund der nationalsozialistischen Vergangenheit diskreditiert zu sein:

> „Den Begriff Elite schätze ich eigentlich nicht, nein, überhaupt nicht. Da hätte ich große Schwierigkeiten mit meinem Selbstverständnis. Ich weiß zwar, daß Menschen, die entweder demokratisch oder aufgrund ihrer Fähigkeiten oder auch ihrer persönlichen Qualitäten herausragen, als Elite bezeichnet werden. Ich habe nur mit diesem Begriff als solchem Probleme – für mich ist der Begriff etwas verbrannt."

Ganz in diesem Sinn äußert sich ein anderer Vorstand:

> „Für mich hat Elite einen negativen Geschmack. Nicht, weil ich glaube, daß eine Elite gut oder schlecht wäre, sondern weil ich glaube, daß in Deutschland Elite für eine abgeschlossene Gruppe steht. Eine Elite, deren Selbstverständnis ein in sich geschlossener Kreis ist, lehne ich ab. Anders wäre es, wenn Elite sich dadurch auszeichnen würde, daß sie die Besten um sich sammelt. Im Endeffekt heißt aber in Deutschland Elite ‚elitär', was einen negativen Touch hat. Ich verwende das Wort nicht. Ich denke, man braucht eine Elite, die letztendlich auch die Wirtschaft vorantreibt. Allerdings gehören die Leute, die in der sogenannten Elite sind, nicht unbedingt zu der richtigen Leistungselite. Das ist für mich das Problem."

Der sozialwissenschaftliche Paradigmenwechsel zu Positionseliten, demzufolge Personen nicht aufgrund persönlicher oder charakterlicher Eigenschaften als Eliten bezeichnet werden, sondern weil sie über entsprechende Macht- und Positionsbefugnisse verfügen, wird von der Mehrheit der deutschen Spitzenmanager nicht geteilt. Positionseliten werden von ihnen nach wie vor in engem Zusammenhang mit Werteliten gesehen.

Hinzu kommt, daß die deutschen Wirtschaftsführer der Elitebegriff mit politischer oder gesellschaftlicher Macht verbinden. Die Topmanager verstehen sich aber nicht als Machtelite. Ihr öffentlicher Einfluß ist nach ihrem Verständnis eher gering. Weder verfügen sie über formelle oder informelle Verbindungen zu den politischen Eliten in diesem Land, noch bilden sie eine kohärente Gruppe, noch verfügen sie über gemeinsame Interessen, noch gibt es schließlich einen institutionalisierten Austausch mit den anderen Funktionseliten. Politische Macht und politischer Machtwille sind den deutschen Spitzenmanagern fremd. Auch daher rührt die offenkundige Distanz zum Elitebegriff. Ein Vorstandsvorsitzender betont:

> „Unsere drei, wenn Sie so wollen, ‚Eliten' in Anführungszeichen – Wirtschaft, der ganze kulturelle Bereich, die Politik – die leben im Grunde mehr oder minder nebeneinander. Man kennt sich vielleicht da oder dort, aber richtig verstehen oder sich viel Zeit nehmen, sich wechselseitig miteinander auseinander zu setzen, das gibt es eigentlich nicht."

Die deutsche Wirtschaftelite ist im Kern relativ ungebunden. Sie hat kein einheitliches Programm, nicht einmal vereinigende Probleme, die sie ins öffentliche Bewußtsein zu heben versucht. Obwohl sie zahlreich sind und Zugang zu den Medien

Frage: Verstehen Sie sich selbst als Angehöriger einer Elite?

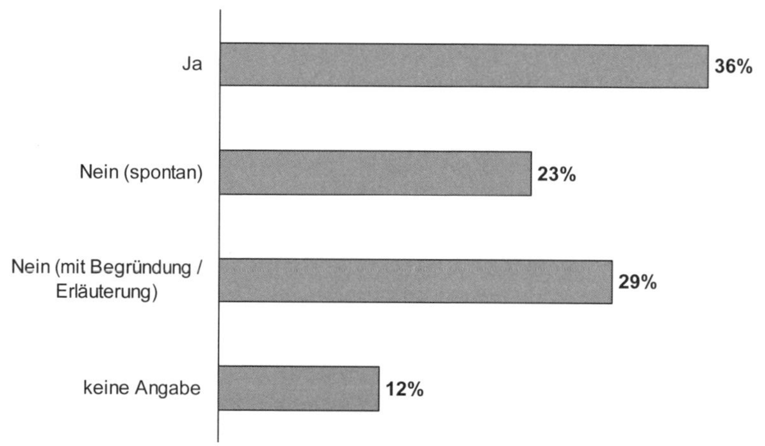

Abb. 41: Elitenverständnis der deutschen Spitzenmanager (n = 61)

hätten, erheben die Spitzenmanager – wenn überhaupt – nur flüsternd ihre Stimmen. Die deutschen Spitzenmanager sind auch nach ihrem Selbstverständnis ein unverbundenes Netzwerk ohne öffentlich Stimme – oder anders formuliert: eine Elite wider Willen.

Auf die Frage „Verstehen Sie sich selbst als Angehöriger einer Elite?“ antwortet fast ein Viertel aller deutschen Spitzenmanager so spontan und kategorisch mit ‚nein‘, daß in der Gesprächssituation zugleich deutlich wurde, hier gebe es nichts weiter zu begründen und zu argumentieren. Etwas mehr als ein gutes Viertel lässt diesen Begriff ebenfalls nicht für sich gelten, liefert hierfür aber eine Begründung:

> „Ein Vorstand ist sicherlich eine besondere Position. Elite bin ich deshalb aber nicht. (...) Auch wenn man den Begriff rein funktional sieht, ich weiß nicht, ob das Top-Management eine Elite ist. Sie macht eine Aufgabe.“

Und ein anderer Vorstand meint:

> „Ja, also rein formell ist es so. Aber das ist bei mir nicht etwas Bewußtseinprägendes.“

Nur ein gutes Drittel der Spitzenmanager zählt sich vorbehaltlos zur Wirtschaftselite. Aber auch sie bemühen sich um eine Abgrenzung von möglichen negativen Beiklängen des Elitebegriffs:

> „Ich denke, man muß zum Begriff der Elite ja sagen, nicht unbedingt gern, weil das Bekenntnis zur Elite natürlich auch Pflicht bedeutet. Man muß sich bewußt sein, daß spätestens, wenn man zu dieser Elite gehört, der Pflichtenkreis über den Unternehmensrand hinauswächst und man sich eben auch allgemeiner gesellschaftlicher Dinge widmen muß.“

Ein anderer Wirtschaftsführer meint:

> „Ich war in der Politik in einer herausgehobenen Funktion verantwortlich und jetzt in der Wirtschaft, und insofern gehöre ich zu einer Funktionselite. Da habe ich gar keine Scheu, das so zu sagen.“

Und schließlich äußert sich im gleichen Tenor ein weiterer Vorstand:

> „Ich würde meinerseits sicher nicht proaktiv den Begriff der Elite wählen, wenn ich über mich spreche. Auf der anderen Seite, zunächst mal unabhängig von meiner Person, halte ich den Elitebegriff für alles andere als etwas Negatives. Im Gegenteil, Elite ist die entscheidende Grundvoraussetzung für das erfolgreiche Funktionieren einer Gesellschaft, und ich meine, daß wir daran arbeiten müssen, Eliten zu stützen, zu stärken, zu entwickeln.“

Fazit:

Nach mehrheitlicher Auffassung der Spitzenmanager ist Elite kein Begriff mehr, der auf eine strukturelle Konstante der deutschen Gesellschaft verweist: auf den Konfrontationscharakter eines als antagonistisch gedachten Gesellschaftsmodells (Elite versus Gesellschaft). Für die Topmanager ist die Elitezugehörigkeit vielmehr Ausdruck einer besonderen Leistungsqualifikation. Sie fungiert aus ihrer Sicht als ein pluralistisches Prinzip der Aufstiegsmobilität, ohne daß es an eine gruppenspezifische Wertqualifikation gebunden wäre. Damit ist die heutige Wirtschaftselite eine in der demokratischen Struktur der Bundesrepublik verankerte pluralistische Elite.

10.9 Ethischer Grundkonsens

Offenbar hat der innere Zusammenhalt der deutschen Wirtschaftselite weiter abgenommen. Ein gemeinsamer ethischer Grundkonsens läßt sich derzeit nicht ausmachen. Gut die Hälfte der Wirtschaftsführer bestreitet schlechthin die Vorstellung eines gemeinsamen ethischen Selbstverständnisses. Weder gibt es institutionalisierte Stätten der informellen Begegnung, noch wirkt weltanschaulich verbindend das frühere – von Dahrendorf so kritisierte – Juristenmonopol in der Elite. Die unterschiedlichen Denkkulturen der Studiengänge und die beruflichen Werdegänge der wirtschaftlichen Führungsschicht haben einem ethischen Grundkonsens die Basis entzogen. Hinzu kommt, daß inzwischen selbst standardisierte Karrierewege aufgeweicht sind. Die Zugänge zu Spitzenpositionen in der Wirtschaft sind durch Branchenwechsler, Quereinsteiger aus der Politik und den Medien vielfältiger geworden. Entsprechend argumentiert ein Vorstand:

> „Eine Gemeinsamkeit in dem Sinne, daß sich die deutschen Manager diesem oder jenem verpflichtet fühlen und auch darin gemeinsam übereinstimmen, das kenne ich nicht, und das halte ich auch für nicht sehr wahrscheinlich, daß so etwas überhaupt passiert."

Eine abweichende Auffassung vertreten gut 40 % der Spitzenmanager. Sie unterstellen einen gemeinsamen Wertekonsens. Allerdings bezieht er sich weniger auf einen Kodex des Unternehmerverhaltens oder eine bestimmte Standesethik, sondern eher auf die Akzeptanz allgemeiner demokratischer, bzw. öffentlicher Tugenden. Gleichzeitig räumen sie ein, ein solcher Konsens sei nichts Kodifiziertes oder ausdrücklich Kommuniziertes.

Frage: Gibt es so etwas wie einen ethischen Grundkonsens unter den deutschen Spitzenmanagern?

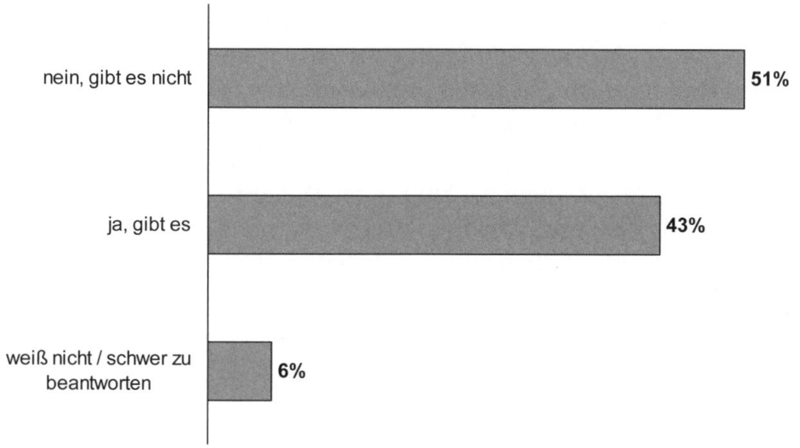

Abb. 42: Ethischer Wertkonsens unter den Führungskräften (n = 49)

Die deutschen Spitzenmanager sehen sich weitgehend als Individualisten ohne institutionalisierte Standesethik:

> „Es gibt den mitteleuropäischen Standard dessen, was wir tun – der in manchen Dingen anders ist als der amerikanische oder der asiatische Standard. Aber es gibt keinen Grundkonsens, wo sie sagen können, die verhalten sich alle gleich. Sicher gibt es manche Bereiche, wo wir eine Art Norm haben: Etwa im Umgang miteinander, im Verhältnis zu den Gewerkschaften, zwischen Arbeitnehmern und Arbeitgebern. Da gibt es schon Verhaltensweisen, die sich einfach durch die Regeln, die da herrschen, angeglichen haben."

> „Ich würde sagen, der Grundkonsens baut sich zur Zeit auf. Einfach dadurch, daß die Dinge heute sehr viel durchlässiger geworden sind. Man klüngelt nicht mehr. Man kann auch nicht klüngeln. Also, ich glaube, daß die Öffentlichkeit erwartet, daß man mit offenen Karten spielt, daß man sauber spielt, daß man eine Aufgabe im Rahmen eines gegebenen sozialen Umfeldes wahrnimmt, und daß man sich um seine Mitarbeiter kümmert."

> „Ich glaube, der Grundkonsens, den die Wirtschaft hat, ist, daß wir in einer freiheitlichen sozialen Marktwirtschaft leben, und daß wir alle versuchen, die Wettbewerbskräfte möglichst stark zu halten. Das ist der Grundkonsens."

> „Nein, keine geschriebene [Standesethik], eher nicht. Der Umgang untereinander ist geprägt von dem Wissen, daß man irgendwo eine gemeinsame

Grundaufgabe hat, nämlich ein Unternehmen erfolgreich zu leiten, Mitarbeiter verantwortungsvoll zu führen. Dies prägt natürlich die Gespräche mit Kollegen. Man tauscht sich über solche Dinge aus. Insofern entsteht dann indirekt schon so eine spezifische Mischung von ethischem Grundkonsens, ohne daß sie einer gewollt hat. Na ja, vielleicht kann man es so sagen, daß sich die Manager in Vorstandskreisen untereinander schon als ihresgleichen behandeln. Ich meine das jetzt in dem Sinne: der Vorstand von Daimler Chrysler lässt den Vorstand irgendeines relativ kleinen Unternehmens nicht unbedingt spüren, daß zwischen ihnen größenordnungsmäßig eben Welten liegen. Das liegt ja auch daran, alle haben Zeitverträge, alle müssen gewisse Aufsichtsräte bedienen, alle haben mit Gewerkschaften zu tun, alle haben steuerlich ziemlich ähnliche Themen."

„Ja nun, es gibt, glaube ich, schon einen gewissen Korpsgeist unter den deutschen Unternehmern. Das ist eigentlich ganz natürlich, daß sich da ein Wir-Gefühl entwickelt, und wenn einer dieser Unternehmer oder Manager ungerechtfertigt angegriffen wird, stehen die anderen schon auf und verteidigen ihn, egal ob er einem menschlich-persönlich nahesteht oder nicht."

In der deutschen Wirtschaftselite existiert im wesentlichen keine übergreifende, über die persönlichen Interessen hinausreichende Grundidee einer gemeinsamen Standesethik. Dennoch gibt es Züge einer Übereinstimmung. Es ist der Kitt gleichartiger ökonomischer Zielsetzungen und Interessen, der die Spitzenmanager im Sinn eines praktischen Konsens eint.

10.10 Gemeinsames Selbstverständnis

Etwa die Hälfte der deutschen Wirtschaftsführer unterstellt gewisse Grundlinien eines gemeinsamen Selbstverständnisses. Es wird durch gemeinsame Ziele und Interessen geprägt, die weniger das spezifische Selbstbild einer klar umgrenzten Elite kennzeichnen als vielmehr Ausdruck eines modernen Unternehmerverständnisses sind: etwa mit Blick auf eine kulturelle oder gesellschaftliche Verantwortung, in der Orientierung auf den Erfolg oder auf kongruente Ziele wie Beschäftigungspolitik, in der Haltung zu Gewerkschaften oder zu marktwirtschaftlichen Orientierungen generell.

„Ich würde schon sagen, das gemeinsame Selbstverständnis ist, sich marktwirtschaftlich zu orientieren und nach den Gesetzen der Marktwirtschaft zu arbeiten."

Ein großer Teil der Topmanager (ca. 41 %) hegt allerdings Zweifel, ob es so etwas wie ein gemeinsames Selbstverständnis auf der höchsten Ebene der deutschen Wirtschaft überhaupt gebe. Ein ‚Wir-Gefühl' können sie nicht feststellen; dazu seien ‚zu

Frage: Gibt es ein gemeinsames Selbstverständnis unter den deutschen Spitzenmanagern?

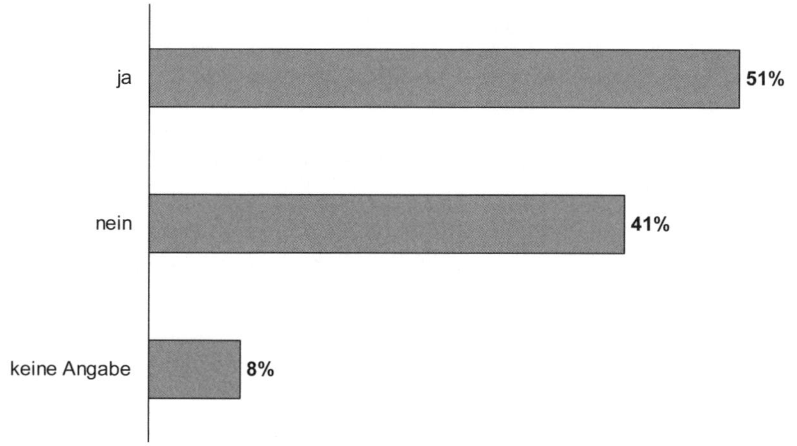

Abb. 43: Gemeinsames Selbstverständnis der deutschen Spitzenmanager (n = 61)

viele Individualisten', bzw. von der Konkurrenz getriebene ‚Einzelkämpfer' am Werk. Ein Vorstand meint:

> „Ich glaube nicht an ein gemeinsames Selbstverständnis. Das ist eine harte Konkurrenz. Jeder kämpft darum, sein Unternehmen möglichst so zu managen, daß es im Vergleich sehr gut dasteht. Da gibt es immer dieses Benchmark-Denken. Ich bin sogar der Meinung, daß es letztendlich untereinander eher ein Kampf ist als ein Miteinander. Interessen werden erst, wenn sie für die Gesamtwirtschaft von Bedeutung sind, gemeinsam wahrgenommen. Aber wenn es um die eigenen Interessen geht, dann wird auch darum gekämpft."

Ein gemeinsamer kultureller und sozialer Referenzrahmen ist derzeit unter den Wirtschaftsführern nicht zu erkennen. Weder existiert ein ethischer Grundkonsens noch ein gemeinsames Selbstverständnis. Sogar die nationale Herkunft verliert als identitätsstiftendes Merkmal an Bedeutung. Die meisten Spitzenmanager definieren sich stärker transnational und sehen sich ihren amerikanischen oder asiatischen Kollegen stärker verbunden als branchenfremden deutschen Spitzenmanagern.

Auch in dieser Hinsicht ist die deutsche Wirtschaftelite eine durch und durch pluralistische Elite.[34] Es fehlt ihr an einer gemeinsamen kollektiven Identität. Dies mag

[34] Geißler 2002, S.154f)

damit zu erklären sein, daß in Deutschland eine höhere soziale Durchlässigkeit existiert als in anderen Staaten wie etwa in Frankreich, Großbritannien oder in den USA. Durch den Verzicht auf Elite-Ausbildungswege herrscht eine offenere Rekrutierung. Gleichzeitig hat sich ein facettenreicheres und heterogeneres Selbstbild als in anderen Gesellschaften entwickelt.

10.11 Netzwerke der deutschen Wirtschaftselite

Ob soziale Netzwerke der deutschen Spitzenmanager das Defizit an tiefer liegender kollektiver Identität kompensieren können, steht dahin. Netzwerke spielen dennoch eine große Rolle. Nur wenige Topmanager geben an, sie hätten keine Bedeutung oder ihre frühere Bedeutung verloren. Die weit überwiegende Mehrheit der heutigen Spitzenkräfte (etwa 88 %) verweist dagegen auf unterschiedlichste nationale und internationale Netzwerke sowie auf ihre große Bedeutung für die Unternehmensprozesse. Generell sehen die meisten Spitzenmanager in der Netzwerkfähigkeit einen strategischen Erfolgsfaktor:

> „Ich sehe die Netzwerkfähigkeit in Zukunft als eine der wichtigsten Erfolgsfaktoren von Unternehmen. Netzwerk bedeutet ja eine ganz wichtige menschliche Fähigkeit, nämlich erst einmal zu geben und dann zu nehmen und nicht nur im Netz zu sitzen und zu sagen: jetzt gib du mir mal und dann werde ich mal sehen, ob ich auch etwas gebe. Also dieses Beziehungsgeflecht, und zwar jetzt im positiven Sinne – nicht im Sinne von: im Schwäbischen heißt es Vetterleswirtschaft, das lassen wir mal weg – positiv bedeutet dieses Netzwerk eine viel stärkere Kommunikationsfähigkeit, ein viel stärkeres, ja fast schon altruistisches Verhalten. Es setzt natürlich voraus, sich darüber bewusst zu sein, daß mein Wettbewerber, der jetzt hier sitzt, morgen mein Partner sein kann. Diese Fähigkeit, nicht die Feindbilder im Wettbewerb zu sehen, sondern im Grunde genommen zu sagen, er ist Spieler oder Teilnehmer eines Netzwerkes, der heute die eine Rolle spielen kann und morgen die andere, diese Fähigkeit wird eine große Bedeutung haben."

Im nationalen Bereich finden sich fünf Formen von informellen Netzwerken:

1. branchenspezifische Netzwerke (Spitzenmanager derselben Branche wie z. B. der Finanz- oder Automobilwirtschaft, etc.),
2. ausbildungsspezifische Netzwerke (Spitzenmanager derselben Universitäten oder Ausbildungsstätten im Inland und Ausland, Manager aus denselben Alumni-Vereinen und schließlich Manager aus denselben studentischen Verbindungen),

3. regionalspezifische Netzwerke (Spitzenmanager aus derselben Region, typisches Beispiel: Netzwerke des Großraumes München oder des Großraumes Frankfurt am Main),
4. durch Verbände institutionalisierte Netzwerke wie z. B. von BDA, BDI, DIHK, ZDH, Wirtschaftsrat oder von anderen Verbänden initiierten Veranstaltungen,
5. der ‚closed shop': das informelle Netzwerk der durch Aufsichtsratmandate verwobenen Wirtschaftsführer

Ein einheitliches, in sich geschlossenes Netzwerk der deutschen Wirtschaftselite existiert nicht.

Vielmehr handelt es sich um ein Nebeneinander relativ unverbundener Netzwerke mit unterschiedlichem Charakter. Sie unterscheiden sich in ihrem Selbstverständnis und Habitus deutlich voneinander. Dies führt dazu, daß einige Netzwerke sogar bewußt auf Distanz zu anderen Netzwerken derselben Region oder Branche gehen.

Nach Auffassung der Topmanager bilden sich in einigen Netzwerken informelle Freundschaften. Diese Kombination von informeller Interessenverfolgung und persönlichen Beziehungen könnte man mit dem Begriff der ‚nutzfreundschaftlichen Netzwerke' (Luhmann) bezeichnen. Trotzdem ist das Networking der deutschen Wirtschaftselite primär interessen- und positionsgeprägt. Geht ein Vorstandsvorsitzender in den Ruhestand oder wird er abgelöst, lösen sich in der Regel auch seine Netzwerkbindungen.

Unabhängig von den eher losen Netzwerken spielen fallweise sogenannte ‚closed shops' einer kleinen Top-Elite eine nicht zu unterschätzende Rolle. Sie sind „immens effektiv über die wechselseitige Vergabe zentraler Aufsichtsratsmandate verwoben." Ein Vorstandsvorsitzender meint dazu:

> „Die deutsche Industrie wird von hundert Leuten geführt. Wahrscheinlich ist das schon zu viel. Von 50 Leuten. Die sind ganz eng miteinander verwoben. Sehr eng miteinander befreundet. Viel zu stark befreundet. Die emotionale und die faktische Unabhängigkeit ist nicht groß genug."

Wie konstitutiv Netzwerke bei der Besetzung von Vorstandspositionen nach wie vor sind, macht ein Aufsichtsratsvorsitzender deutlich:

> „Es gibt für den absoluten Topgeist ein gewisses Netzwerk. Es gibt ein Netzwerk, wenn es darum geht, Aufsichtsratsmandate zu besetzen, wenn es darum geht, Positionen in den Vorstandsetagen der Wirtschaft zu bekommen. Dazu gehört unser Unternehmen auch, da kommen Sie nicht ohne Netzwerk rein. Also, als Nobody kommen Sie hier nicht hin."

Darüber hinaus gibt es eine ganze Reihe weiterer subtiler Einflußnetze, wie die Manager deutlich machen:

> „Baden-Baden ist ein Netzwerk. Mittlerweile sind über 3000 Topmanager dort gewesen. Und jeder hat so seine 50 Kollegen, die er dann auch persönlich kennt. Und es wird so gepflegt, daß es permanent Fortsetzungsgespräche gibt. Da gibt es Vier-Tages-Seminare drei Jahre lang. Und dann wird einem selbst überlassen, das weiter zu führen. Und in der Regel wird das getan. Ich bin jetzt im 17. Jahr. Und wir treffen uns."

> „Gut, die Verbände sind natürlich ein Teil der Netzwerke. Dort finden die Branchen-Netzwerke statt. Ich bin in fast jedem Verband der (...) Industrie. Ich in der DGP, der Deutschen Gesellschaft für Personalführung, die ebenfalls ein extrem wichtiges Netzwerk hat. Auf allen Ebenen."

> „Natürlich hat man also in den entsprechenden Verbänden die Möglichkeit sich über gemeinsame Ziele zu orientieren. Das gilt für den BDA, das gilt für den BDI, das gilt für DIHT oder für das ZDH, das gilt sogar für den Wirtschaftsrat. Also, dort schafft man schon Netzwerke, um eine Ordnung, die man für wichtig hält, entsprechend zu verteidigen oder auszubauen."

> „Man weiß, man lebt in einem Wirtschaftsverbund, wo Netzwerke auch zum eigenen Erfolg beitragen. Also muss man dieses Netzwerk pflegen. Das Netzwerk der deutschen Wirtschaftselite wird sicherlich getragen durch schulische Netzwerke, universitäre Netzwerke, also Alumni-Verbindungen. Außerdem würde ich sagen, spielen die Verbandsverbindungen, besonders der BDI, da schon eine große Rolle."

> „Es gibt einen Initiativkreis, wo ungefähr 50 Unternehmensführer aus Familienunternehmen, aber auch Vorstandsvorsitzende von Aktiengesellschaften regelmäßig zweimal im Jahr zusammenkommen. Das gibt es schon."

> „Es gibt ein immens effizientes Netzwerk, das sind die Aufsichtsratsmandate in der deutschen Wirtschaft querbeet, wo gegenseitig Aufsichtsratspositionen vergeben werden, häufig über Beteiligungen, aber auch darüber hinausgehend, so daß ich sagen würde: zwei Netzwerke spielen eine Rolle: das eine geht über die Verbände, und das zweite Netzwerk über die Aufsichtsräte, wobei beides ineinander und miteinander verwoben ist."

> „Man kennt sich, man trifft sich wechselseitig in Vorstands- bzw. Aufsichtsgremien, man hat vielleicht da oder dort wie auch sonst im Leben vertiefte persönliche Beziehungen – Sympathie, Antipathie – bis hin zu persönlichen Freundschaften. Aber ich würde das nie überschätzen. Wenn es mal Ernst auf Ernst geht, würde ich mich nie auf die Beziehungsnetze verlassen, in dem Sinne: dieser oder jener wird mir da schon helfen, selbst wenn ökonomisch sozusagen die Dinge eigentlich anders liegen."

„Das ist ein überschaubarer Kreis, mehrfach immer wieder tituliert unter der berühmten „Deutschland AG“. Aber der Satz, da haut eine Krähe der anderen das Auge nicht aus, stimmt nicht mehr. Die Zeiten, wo man Leute lanciert hat, ob aus Verbindungen oder anderen Bekanntschaften, ohne daß derjenige wirklich die Position ausfüllt, sind vorbei.“

„Wenn man dazu gehört, kann jeder mit jedem telefonieren. Das wird eben dann so akzeptiert. Und dann gibt es im gesellschaftlichen Bereich stattfindende Ereignisse, von Bayreuth bis Salzburger Festspiele, wo man sich trifft oder sieht, daß man als Gleicher unter Gleichen da herumläuft.“

Die verschiedenen Netzwerke werden nicht von allen Spitzenmanagern gleichermaßen positiv wahrgenommen. Zu der einen oder anderen Form des networking pflegen etwa 15 % von ihnen eine ausgesprochene Distanz. Ob es sich um die Baden-Badener Gesprächskreise oder international agierende Alumni-Vereine handelt: sobald sie den Charakter von Seilschaften annehmen, werden sie abgelehnt.

Einen sehr viel größeren Stellenwert als auf der nationalen Ebene haben Netzwerke auf der internationalen Bühne. Für fast 80 % der deutschen Wirtschaftselite bilden internationale Netzwerke einen inzwischen fast selbstverständlichen Faktor im unternehmerischen Alltag. Ihre Bedeutung kann nicht hoch genug veranschlagt werden. Nur jeder fünfte Spitzenmanager ist aus unterschiedlichen Gründen nicht in internationale Netzwerke integriert oder dementiert zumindest deren Wirksamkeit.

Die Bedeutung der internationalen Netzwerke bezieht sich für die deutschen Wirtschaftsführer auf unterschiedliche Aspekte:

- Sie ermöglichen unterhalb der politischen Ebene Einigungsprozesse in Europa und damit die Schaffung einer gemeinsamen Interessenfront gegenüber Nationalismen.
- Sie ermöglichen eine konstruktive Kulturauseinandersetzung.
- Sie ermöglichen Konvergenzprozesse von für die Wirtschaft zentralen Werten.
- Sie ermöglichen internationale Akzeptanz- und Reputationsprozesse.
- Sie ermöglichen neue Kontaktnetze in verschiedenen Ländern und damit neue Geschäftsmöglichkeiten.
- Sie fördern einen transnationalisierten Wirtschaftsraum, der über die EU hinausgeht.
- Sie fördern persönliche und informelle Beziehungen.
- Sie ermöglichen jenseits nationaler Identitäten neue Formen der Konsensbildung.

Im Zeichen zunehmender Transnationalisierungsprozesse scheinen internationale Netzwerke weiter an Gewicht zu gewinnen. Die Frage, ob sich in diesem Prozeß

Frage: Welche Rolle spielen internationale Netzwerke für Sie?

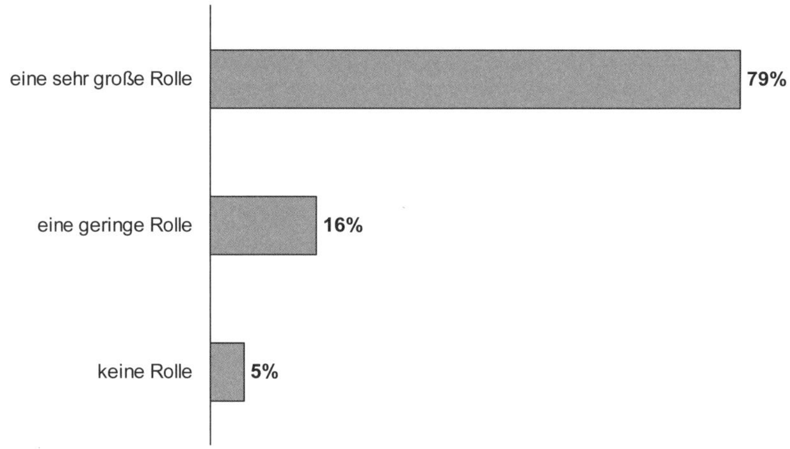

Abb. 44: Die Bedeutung internationaler Netzwerke (n = 43)

möglicherweise neue, anders strukturierte kollektive Identitäten herausbilden, muß derzeit offen bleiben Deutlich zeichnet sich jedoch ab, daß internationale Netzwerke zunehmend stärker auf das Selbstverständnis der deutschen Spitzenmanager ausstrahlen, zumindest erheblich nachdrücklicher als nationale Netzwerke.

> „Internationale Netzwerke spielen eine große Rolle, eigentlich die entscheidende Rolle. Internationale Konzerne müssen internationale Kontakte haben. Das Hauptproblem ist, daß Sie ein internationales Netzwerk haben, das von den Personen her qualitativ so ausgestattet ist, daß selbst bei unterschiedlichen Kulturen, die überall vorhanden sind, die Prozesse funktionieren. Die Kulturen in Mexiko oder in Brasilien sind nun mal anders. Die Leute gehen anders miteinander um, als das ein Deutscher erwarten würde. Und das unter einen Hut zu kriegen, ist das Entscheidende. Eigentlich kriegen Sie das nur hin, wenn man sich kennt. Sie müssen dieses Netzwerk pflegen."

> „Sehr viel Werte aus anderen Kulturen haben inzwischen mein Führungsbild geprägt. Aus Mexiko habe ich zum Beispiel sehr viel Liebenswürdigkeit mitgenommen. In Südafrika gibt es stärkere Rambo-Manieren. Die Südafrikaner sind brutal. Australier – eine reine Männergesellschaft. Dort habe ich gelernt, wie gefährlich das ist. Deswegen forciere ich jetzt sehr stark die Karrieren von Frauen, weil ich da einen gewissen Ausgleich sehe. Also, Sie nehmen aus den internationalen Netzwerken auch sehr viel Politisches mit."

„Große internationale Netzwerke sind für uns sehr wichtig, sie waren eigentlich immer wichtig, aber sie werden noch wichtiger. Wenn wir heute von einem globalen Wettbewerb sprechen, dann heißt es auch, kooperative Netzwerke zu schaffen. Anders ausgedrückt, globaler Wettbewerb bedeutet globale Partnerschaften. Wenn Sie im globalen Wettbewerb stehen, müssen Sie auch Kontakte haben in anderen Kulturen, in anderen Ländern, sonst können Sie international gar nicht wettbewerbsfähig sein."

„Internationale Netzwerke sind schon außerordentlich wichtig. Aber man kann sich nicht einfach hinsetzen und sagen: so jetzt mach ich mir mal ein gutes Netzwerk. Meist sind es Zufälle. Man trifft Leute auf Veranstaltungen, dann gibt es Diskussionen, und auf einmal entdeckt man Gemeinsamkeiten, die man mit anderen hat. Da sagt plötzlich einer genau das, was man selber sagen möchte, er denkt genau so, hat ähnliche Ansichten, dann kommt man ins Gespräch und so entwickelt sich das. Wenn man dann einmal einen Anlaß hat, dann erinnert man sich an die Leute, und die sich an einen auch: das ist dann ein gegenseitiges Geben und Nehmen."

Dem neuen Identitätsverständnis der Spitzenmanager liegt ein veränderter transnationaler Identitätsraum zugrunde. Ihre Loyalitäten decken sich nicht mehr mit dem Horizont der nationalen Identität. Die Transnationalität der Manageridentität zeichnet sich dadurch aus, daß sie die nationalen Netzwerkregeln zwar nicht ganz verdrängt, aber mit transnationalen Kulturmustern überlagert (neue Standards der Kommunikation, neue transnationale Beziehungen, neue Loyalitäten, eine neue transnationale Verpflichtungsethik, neue Sprachformen, neue Spielregeln sozialer Operationen, neue Institutionen).

Bei der neuen Avantgarde der Spitzenmanager verändert sich allmählich das tiefer liegende Sediment ihres Selbstverständnisses. Sie denken und handeln mehr und mehr auch in europäischer und globaler Perspektive, sehen sich selbst im Verhältnis zu ihren ausländischen Kollegen als Europäer und trennen schließlich in sich selbst den Europäer vom Deutschen. Damit bilden die deutschen Spitzenmanager partiell eine transnationale Identität heran, ohne zugleich die nationale Identität aufzugeben. Natürlich können sie ihre nationale Identität nicht mehr in derselben Ausschließlichkeit pflegen wie zuvor. Sie wird relativiert im Verhältnis zur Ausprägung der transnationalen Identität, sie wird aber nicht aufgegeben und muß auch nicht zwangsläufig in demselben Maße schrumpfen, wie sich die transnationale Identität entfaltet. Im Gegenteil: unter den Spitzenmanagern findet nach ihrem Verständnis eine Identitätserweiterung statt. Wer transnational zu denken und zu handeln lernt, verändert seine Identität. Er wird befähigt, eine größere Zahl von Loyalitäten als zuvor unter einen Hut zu bringen; er kann zudem mehr Erwartungen miteinander vereinbar machen, aufeinander abstimmen und erfüllen. Der Denk- und Handlungsspielraum der Topmanager wächst unmerklich in einen umfassenderen Identitätshorizont hinein.

Das internationale Networking der deutschen Wirtschaftselite ist inzwischen so weit fortgeschritten, daß drei von vier Spitzenmanagern der Auffassung sind, die Vernetzung mit Managern anderer Kulturmilieus würde inzwischen auch Einfluß auf ihre Entscheidungspraktiken nehmen. Nur 25 % der Spitzenmanager glauben nicht an etwaige Rückwirkungen anderer Kulturen auf ihre Entscheidungsmodalitäten. Am stärksten wirkt sich offensichtlich der angelsächsische Einfluß auf das Selbstbild der Manager aus. Fast 70 % der deutschen Wirtschaftselite fühlt sich von der angelsächsischen, insbesondere der amerikanischen Kultur und ihren Wertideen geprägt. Die Dominanz dieses Kulturraums ist offenbar so voraussetzungslos, daß seine Denk- und Entscheidungsverfahren unmerklich Eingang in das kulturelle Selbstbild der deutschen Wirtschaftselite genommen haben.

> „Ich schätze an der angelsächsischen Mentalität die Offenheit und Direktheit, mit der man kommuniziert. Ich merke das immer dann, wenn ich in China oder in Japan unterwegs bin. Man kann dort im Grunde genommen nicht „Nein" sagen, sondern man muß das verschlüsselt äußern, weil sonst irgendjemand das Gesicht verliert. Das macht alles sehr kompliziert."

> „Was ich am meisten schätzen gelernt habe, ist ein bestimmter Arbeits- und Entscheidungsstil aus den USA. Das ist dieses schnelle Handeln. Die sind manchmal zu schnell. Dann aber auch, wenn eine Entscheidung ansteht, machen die Amerikaner nicht immer so ein Riesenbohei drum herum, sondern sie treffen die Entscheidung, machen es dann, und dann geht generell alles wesentlich schneller. Aber auch wie man miteinander umgeht. Als ich hier anfing, da haben alle nur mit dem Kopf geschüttelt."

> „Ich will mich nicht von Deutschland distanzieren. Aber ich habe sicherlich aufgrund meiner acht Jahre USA einen anderen Blick und identifiziere mich mit dieser typisch deutschen Haltung überhaupt nicht mehr. Ich bin der Meinung, wir müssen viel offener sein, wir müssen viel positiver sein und das Positive auch sehen. Und nicht nur an allem rummaulen und rumnörgeln. Der Deutsche wird im Ausland inzwischen so gesehen, daß er auf der einen Seite zwar nach Perfektion strebt, aber auf der anderen Seite halt der notorische Nörgler und Miesmacher ist. Und genau so ist das."

> „Die deutschen Manager nehmen sich weit wichtiger als die Engländer. Die Engländer sind eher mit Selbstironie und mit einem gehörigen Schuß Humor tätig als die Deutschen. Deswegen sind sie immer noch professionell; es ist nicht so, daß es weniger effizient sein muß, nur hat es mit dem Gehabe nicht unmittelbar etwas zu tun."

Jeder dritte Spitzenmanager bekundet, daß der Einfluß von anderen Kulturen vielfältiger und nicht nur auf den angelsächsischen Raum begrenzt ist.

Hier hat offenbar im Rahmen des networking eine Art Amalgamierung unterschiedlicher Kultureinflüsse stattgefunden. Neben angelsächsischen Prägungen gilt dies insbesondere für Einflüsse aus dem französischen Kulturkreis sowie dem japanischen oder arabischen Raum. Meistens sind diese Einflüsse nicht direkt im unternehmerischen Alltag sichtbar, sie wirken aber als abgelagertes Sediment im tiefer liegendem Selbstbild der Spitzenmanager, wie folgende Bemerkungen exemplarisch zeigen:

> „Seit 20 Jahren arbeite ich mit Japan zusammen. Ich hoffe, ich kriege das noch zusammen. Das war ein elementares Erlebnis, als mir ein Manager gesagt hat, für uns gibt es „Five W“: What, Why, When, Where, Who. Wir gehen diese fünf W's durch und geben darauf Antwort. Also, sehr strukturiert gedacht. Das hat mich fasziniert.“

> „Es herrscht ein Konvergenzprozeß, der Unternehmen mit unterschiedlichen Kulturen zusammenbringt. Wer sich nicht mit business culture, nehmen Sie Frankreich oder Italien, sehr intensiv auseinandersetzt, kann Fehler machen. Also, in dieser Managerklasse ist ein Prozeß im Gange, der in den internationalen Netzwerken die national-kulturellen Unterschiede immer mehr abschleift, der zu einem Konvergenztrichter führt; zumal wir überall in den verschiedenen Gremien, international crisis committees und supranationalen Institutionen ständig Treffen haben. Dabei sieht man immer mehr gemeinsame Themenbereiche, das ist schon bemerkenswert.“

Gleichwohl stößt der Versuch vor allem amerikanischer Manager, dem Raum der angelsächsischen Elitenöffentlichkeit eine gewisse netzwerkbasierte Vertrautheit zu geben, auf den Widerstand ihrer deutschen Kollegen. Das „Du“ nimmt in der international ausgerichteten Konversation als Vertrautheitsformel zu – offenbar als ersehnte Interpunktion, die die Trennschärfe zwischen Nähe und Distanz verflüssigt. Mit dem „You“ läßt sich weiterhin im Modus des „Sie“ verkehren, als wäre nichts gewesen, aber zugleich ist mit ihm ein Hang zum selbstverständlichen Wohlwollen verbunden, der dem Selbstverständnis der deutschen Wirtschaftselite nach wie vor entgegensteht. Netzwerke ja, aber nicht um den Preis einer zu großen Nähe.

Fazit: Die pluralistische Elite

Die deutsche Wirtschaftselite ist kein einförmiges Kollektiv. Weder identifizieren sich die Spitzenmanager mit der Elite, der sie angehören, noch sehen sie die politische und gesellschaftliche Prozesse alle in ähnlicher Weise. Im Gegenteil: Kennzeichen der deutschen Wirtschaftselite ist ihr breit gefächerter Pluralismus. In den Auffassungen von den eigenen Aufgaben und Interessen, von den mit ihrer Position verbundenen Rechten und Pflichten sowie den dafür benötigten Fähigkeiten unterscheiden sie sich merklich. Auch die Vorstellungen von der eigenen Stellung im Gesamtgefüge des Unternehmens und in der Öffentlichkeit gehen auseinander.

Die Spitzenmanager in Deutschland haben die unterschiedlichsten Karrierewege hinter sich. Weder eint sie die Denkweise eines ganz bestimmten Ausbildungswegs noch stimmen sie sich in der Regel in gemeinsamen Netzwerken ab.

Zum Gruppenbild der pluralistischen Elite gehört zudem das Fehlen eines gemeinsamen kulturellen und sozialen Referenzrahmens. Ein einheitlicher ethischer Grundkonsens ist ebenso wenig zu erkennen wie ein aus ihrer gesellschaftlichen Position abgeleitetes gemeinsames Selbstverständnis. Der primäre Bezugspunkt ihres geistig-kulturellen Horizonts verlagert sich. Mit der zunehmenden Globalisierung blicken die deutschen Spitzenmanager eher auf ihre Kollegen in den anderen Ländern als auf die innerstaatlichen Elitenetze. Zu den zentralen Aufgaben der Generalisten in den höchsten Positionen der deutschen Wirtschaft gehört es nämlich, in „unwegsamem Gelände voranzugehen“ (Pross). Das inzwischen eher transnationale Gelände privilegiert neue Karrieremuster, neue Kompetenzen und neue Kulturtechniken. Zugleich bildet es den Nährboden eines neuen facettenreichen Selbstbildes und neuer hoch differenzierter Selbstdeutungen der mächtigsten Männer der deutschen Wirtschaft.

Es sind vor allem vier Entwicklungen, die die Pluralisierung gegenüber einem gemeinsamen Selbstverständnis verstärken: erstens die unterschiedlich wirksamen Globalisierungserfahrungen, die zu einer Erosion traditioneller Elitenetze beiträgt, zweitens die unterschiedliche Sensibilität gegenüber gesellschaftlichen Wertansprüchen, die zu differenzierten Formen von Offenheit und Verantwortung gegenüber dem Gemeinwesen führen, drittens das allmähliche Verschwinden eines gemeinsamen kulturellen Kanons, aus dem sich das kollektive Selbstverständnis der Spitzenmanager speiste und viertens schließlich die heute gängige Bevorzugung ökonomischer Perspektiven gegenüber kulturellen, so daß derjenige, der auf einer Führungsposition im Wettbewerb nicht besteht, in eine Randlage zu kommen droht und nicht mehr auf die Stütze eines gemeinsamen Elitennetzwerkes hoffen kann. Das institutionelle Gedächtnis eines überlieferten Elitenverständnisses versagt zunehmend.

Von einem gemeinsamen Selbstverständnis der deutschen Wirtschaftselite kann man daher inzwischen nicht mehr sprechen. Die kollektive Identität der deutschen Wirtschaftselite ist – wenn sie denn je in der Vergangenheit bestanden hat – inzwischen erodiert. Die Befunde unserer Studie dokumentieren, daß die Gemeinsamkeiten nicht ausreichen, um von einer kollektiven Identität der deutschen Wirtschaftselite sprechen zu können. Sie ist vielmehr eine pluralistische Elite.

Literatur

Adorno, T.W. (1962): Sociologica. Reden und Vorträge, in: Horkheimer, M.u.T.W. Adorno: Kultur und Verwaltung, Frankfurt a. M.

Bierach, Barbara (2001): Managerinnen. Wirtschaftswoche Nr. 4, S. 72–77.

Biermann, Benno (1968): Die Protestantismus-Debatte: Entwicklung, Stand und Bedeutung für eine Soziologie der Unternehmerschaft, in: Joachim Matthes (Hrsg.): Beiträge zur religionssoziologischen Forschung. Internationales Jahrbuch für Religionssoziologie. Band 4, Köln und Opladen.

Berger, Peter L. (1999): Sehnsucht nach Sinn. Glauben in einer Zeit der Leichtgläubigkeit, Frankfurt/New York.

Bourdieu, Pierre (1987):Sozialer Sinn. Kritik der theoretischen Vernunft, Frankfurt a. M.

Bourdieu, Pierre (1989): Satz und Gegensatz. Über die Verantwortung des Intellektuellen, Berlin.

Bourdieu, Pierre (1997): Die feinen Unterschiede. Kritik der gesellschaftlichen Urteilskraft, Frankfurt a. M.

Bürklin, Wilhelm / Rebenstorf, Hilke (Hrsg.) (1997): Eliten in Deutschland. Rekrutierung und Integration, Opladen.

Bürklin, Wilhelm (1997): Die Potsdamer Elitestudie von 1995: Problemstellung und wissenschaftliches Programm, in: Bürklin, Wilhelm/ Rebenstorf, Hilke (Hrsg.): Eliten in Deutschland. Rekrutierung und Integration, S. 11–34, Opladen.

Bunz, Andreas (2005)**:** Das Führungsverständnis der deutschen Spitzenmanager. Eine empirische Studie zur Soziologie der Führung, Frankfurt a. M.

Buß, Eugen (1999): Das emotionale Profil der Deutschen, Frankfurt a. M.

Buß, Eugen/ Fink-Heuberger, Ulrike (2000:) Imagemanagement, Frankfurt a. M.

Buß, Eugen (2002): Regionale Identitätsbildung. Zwischen globaler Dynamik, fortschreitender Europäisierung und regionaler Gegenbewegung, Münster.

Chandler, Alfred D. (1969): The Structure of the American Industry in the Twentieth Century: A Historical Overview, in: Business History Review, Vol. 43, S. 255–298.

Claassen, Dieter/ Helmy, Mäged Mike/ Steppan, Rainer (1993): Gesunde Mischung. Wirtschaftswoche Nr. 23, S. 46–53.

Dahrendorf, Ralf (1972): Gesellschaft und Demokratie in Deutschland. 2. Aufl., München.

Detmers, Ulrike (1992): Identitätskonzepte von Managern. Fallstudien als Grundlage ganzheitlich orientierter Weiterbildung, Opladen.

Eberwein, Wilhelm/ Tholen, Jochen (1990): Managermentalität. Industrielle Unternehmensleitung als Beruf und Politik, Frankfurt a.M.

Endruweit, Günter (1979): Elitebegriffe in den Sozialwissenschaften, in: Zeitschrift für Politik, 26 (1979), S. 30–46.

Etzioni, Amitai (1999): Die Verantwortungsgesellschaft. Individualismus und Moral in der heutigen Demokratie, Berlin.

Felber, Wolfgang (1986): Eliteforschung in der Bundesrepublik Deutschland. Analyse, Kritik und Alternativen, Stuttgart.

Frankfurter Allgemeine Zeitung (Hrsg.) (2001): Die 100 größten Unternehmen, 43. Folge. Frankfurter Allgemeine Zeitung Nr. 151, S. U1–U2, Frankfurt a. M.

Geiger, Theodor (1959) [1 1931]: Führung, in: Vierkandt, Alfred (Hrsg.): Handwörterbuch der Soziologie, Stuttgart, S. 136–141.

Geißler, Rainer (2000): Rolle der Eliten in der Gesellschaft, in: Informationen zur politischen Bildung, Nr. 269, 4. Quartal 2000, S. 15–19.

Geißler, Rainer (2002): Die Sozialstruktur Deutschlands. Die gesellschaftliche Entwicklung vor und nach der Vereinigung, 3.Aufl., Wiesbaden.

Gensicke, Thomas (1996): Deutschland im Wandel. Sozialer Wandel und Wertewandel in Deutschland vor und nach der Wiedervereinigung, Speyer.

Goffee, Rob/ Jones, Gareth (2006): Führen mit Charakter, in: Harvard Business Manager, März 2006, S.59–68.

Hartmann, Michael (1995): Deutsche Topmanager: Klassenspezifischer Habitus als Karrierebasis, in: Soziale Welt 46 (4), S. 440–468.

Hartmann, Michael (1996): Topmanager. Die Rekrutierung einer Elite, Frankfurt a. M.

Hartmann, Michael (1997): Soziale Öffnung oder soziale Schließung. Die deutsche und die französische Wirtschaftselite zwischen 1970 und 1995, in: Zeitschrift für Soziologie, 26 (4), S. 269–311.

Hartmann, Michael (1999): Auf dem Weg zur transnationalen Bourgeoisie? Die Internationalisierung der Wirtschaft und die Internationalität der Spitzenmanager Deutschlands, Frankreichs, Großbritanniens und der USA, in: Leviathan 27 (1), S. 113–141.

Hartmann, Michael (2001): Hilfreiche Herkunft, in: Wirtschaftswoche Nr. 9 , S. 123.

Hartmann, Michael (2001b): Ehrentitel, in: Wirtschaftswoche Nr. 17, S. 156–158.

Hartmann, Michael (2002): Der Mythos von den Leistungseliten: Spitzenkarriere und soziale Herkunft in Wirtschaft, Politik, Justiz und Wissenschaft, Frankfurt a.M./ New York.

Hartmann, Michael (2004): Eliten in Deutschland, in: Aus Politik und Zeitgeschichte, B10/2004, S. 17–24.

Heiderich, Rolf/ Rohr, Gerhart (1999): Wertewandel. Aufbruch ins Chaos oder neue Wege?, München.

Heidrick and Struggles (Hrsg.) (1988): Die Geschäftsführer in Deutschland 1987.

Hentze, Joachim/ Lindert, Klaus (1992): Manager im Vergleich. Daten aus Deutschland und Osteuropa. Arbeitssituation, Anforderungen und Orientierungen, Bern.

Highley, John/ Field, Lowell G./ Grohölt, Knut (1976): Elite structure and ideology. A theory with applications to Norway, New York.

Hoffmann-Lange, Ursula (1984): Katholiken und Protestanten in der deutschen Führungsschicht. Ausmaß, Ursachen und Bedeutung ungleicher Vertretung von Katholiken und Protestanten in den Eliten der Bundesrepublik, in: Landeszentrale für politische Bildung Baden-Württemberg (Hrsg.): Konfession – eine Nebensache?, S. 75–93, Stuttgart.

Hoffmann-Lange, Ursula/ Bürklin, Wilhelm (1999): Generationswandel in der (west)deutschen Elite, in: Glatzer, Wolfgang/ Ostner, Ilona (Hrsg.). Deutschland im Wandel. Sozialstrukturelle Analysen, S. 163–177, Opladen.

Hopf, Christel (1991): Qualitative Interviews in der Sozialforschung. Ein Überblick, in: Flick, Uwe/ Kardoff, Ernst von/ Kneupp, Heiner/ Rosenstiel, Lutz von/ Wolff, Stephan (Hrsg.) (1991): Handbuch Qualitativer Sozialforschung. Grundlagen, Konzepte, Methoden und Anwendungen, S. 177–182, München.

Horkheimer, Max/ Adorno, Theodor (1962): Sociologica II. Reden und Vorträge, Frankfurt a. M.

Hradil, Stefan/ Imbusch, Peter (Hrsg.) (2003): Oberschichten – Eliten – Herrschende Klassen, Opladen.

Imbusch, Peter (2006): Soziologie der Eliten, Wiesbaden

Institut für Demoskopie Allensbach (2000): Höflichkeit und gutes Benehmen werden wieder groß geschrieben. Allensbacher Berichte, 2000/ 15, 1–5, Allensbach.

Joly, Hervé (1998): Großunternehmer in Deutschland. Soziologie einer industriellen Elite 1933–1989, Leipzig.

Jonas, Hans (1979): Das Prinzip Verantwortung. Versuch einer Ethik für die technologische Zivilisation, Frankfurt a. M.

Kaina, Viktoria (2002): Elitenvertrauen und Demokratie, Wiesbaden.

Kaufmann, Franz-Xaver/ Kerber, Walter/ Zulehner, Paul M. (1986): Ethos und Religion bei Führungskräften. Eine Studie im Auftrag des Arbeitskreises für Führungskräfte in der Wirtschaft, München.

Klages, Helmut/ Gensicke, Thomas (1999): Wertewandel und Bürgerschaftliches Engagement an der Schwelle zum 21. Jahrhundert. Speyerer Forschungsberichte 193, Speyer.

Kodalle, Klaus M. (Hrsg.) (2000): Der Ruf nach Eliten, Würzburg.

Krais, Beate (Hrsg.) (2001): An der Spitze, Konstanz.

Kromrey, Helmut (1998): Empirische Sozialforschung. Modelle und Methoden der Datenerhebung und Datenauswertung, Opladen.

Kruk, Max (1967): Die oberen 30000. Industrielle, Bankiers, Adlige, Wiesbaden.

Kruk, Max (1972): Die großen Unternehmer. Woher sie kommen, wer sie sind, wie sie aufstiegen, Frankfurt a. M.

Lay, Rupert (1996): Ethik für Manager, Düsseldorf.

Leendertse, Julia (2001): Charisma ist Kapital: Vorstandschefs, in: Managermagazin Nr. 14, S. 59–64.

Lentz, Brigitta (2001): Sein und Schein, in: Capital Nr. 9, S. 36–42.

MacDonald, Gordon (2000): Getragen vom Segen Gottes, Wuppertal.

Maccoby, Michael (2000): Narcissistic leaders. The incredible pros, the invititable cons., in: Harvard Business Review, Jan.–Feb. 2000, S. 69–77.

Machatzke, Jörg (1997): Die Potsdamer Elitestudie – Positionsauswahl und Ausschöpfung, in: Bürklin, Wilhelm/ Rebenstorf, Hilke (Hrsg.): Eliten in Deutschland. Rekrutierung und Integration, S. 35–68, Opladen.

Mills, Wright C. (2000): The power elite, New York.

Müller, Alfred/ Glauner, Wolfgang (1999): Die Unternehmer-Elite. Wachstumsstrategien erfolgreicher Entrepreneure, Wiesbaden.

Ogger, Günter (1995): Nieten in Nadelstreifen. Deutschlands Manager im Zwielicht, München.

Poensgen, Otto H. (1981): Die Vorstände deutscher Aktiengesellschaften in den Jahren 1961 bis 1975. Arbeitspapier des Lehrstuhls für Allgemeine Betriebswirtschaftslehre 1, Saarbrücken.

Poensgen, Otto H. (1982): Der Weg in den Vorstand. Die Charakteristiken der Vorstandsmitglieder der Aktiengesellschaften des verarbeitenden Gewerbes, in: Die Betriebswirtschaft, 42 (1), S. 3–25.

Poensgen, Otto H./ Lukas, Andreas (1982): Fluktuation, Amtszeit und weitere Karriere von Vorstandsmitgliedern. Eine Untersuchung zu Aktiengesellschaften des verarbeitenden Gewerbes, in: Die Betriebswirtschaft 42 (1), S. 177–195.

Peisert, Hansgert (1967): Soziale Lage und Bildungschancen in Deutschland, München.

Pross, Helge/ Boetticher, Karl W. (1971): Manager des Kapitalismus, Frankfurt a.M.

Pross, Helge (1983): Der Geist der Unternehmer, Düsseldorf.

Rebenstorf, Hilke (1997): Karrieren und Integration – Werdegänge und Common Language, in: Bürklin, Wilhelm/ Rebenstorf, Hilke (Hrsg.): Eliten in Deutschland. Rekrutierung und Integration, S. 157–199, Opladen.

Reinhold, Gerd (1997): Wirtschaftssoziologie. 2. Aufl., München.

Rich, Arthur (1984): Wirtschaftsethik. Band 1, Grundlagen in theologischer Perspektive, Gütersloh.

Röhrich, Wilfried (1991): Eliten und Ethos der Demokratie, München.

Rosenstiel, Lutz von/ Nerdinger, Friedemann W. (2000): Die Münchner Wertestudien – Bestandsaufnahme und (vorläufiges) Resümee. Psychologische Rundschau, 51 (3), S. 146–157.

Sandhu, Swaran (2003): Manager und Öffentlichkeit. Unveröffentlichte Diplomarbeit der Universität Hohenheim, Stuttgart.

Scheuch, Erwin (1988): Continuity and change in German social structure. Historical Social Research (13), S. 13–121.

Scheuch, Erwin / Scheuch, Ute (1995): Bürokraten in den Chefetagen. Deutsche Karrieren: Spitzenmanager und Politiker heute, Reinbek bei Hamburg.

Scheuch, Erwin/ Scheuch, Ute (2001): Deutsche Pleiten. Manager im Größenwahn oder – der Irrationale Faktor, Berlin.

Schnapp, Kai-Uwe (1997): Soziale Zusammensetzung von Eliten und Bevölkerung – Verteilung von Aufstiegschancen in die Elite im Zeitvergleich, in: Bürklin, Wilhelm/ Rebenstorf, Hilke (Hrsg.): Eliten in Deutschland. Rekrutierung und Integration, S. 69–99, Opladen.

Schnapp, Kai-Uwe (1997): Soziodemographische Merkmale der bundesdeutschen Eliten, in: Bürklin, Wilhelm/ Rebenstorf, Hilke (Hrsg.): Eliten in Deutschland. Rekrutierung und Integration, S. 101 f., Opladen

Schluchter, Wolfgang (1963): Der Elitebegriff als soziologische Kategorie, in: Kölner Zeitschrift für Soziologie und Sozialpsychologie, 15 (1963), S. 233–256.

Sharp Paine, Lynn (1994): Managing for Organizational Integrity, in: Harvard Business Review, S. 106–117.

Stammer, Otto (1951): Das Eliteproblem in der Demokratie. Schmollers Jahrbuch für Gesetzgebung, Verwaltung und Volkswirtschaft (71), S. 513–540.

Wagner, Marion (1996): Werte im Management. Eine empirische Untersuchung, in: Lohmann, Karl R./ Schmidt, Thomas (Hrsg.): Werte und Entscheidungen im Management. Eine Untersuchung im Auftrag der Block-Trainings-Gesellschaft mbH., S. 83–135, Marburg.

Weber, Max (1920): Die protestantische Ethik und der Geist des Kapitalismus, in: Ders.: Gesammelte Aufsätze zur Religionssoziologie (1), S. 17–206, Tübingen.

Welzel, Christian (1997): Demokratischer Elitenwandel, Opladen.

Zapf, Wolfgang (1965): Die deutschen Manager. Sozialprofil und Karriereweg, in: Ders.(Hrsg.): Beiträge zur Analyse der deutschen Oberschicht, S. 136–149, 158–160, München.

Zapf, Wolfgang (1965): Wandlungen der deutschen Elite. Ein Zirkulationsmodell deutscher Führungsgruppen, 1919–1961, München.